Arquitetura Limpa

Arquitetura Limpa

O Guia do Artesão para Estrutura e Design de Software

Robert C. Martin

ALTA BOOKS
EDITORA
Rio de Janeiro, 2019

Arquitetura Limpa - O guia do artesão para estrutura e design de software
Copyright © 2019 da Starlin Alta Editora e Consultoria Eireli. ISBN: 978-85-508-0460-6

Translated from original Clean Architecture: A Craftsman's Guide to Software Structure and Design. Copyright © 2018 Pearson Education, Inc. ISBN 978-0-134-49416-6. This translation is published and sold by permission of Pearson Education, Inc, the owner of all rights to publish and sell the same. PORTUGUESE language edition published by Starlin Alta Editora e Consultoria Eireli, Copyright © 2019 by Starlin Alta Editora e Consultoria Eireli.

Todos os direitos estão reservados e protegidos por Lei. Nenhuma parte deste livro, sem autorização prévia por escrito da editora, poderá ser reproduzida ou transmitida. A violação dos Direitos Autorais é crime estabelecido na Lei nº 9.610/98 e com punição de acordo com o artigo 184 do Código Penal.

A editora não se responsabiliza pelo conteúdo da obra, formulada exclusivamente pelo(s) autor(es).

Marcas Registradas: Todos os termos mencionados e reconhecidos como Marca Registrada e/ou Comercial são de responsabilidade de seus proprietários. A editora informa não estar associada a nenhum produto e/ou fornecedor apresentado no livro.

Impresso no Brasil — 2019 — Edição revisada conforme o Acordo Ortográfico da Língua Portuguesa de 2009.

Publique seu livro com a Alta Books. Para mais informações envie um e-mail para autoria@altabooks.com.br

Obra disponível para venda corporativa e/ou personalizada. Para mais informações, fale com projetos@altabooks.com.br

Produção Editorial	**Produtor Editorial**	**Marketing Editorial**	**Vendas Atacado e Varejo**	**Ouvidoria**
Editora Alta Books	Thiê Alves	marketing@altabooks.com.br	Daniele Fonseca	ouvidoria@altabooks.com.br
Gerência Editorial	**Assistente Editorial**	**Editor de Aquisição**	Viviane Paiva	
Anderson Vieira	Ian Verçosa	José Rugeri	comercial@altabooks.com.br	
		j.rugeri@altabooks.com.br		
Equipe Editorial	Adriano Barros	Juliana de Oliveira	Rodrigo Bitencourt	Victor Huguet
	Bianca Teodoro	Kelry Oliveira	Thales Silva	
	Illysabelle Trajano	Paulo Gomes	Thauan Gomes	
Tradução	**Copidesque**	**Revisão Gramatical**	**Revisão Técnica**	**Diagramação**
Samantha Batista	Igor Farias	Roberto Rezende	Josivan Pereira de Souza	Lucia Quaresma
		Thamiris Leiroza	Mestre em Computação Aplicada pela UTFPR	

Erratas e arquivos de apoio: No site da editora relatamos, com a devida correção, qualquer erro encontrado em nossos livros, bem como disponibilizamos arquivos de apoio se aplicáveis à obra em questão.

Acesse o site www.altabooks.com.br e procure pelo título do livro desejado para ter acesso às erratas, aos arquivos de apoio e/ou a outros conteúdos aplicáveis à obra.

Suporte Técnico: A obra é comercializada na forma em que está, sem direito a suporte técnico ou orientação pessoal/exclusiva ao leitor.

A editora não se responsabiliza pela manutenção, atualização e idioma dos sites referidos pelos autores nesta obra.

Dados Internacionais de Catalogação na Publicação (CIP) de acordo com ISBD

M379a   Martin, Robert
         Arquitetura Limpa: O Guia do Artesão para Estrutura e Design de Software / Robert Martin ; traduzido por Samantha Batista. - Rio de Janeiro : Alta Books, 2018.
         432 p. ; 17cm x 24cm.

         Tradução de: Clean architecture a craftsman guide to software structure and design
         Inclui índice e anexo.
         ISBN: 978-85-508-0460-6

         1. Linguagem de programação. 2. Arquitetura Limpa. 3. Design de Software. I. Batista, Samantha. II. Título.

2019-203   CDD 005.133
                 CDU 004.43

Elaborado por Vagner Rodolfo da Silva - CRB-8/9410

Rua Viúva Cláudio, 291 — Bairro Industrial do Jacaré
CEP: 20.970-031 — Rio de Janeiro (RJ)
Tels.: (21) 3278-8069 / 3278-8419
www.altabooks.com.br — altabooks@altabooks.com.br
www.facebook.com/altabooks — www.instagram.com/altabooks

Este livro é dedicado à minha amada esposa, meus quatro filhos espetaculares e suas famílias, incluindo meu kit completo com cinco netos — a grande dádiva da minha vida.

Sumario

Prefácio		xv
Apresentação		xix
Agradecimentos		xxiii
Sobre o Autor		xxv
Parte I:	Introdução	1
Capítulo 1:	O que são Design e Arquitetura?	3
	O Objetivo?	5
	Estudo de Caso	5
	Conclusão	12
Capítulo 2:	Um Conto de Dois Valores	13
	Comportamento	14
	Arquitetura	14
	O Valor Maior	15
	Matriz de Eisenhower	16
	Lute pela Arquitetura	18

Sumario

Parte II:	Começando com os Tijolos: Paradigmas da Programação	19
Capítulo 3:	**Panorama do Paradigma**	**21**
	Programação Estruturada	22
	Programação Orientada a Objetos	22
	Programação Funcional	22
	Para Refletir	23
	Conclusão	24
Capítulo 4:	**Programação Estruturada**	**25**
	Prova	27
	Uma Proclamação Prejudicial	28
	Decomposição Funcional	29
	Nenhuma Prova Formal	30
	A Ciência Chega para o Resgate	30
	Testes	31
	Conclusão	32
Capítulo 5:	**Programação Orientada a Objetos**	**33**
	Encapsulamento?	34
	Herança?	37
	Polimorfismo?	40
	Conclusão	47
Capítulo 6:	**Programação Funcional**	**49**
	Quadrados de Inteiros	50
	Imutabilidade e Arquitetura	52
	Segregação de Mutabilidade	52
	Event Sourcing	54
	Conclusão	56
Parte III:	**Princípios de Design**	**57**
Capítulo 7:	**SRP: O Princípio da Responsabilidade Única**	**61**
	Sintoma 1: Duplicação Acidental	63
	Sintoma 2: Fusões	65
	Soluções	65
	Conclusão	67

Sumario

Capítulo 8:	OCP: O Princípio Aberto/Fechado	69
	Um Experimento Mental	70
	Controle Direcional	74
	Ocultando Informações	75
	Conclusão	75
Capítulo 9:	LSP: O Princípio de Substituição de Liskov	77
	Guiando o Uso da Herança	78
	O Problema Quadrado/Retângulo	79
	LSP e a Arquitetura	80
	Exemplo de Violação do LSP	80
	Conclusão	82
Capítulo 10:	ISP: O Princípio da Segregação de Interface	83
	ISP e a Linguagem	85
	ISP e a Arquitetura	86
	Conclusão	86
Capítulo 11:	DIP: O Princípio da Inversão de Dependência	87
	Abstrações Estáveis	88
	Fábricas (Factories)	89
	Componentes Concretos	91
	Conclusão	91
Parte IV:	Princípios dos Componentes	93
Capítulo 12:	Componentes	95
	Uma Breve História dos Componentes	96
	Relocalização	99
	Ligadores	100
	Conclusão	102
Capítulo 13:	Coesão de Componentes	103
	O Princípio da Equivalência do Reúso/Release	104
	O Princípio do Fechamento Comum	106
	O Princípio do Reúso Comum	107
	O Diagrama de Tensão para Coesão de Componentes	109
	Conclusão	110

ix

Sumario

Capítulo 14:	Acoplamento de Componentes	111
	O Princípio das Dependências Acíclicas	112
	Design de Cima para Baixo (Top-Down Design)	118
	O Princípio de Dependências Estáveis	120
	O Princípio de Abstrações Estáveis	126
	Conclusão	132
Parte V:	Arquitetura	133
Capítulo 15:	O que é Arquitetura?	135
	Desenvolvimento	137
	Implantação (Deployment)	138
	Operação	138
	Manutenção	139
	Mantendo as Opções Abertas	140
	Independência de Dispositivo	142
	Propaganda por Correspondência	143
	Endereçamento Físico	145
	Conclusão	146
Capítulo 16:	Independência	147
	Casos de Uso	148
	Operação	149
	Desenvolvimento	149
	Implantação	150
	Deixando as Opções Abertas	150
	Desacoplando Camadas	151
	Desacoplando os Casos de Uso	152
	Modo de Desacoplamento	153
	Desenvolvimento Independente	154
	Implantação Independente	154
	Duplicação	154
	Modos de Desacoplamento (Novamente)	155
	Conclusão	158

Sumario

Capítulo 17:	**Fronteiras: Estabelecendo Limites**	**159**
	Algumas Histórias Tristes	160
	FitNesse	163
	Quais Limites Você Deve Estabelecer e Quando?	165
	E Sobre Entrada e Saída?	169
	Arquitetura Plug-in	170
	O Argumento sobre Plug-in	172
	Conclusão	173
Capítulo 18:	**Anatomia do Limite**	**175**
	Cruzando Limites	176
	O Temido Monolito	176
	Componentes de Implantação	179
	Threads	179
	Processos Locais	179
	Serviços	181
	Conclusão	181
Capítulo 19:	**Política e Nível**	**183**
	Nível	184
	Conclusão	187
Capítulo 20:	**Regras de Negócio**	**189**
	Entidades	190
	Casos de Uso	191
	Modelos de Requisição e Resposta	193
	Conclusão	194
Capítulo 21:	**Arquitetura Gritante**	**195**
	O Tema de uma Arquitetura	196
	O Propósito de uma Arquitetura	197
	E a Web?	197
	Frameworks São Ferramentas, Não Modos de Vida	198
	Arquiteturas Testáveis	199
	Conclusão	199

Sumario

Capítulo 22:	Arquitetura Limpa	201
	A Regra da Dependência	203
	Um Cenário Típico	207
	Conclusão	209
Capítulo 23:	Apresentadores e Objetos Humble	211
	O Padrão de Objeto Humble	212
	Apresentadores e Visualizações	212
	Testes e Arquitetura	213
	Gateways de Banco de Dados	214
	Mapeadores de Dados	214
	Service Listeners	215
	Conclusão	215
Capítulo 24:	Limites Parciais	217
	Pule o Último Passo	218
	Limites Unidimensionais	219
	Fachadas (Facades)	220
	Conclusão	220
Capítulo 25:	Camadas e Limites	221
	Hunt the Wumpus	222
	Arquitetura Limpa?	223
	Cruzando os Fluxos	226
	Dividindo os Fluxos	227
	Conclusão	228
Capítulo 26:	O Componente Main	231
	O Detalhe Final	232
	Conclusão	237
Capítulo 27:	Serviços: Grandes e Pequenos	239
	Arquitetura de Serviço?	240
	Benefícios dos Serviços?	240
	O Problema do Gato	242
	Objetos ao Resgate	244
	Serviços Baseados em Componentes	246
	Preocupações Transversais	247
	Conclusão	248

Capítulo 28:	**O Limite Teste**	**249**
	Testes como Componentes do Sistema	250
	Testabilidade no Design	251
	API de Teste	252
	Conclusão	253
Capítulo 29:	**Arquitetura Limpa Embarcada**	**255**
	Teste de App-tidão	259
	O Gargalo de Hardware-alvo	261
	Conclusão	273
Parte VI:	**Detalhes**	**275**
Capítulo 30:	**A Base de Dados é um Detalhe**	**277**
	Banco de Dados Relacionais	278
	Por que os Sistemas de Bancos de Dados são tão Predominantes?	280
	E se Não Houvesse um Disco?	281
	Detalhes	281
	Mas e o Desempenho?	281
	Anedota	282
	Conclusão	284
Capítulo 31:	**A Web é um Detalhe**	**285**
	O Pêndulo Infinito	286
	O Desfecho	288
	Conclusão	289
Capítulo 32:	**Frameworks são Detalhes**	**291**
	Autores de Framework	292
	Casamento Assimétrico	292
	Os Riscos	293
	A Solução	294
	Eu os Declaro...	294
	Conclusão	295

Sumario

Capítulo 33:	**Estudo de Caso: Vendas de Vídeo**	**297**
	O Produto	298
	Análise do Caso de Uso	299
	Arquitetura de Componente	300
	Gestão de Dependência	302
	Conclusão	302
Capítulo 34:	**O Capítulo Perdido**	**303**
	Pacote por Camada	304
	Pacote por Recurso	306
	Portas e Adaptadores	308
	Pacote por Componente	310
	O Diabo está nos Detalhes de Implementação	315
	Organização versus Encapsulamento	316
	Outros Modos de Desacoplamento	319
	Conclusão: A Recomendação Perdida	321
Parte VII:	**Apêndice**	**323**
Apêndice A:	**Arqueologia da Arquitetura**	**325**
Índice		375

Prefácio

Do que estamos falando quando falamos de arquitetura?

Como qualquer metáfora, descrever software por meio das lentes da arquitetura pode esconder tanto quanto pode revelar. Pode prometer mais do que entregar e entregar mais que o prometido.

O apelo óbvio da arquitetura é a estrutura, que domina os paradigmas e discussões sobre o desenvolvimento de software — componentes, classes, funções, módulos, camadas e serviços, micro ou macro. No entanto, muitas vezes, é difícil confirmar ou compreender a estrutura bruta de vários sistemas de software — esquemas corporativos ao estilo soviético em vias de se tornarem legado, improváveis torres de equilíbrio se estendendo em direção à nuvem, camadas arqueológicas enterradas em um slide que parece uma imensa bola de lama. Pelo jeito, a estrutura de um software não parece tão intuitiva quanto a estrutura de um prédio.

Prédios têm uma estrutura física óbvia, em pedra ou concreto, com arcos altos ou largos, grande ou pequena, magnífica ou mundana. Essas estruturas têm pouca escolha além de respeitar os limites impostos pela gravidade e pelos seus materiais. Por outro lado — exceto no sentido de seriedade — o software tem pouco tempo para a gravidade. E do que o software é feito? Diferente dos prédios, que podem ser feitos de tijolos, concreto, madeira, aço e vidro, o software é feito de software. Grandes construções de software são compostas de componentes de software menores, que, por sua vez, são formados por

Prefácio

componentes ainda menores de software, e assim por diante. É um código dentro do outro, do início ao fim.

Na arquitetura de software, por natureza, o software é recursivo, fractal e esboçado e desenvolvido em código. Os detalhes são essenciais. Também ocorre o entrelaçamento de níveis de detalhes na arquitetura de prédios, mas não faz sentido falar de escala física em software. O software tem estrutura — muitas estruturas e muitos tipos delas — e essa variedade supera o conjunto de estruturas físicas encontradas nos prédios. Você pode até argumentar de forma muito convincente que, na arquitetura de software, há mais atividade e foco no design do que na construção civil — neste sentido, não é insensato considerar a arquitetura de software mais arquitetural do que a arquitetura de prédios!

Mas a escala física é algo que os humanos entendem e buscam no mundo. Embora atraentes e visualmente óbvias, caixas em um diagrama de PowerPoint não são arquitetura de sistemas de software. Sem dúvida, elas representam uma visão particular de uma arquitetura, mas confundir essas caixas com *a* imagem maior — com *a* arquitetura — é perder a imagem maior e a arquitetura: a arquitetura de software não se parece com nada. Uma visualização específica é uma escolha, não uma determinação. É uma escolha baseada em um conjunto maior de escolhas: o que incluir; o que excluir; o que enfatizar utilizando forma ou cor; o que retirar do destaque por meio da uniformização ou omissão. Não há nada natural ou intrínseco que diferencie uma visão da outra.

Talvez não seja muito útil falar sobre física e escala física em arquitetura de software, mas certas restrições físicas merecem a nossa consideração e atenção. A velocidade do processador e a largura de banda da rede podem fornecer um veredito duro sobre a performance de um sistema. A memória e o armazenamento podem limitar as ambições de qualquer base de código. O software pode ser feito do mesmo material que os sonhos, mas funciona no mundo físico.

> *Nisto é que consiste a monstruosidade no amor, senhora, em ser infinita a vontade e restrita a execução; em serem limitados os desejos e o ato escravo do limite.*
>
> — *William Shakespeare*

Prefácio

Nós e nossas empresas e economias vivemos no mundo físico. Isso nos dá uma outra perspectiva pela qual podemos entender a arquitetura do software e falar e raciocinar em termos de forças menos físicas e quantidades diferentes.

> *A arquitetura representa as decisões significativas de design que moldam um sistema, onde a significância é medida pelo custo da mudança.*
> — Grady Booch

Tempo, dinheiro e esforço nos dão um sentido de escala para classificar o grande e o pequeno e distinguir as coisas arquiteturais do resto. Essa medida também nos diz como podemos determinar se uma arquitetura é boa ou não: uma arquitetura não deve apenas atender às demandas dos usuários, desenvolvedores e proprietários em um determinado momento, mas também corresponder a essas expectativas ao longo do tempo.

> *Se você acha que uma arquitetura boa é cara, experimente uma arquitetura ruim.*
> — Brian Foote e Joseph Yoder

Os tipos de mudanças que ocorrem normalmente durante o desenvolvimento de um sistema não precisam ser caros, complexos ou abordados em projetos específicos gerenciados, fora do fluxo de trabalho diário e semanal.

Esse ponto está ligado a um problema de importância considerável para a física: a viagem no tempo. Como podemos saber as consequências dessas mudanças típicas para que possamos adaptar as principais decisões que tomamos a respeito delas? Como podemos reduzir o esforço e o custo de desenvolvimento no futuro sem recorrer a bolas de cristal ou máquinas do tempo?

> *A arquitetura é o conjunto de decisões que você queria ter tomado logo no início de um projeto, mas, como todo mundo, não teve a imaginação necessária.*
> — Ralph Johnson

Prefácio

Se entender o passado é muito difícil e nossa compreensão do presente, no máximo, incerta, prever o futuro não é nada trivial.

É aqui que a estrada se bifurca em vários caminhos.

Na estrada mais escura, surge a ideia de que uma arquitetura forte e estável se faz com autoridade e rigidez. Se for cara, a mudança é eliminada e suas causas são ignoradas ou atiradas em um fosso burocrático. A atuação do arquiteto é irrestrita e totalitária, e a arquitetura se transforma em uma distopia para os desenvolvedores e uma fonte de frustração constante para todos.

Um cheiro forte de generalidade especulativa vem de outro caminho. Essa é uma rota cheia de adivinhação codificada, incontáveis parâmetros, tumbas de código morto e mais complexidade acidental do que você poderia resolver com um orçamento de manutenção.

O caminho que nos interessa mais é o mais limpo. Nele, reconhecemos a suavidade do software e queremos preservá-lo como a principal propriedade do sistema. Admitimos que operamos com conhecimento incompleto, mas também sabemos que, como seres humanos, operar com conhecimento incompleto é o que fazemos de melhor. Nesse caminho, priorizamos os nossos pontos fortes em vez das deficiências. Criamos e descobrimos coisas. Fazemos perguntas e conduzimos experimentos. Uma arquitetura boa vem de compreendê-la mais como uma jornada do que como um destino, mais como um processo contínuo de investigação do que como um artefato congelado.

> *A arquitetura é uma hipótese que precisa ser comprovada por implementação e medição.*
>
> — Tom Gilb

Andar por este caminho requer cuidado e atenção, consideração e observação, prática e princípio. Em um primeiro momento, isso pode parecer lento, mas tudo depende da forma de andar.

> *A única maneira de ir rápido, é ir bem.*
>
> — Robert C. Martin

Aproveite a jornada.

— Kevlin Henney Maio de 2017

Apresentação

O título deste livro é *Arquitetura Limpa*. Trata-se de um nome audacioso. Alguns até diriam arrogante. Então, por que decidi escrever este livro e escolher esse título?

Escrevi minha primeira linha de código em 1964, aos 12 anos. Há mais de meio século mexo com programação. Nesse meio-tempo, aprendi algumas coisas sobre como estruturar sistemas de software — informações que, na minha opinião, outras pessoas acharão valiosas.

Aprendi tudo isso construindo muitos sistemas, grandes e pequenos. Construí pequenos sistemas embarcados e grandes sistemas de processamento de lotes. Sistemas em tempo real e sistemas web. Aplicações de console, aplicações GUI, aplicações de controle de processo, jogos, sistemas de contabilidade, de telecomunicação, ferramentas de design, aplicações de desenho e muitos, muitos outros.

Desenvolvi aplicações single-threaded, aplicações multithreaded, aplicações com poucos processos pesados, aplicações com muitos processos leves, aplicações multiprocessadoras, aplicações de base de dados, aplicações matemáticas, aplicações de geometria computacional e muitos, muitos outros.

Apresentação

Criei muitas aplicações. Construí muitos sistemas. E a dedicação com que trabalhei em todos esses projetos me ensinou algo surpreendente.

As regras da arquitetura são sempre as mesmas!

Isso é surpreendente porque os sistemas que criei eram radicalmente diferentes entre si. Então, por que sistemas tão diferentes compartilham regras similares de arquitetura? Cheguei à conclusão de que *as regras da arquitetura de software são independentes de todas as outras variáveis.*

Isso se torna ainda mais surpreendente quando você considera as mudanças ocorridas no hardware ao longo desse meio século. Comecei a programar em máquinas do tamanho de geladeiras que tinham tempos de ciclo de meio megahertz, 4K de memória central, 32K de memória de disco e uma interface de teletipo de 10 caracteres por segundo. Agora, estou fazendo uma excursão de ônibus pela África do Sul enquanto escrevo este prefácio, em um MacBook com um processador Intel i7 de quatro núcleos, rodando a 2.8 gigahertz cada. O MacBook tem 16 gigabytes de RAM, um terabyte de SSD e um display de retina, com resolução máxima de 2880X1800 pixels, que exibe vídeos em definição extremamente alta. A diferença em poder computacional é inacreditável. Qualquer análise razoável mostrará que este MacBook é pelo menos 10^{22} vezes mais potente do que aqueles computadores antigos em que comecei a programar, meio século atrás.

Vinte e duas ordens de magnitude é um número muito grande. É o número de angströms da Terra até Alpha Centauri. É o número de elétron das moedas que estão no seu bolso ou bolsa. Além disso tudo, esse número — *por alto* — expressa o aumento do poder computacional registrado ao longo da minha vida até agora.

E qual foi o efeito desse grande salto no poder computacional sobre os softwares que eu escrevo? Com certeza, eles ficaram maiores. Eu costumava pensar que tinha um programa grande quando escrevia 2.000 linhas. Afinal, era uma caixa cheia de cartões que pesava 4,5kg. Hoje em dia, um programa não é realmente grande a menos que ultrapasse 100.000 linhas.

Apresentação

O software também ficou muito mais eficiente. Podemos fazer coisas com que mal sonhávamos nos anos 1960. Os filmes *Colossus 1980*, *Revolta na Lua* e *2001: Uma Odisseia no Espaço* tentaram imaginar como seria o futuro, mas passaram bem longe ao preverem máquinas enormes que adquiriam senciência. Em vez disso, o que temos hoje são máquinas infinitamente pequenas, mas que ainda são... só máquinas.

Outra característica do software atual em comparação com o anterior: *ele continua sendo feito com os mesmos elementos.* É formado por declarações `if`, declarações de atribuição e laços `while`.

Ah, você pode discordar e dizer que agora temos linguagens muito melhores e paradigmas superiores. Afinal de contas, programamos em Java, C# e Ruby e usamos o design orientado a objetos. Isso é verdade, mas, ainda assim, o código continua a ser apenas uma reunião de sequências, seleções e iterações, como nos anos 1950 e 1960.

Quando observa bem de perto a prática de programar computadores, você percebe que muito pouco mudou em 50 anos. As linguagens ficaram um pouco melhores e as ferramentas, fantasticamente melhores. Mas os blocos de construção básicos de um programa de computador não mudaram.

Se eu levasse uma programadora[1] de 1966 para 2016, colocasse ela em frente ao meu MacBook executando o IntelliJ e a apresentasse ao Java, talvez ela precisasse de 24 horas para se recuperar do choque. Mas, logo em seguida, ela poderia escrever o código. Java não é tão diferente de C ou mesmo de Fortran.

Por outro lado, se eu levasse você de volta para 1966 e ensinasse a escrever e editar código PDP-8 perfurando uma fita de papel em um teletipo de 10 caracteres por segundo, talvez você precisasse de 24 horas para se recuperar da decepção. Mas, logo em seguida, poderia escrever o código, que não mudou tanto assim.

Eis o segredo: essa imutabilidade do código é a razão pela qual as regras da arquitetura de software são tão consistentes entre os diversos tipos de sistemas. As regras da arquitetura de software são princípios

---

1. *E ela provavelmente seria uma mulher já que, naquela época, as mulheres eram uma grande fração dos programadores.*

para ordenar e montar os blocos de construção de programas. E já que esses blocos de construção são universais e não mudaram, as regras para ordená-los são, também, universais e imutáveis.

Os programadores mais novos podem pensar que isso é loucura. Podem insistir que, atualmente, tudo é novo e diferente e que as regras do passado estão no passado. Se pensam assim, estão redondamente enganados. As regras não mudaram. Apesar das novas linguagens, frameworks e paradigmas, as regras continuam as mesmas de quando Alan Turing escreveu seu primeiro código de máquina em 1946.

Mas uma coisa mudou: como não conhecíamos as regras naquela época, acabávamos infringindo essas normas várias vezes. Agora, com meio século de experiência nas costas, compreendemos essas regras.

E são dessas regras — atemporais e imutáveis — que este livro trata.

Agradecimentos

Gostaria de agradecer as pessoas abaixo pelo papel que tiveram na criação deste livro — sem nenhuma ordem específica:

Chris Guzikowski
Chris Zahn
Matt Heuser
Jeff Overbey
Micah Martin
Justin Martin
Carl Hickman
James Grenning
Simon Brown
Kevlin Henney
Jason Gorman
Doug Bradbury
Colin Jones
Grady Booch
Kent Beck
Martin Fowler
Alistair Cockburn

Agradecimentos

James O. Coplien
Tim Conrad
Richard Lloyd
Ken Finder
Kris Iyer (CK)
Mike Carew
Jerry Fitzpatrick
Jim Newkirk
Ed Thelen
Joe Mabel
Bill Degnan

E muitos outros, numerosos demais para citar.

Na revisão final deste livro, eu lia o capítulo Arquitetura Gritante quando o sorriso de olhos brilhantes e a risada melódica de Jim Weirich ecoaram em minha mente. Boa sorte, Jim!

SOBRE O AUTOR

Robert C. Martin (Uncle Bob) atua como programador desde 1970. Cofundador da cleancoders.com, que oferece treinamento online em vídeo para desenvolvedores de software, também fundou a Uncle Bob Consulting LLC, que presta serviços de consultoria de software, treinamento e desenvolvimento de capacidades para as principais corporações do mundo. Ocupou o cargo de artesão-mestre na 8th Light, Inc., uma firma de consultoria de software sediada em Chicago. Já publicou dúzias de artigos em vários periódicos do setor e faz palestras regularmente em conferências internacionais e feiras. Também atuou três anos como editor-chefe da *C++ Report* e foi o primeiro presidente da Agile Alliance.

Martin escreveu e editou muitos livros, como *O Codificador Limpo*, *Código Limpo*, *UML for Java Programmers*, *Agile Software Development*, *Extreme Programming in Practice*, *More C++ Gems*, *Pattern Languages of Program Design 3* e *Designing Object Oriented C++ Applications Using the Booch Method* (os dois primeiros traduzidos e publicados pela Alta Books).

Introdução

Ninguém precisa de muitas habilidades e conhecimentos para fazer um programa funcionar. Alunos do ensino médio fazem isso o tempo todo. Jovens universitários iniciam negócios bilionários com esboços de algumas linhas em PHP ou Ruby. Entrincheirados em cubículos no mundo inteiro, hordas de programadores juniores enfrentam uma torrente de documentos de requerimentos, armazenados em imensos sistemas de acompanhamento de defeitos, para fazer os seus sistemas "funcionarem" utilizando somente a pura e bruta força de *vontade*. O código que eles produzem pode não ser bonito, mas funciona. Funciona porque fazer algo funcionar — uma vez — não é tão difícil.

Fazer direito é outra questão. Criar software de maneira correta é *difícil*. Requer conhecimentos e habilidades que a maioria dos jovens programadores ainda não adquiriu. Requer um grau de raciocínio e insight que a maioria dos programadores não se empenha em desenvolver. Requer um nível de disciplina e dedicação que a maioria dos programadores nunca sonhou que precisaria. Principalmente, requer paixão pela programação e o desejo de se tornar um profissional.

Quando você acerta o software, algo mágico acontece: você não precisa de hordas de programadores para mantê-lo funcionando. Você não precisa de uma torrente de documentos de requerimentos e imensos sistemas de acompanhamento de defeitos. Você não precisa de fazendas

Parte I Introdução

globais de cubículos nem de programação 24 horas por dia, sete dias por semana.

Quando o software é feito da maneira certa, ele exige só uma fração dos recursos humanos para ser criado e mantido. As mudanças são simples e rápidas. Os poucos defeitos surgem distantes uns dos outros. O esforço é minimizado enquanto a funcionalidade e a flexibilidade são maximizadas.

Sim, essa visão parece um pouco utópica. Mas eu estive lá e vi acontecer. Já trabalhei em projetos onde o design e a arquitetura do sistema facilitavam a sua escrita e manutenção. Já participei de projetos que exigiram uma fração dos recursos humanos previstos. Já atuei em sistemas que apresentaram taxas de defeitos extremamente baixas. Já observei o efeito extraordinário que uma boa arquitetura de software pode ter sobre um sistema, um projeto e uma equipe. Já estive na terra prometida.

Mas não acredite em mim. Examine a sua própria experiência. Você já vivenciou o oposto disso tudo? Já trabalhou em sistemas tão interconectados e intrincadamente acoplados que qualquer mudança, por mais trivial que seja, levava semanas e envolvia grandes riscos? Já experimentou a impedância de um código ruim e um péssimo design? O design de algum dos sistemas em que você trabalhou já provocou um efeito negativo arrasador sobre a moral da equipe, a confiança dos clientes e a paciência dos gerentes? Você já viu equipes, departamentos e até empresas serem prejudicados pela péssima estrutura de um software? Já esteve no inferno da programação?

Eu já estive — e até certo ponto, a maioria de nós também. É muito mais comum enfrentar incríveis dificuldades com o design dos softwares do que curtir a oportunidade de trabalhar com um bom design.

O QUE SÃO DESIGN E ARQUITETURA?

Capítulo 1   O que são Design e Arquitetura?

Tem havido muita confusão entre os termos design e arquitetura ao longo dos anos. O que é design? O que é arquitetura? Quais são as diferenças entre os dois?

Um dos objetivos deste livro é acabar com essa confusão e definir, de uma vez por todas, o que são design e arquitetura. Para começar, afirmo que não há diferença entre os dois termos. *Nenhuma diferença*.

Em geral, a palavra "arquitetura" é usada no contexto de algo em um nível mais alto e que independe dos detalhes dos níveis mais baixos, enquanto "design" parece muitas vezes sugerir as estruturas e decisões de nível mais baixo. Porém, esses usos perdem o sentido quando observamos arquitetos de verdade em ação.

Considere o arquiteto que projetou minha casa nova. A casa tem uma arquitetura? É claro que tem. E o que é essa arquitetura? Bem, é a forma da casa, a aparência externa, as elevações e o layout dos espaços e salas. Mas, quando analiso as plantas produzidas pelo arquiteto, noto um número imenso de detalhes de baixo nível. Vejo onde cada tomada, interruptor de luz e lâmpada será colocado. Vejo quais interruptores controlam quais lâmpadas. Vejo onde o forno será instalado e o tamanho e o local do aquecedor de água e da bomba. Vejo descrições detalhadas de como as paredes, tetos e fundações serão construídas.

Resumindo, vejo os pequenos detalhes que servem de base para as decisões de alto nível. Também vejo como esses detalhes de baixo nível e as decisões de alto nível fazem parte do design da casa como um todo.

Ocorre o mesmo com o design de software. Os detalhes de baixo nível e a estrutura de alto nível são partes do mesmo todo. Juntos, formam um tecido contínuo que define e molda o sistema. Você não pode ter um sem o outro e, de fato, nenhuma linha os separa claramente. Há simplesmente uma linha constante de decisões que se estende dos níveis mais altos para os mais baixos.

O Objetivo?

Qual é o objetivo dessas decisões? O objetivo do bom design de software? Esse objetivo não é nada menos do que a minha descrição utópica:

> O objetivo da arquitetura de software é minimizar os recursos humanos necessários para construir e manter um determinado sistema.

A medida da qualidade do design corresponde à medida do esforço necessário para satisfazer as demandas do cliente. Se o esforço for baixo e se mantiver assim ao longo da vida do sistema, o design é bom. Se o esforço aumentar a cada novo release ou nova versão, o design é ruim. Simples assim.

Estudo de Caso

Como exemplo, considere o seguinte estudo de caso. Ele inclui dados reais de uma empresa real que deseja se manter anônima.

Primeiro, vamos observar o crescimento da equipe de engenharia. Estou certo que você concordará que essa tendência é muito encorajadora. O crescimento, como o apresentado na Figura 1.1, deve ser um indicativo de sucesso expressivo!

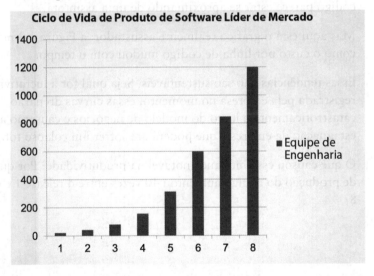

Figura 1.1 Crescimento da equipe de engenharia
Reprodução autorizada de uma apresentação de slides de Jason Gorman

Agora, vamos analisar a produtividade da empresa ao longo do mesmo período, medida simplesmente por linhas de código (Figura 1.2).

Capítulo 1 O que são Design e Arquitetura?

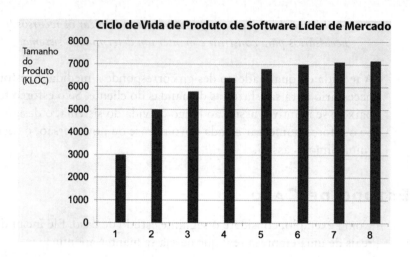

Figura 1.2 Produtividade ao longo do mesmo período

Claramente há algo errado aqui. Embora cada release seja operado por um número cada vez maior de desenvolvedores, o crescimento do código parece estar se aproximando de uma assíntota.

Mas aqui está o gráfico realmente assustador: a Figura 1.3 mostra como o custo por linha de código mudou com o tempo.

Essas tendências não são sustentáveis. Seja qual for a lucratividade registrada pela empresa no momento, essas curvas drenarão catastroficamente o lucro do modelo de negócios e causarão a estagnação da empresa, que poderá até sofrer um colapso total.

O que causou essa mudança notável na produtividade? Por que o custo de produção do código aumentou 40 vezes entre o release 1 e o release 8?

Estudo de Caso

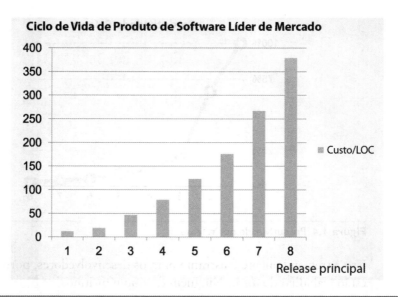

Figura 1.3 Custo por linha de código em função do tempo

A Marca Registrada de uma Bagunça

Você está olhando para a marca registrada de uma bagunça. Quando sistemas são desenvolvidos às pressas, quando o número total de programadores se torna o único gerador de resultados, e quando houver pouca ou nenhuma preocupação com a limpeza do código e a estrutura do design, você pode ter certeza que irá seguir esta curva até o seu terrível final.

A Figura 1.4 mostra como esta curva é vista pelos desenvolvedores. Eles começaram com quase 100% de produtividade, mas, a cada release, sua produtividade caiu. No quarto release, ficou claro que a produtividade estava em queda livre, tendendo a se estabilizar em uma assíntota próxima a zero.

Capítulo 1 O que são Design e Arquitetura?

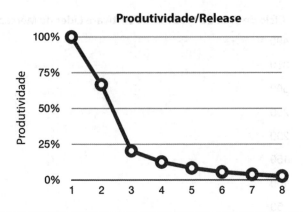

Figura 1.4 Produtividade por release

Isso é tremendamente frustrante para os desenvolvedores, porque todos estão trabalhando *duro*. Ninguém diminuiu o ritmo.

E ainda assim, apesar de todos os atos de heroísmo, horas extras e dedicação, eles simplesmente não conseguem fazer quase nada. Todos os esforços foram desviados da criação de recursos e agora são consumidos pela gestão da bagunça. Nesse ponto, o trabalho mudou para transferir a bagunça de um lugar para outro, para o próximo e para o lugar seguinte até que possam adicionar mais um recursozinho insignificante.

A Visão Executiva

Mas, se você acha que *isso* é ruim, imagine como essa imagem chega aos executivos! Considere a Figura 1.5, que descreve a folha de pagamentos mensal do desenvolvimento para o mesmo período.

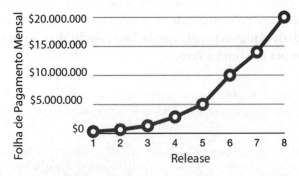

Figura 1.5 Folha de pagamento mensal do desenvolvimento por release

Quando o release 1 foi entregue, a folha de pagamento mensal estava orçada em algumas centenas de milhares de dólares. O segundo release custou algumas centenas de milhares de dólares a mais. No oitavo release, a folha de pagamento mensal era de US$20 milhões e tendia a aumentar.

Esse gráfico por si só já é assustador. Claramente algo alarmante está acontecendo. Espera-se que a receita esteja excedendo os custos e, portanto, justificando a despesa. Mas não importa como você olhe para esta curva, ela é motivo para preocupações.

Agora, compare a curva da Figura 1.5 com as linhas de código escritas por release da Figura 1.2. Aquelas centenas de milhares de dólares mensais no início trouxeram muita funcionalidade — mas os US$20 milhões finais não geraram quase nada! Qualquer CFO olharia para esses dois gráficos e saberia que é necessário tomar uma ação imediata para evitar um desastre.

Mas que ação pode ser tomada? O que deu errado? O que causou esse declínio incrível na produtividade? O que os executivos podem fazer além de bater os pés e gritar com os desenvolvedores?

O que Deu Errado?

Há quase 2600 anos, Esopo contou a história da Tartaruga e da Lebre. A moral dessa história foi explicada muitas vezes e de diversas formas diferentes:

- "Devagar e sempre, e você vence a corrida."
- "A corrida não é para os velozes, nem a batalha para os fortes."
- "Quanto mais pressa, menor a velocidade."

A própria história ilustra a tolice de ter confiança demais. A Lebre, tão confiante em sua velocidade intrínseca, não leva a corrida a sério e tira um cochilo, enquanto a Tartaruga cruza a linha de chegada.

Os desenvolvedores modernos estão em uma corrida similar e demonstram um excesso de confiança parecido. Ah, eles não dormem — longe disso. A maioria dos desenvolvedores modernos trabalha demais. Mas uma parte de seu cérebro dorme *sim* — a parte que sabe que um código bom, limpo e bem projetado *é importante*.

Capítulo 1   O que são Design e Arquitetura?

Esses desenvolvedores acreditam em uma mentira bem conhecida: "Podemos limpar tudo depois, mas, primeiro, temos que colocá-lo no mercado!" Evidentemente, as coisas nunca são limpas mais tarde porque a pressão do mercado nunca diminui. A preocupação de lançar o produto no mercado o quanto antes significa que você agora tem uma horda de concorrentes nos seus calcanhares e precisa ficar à frente deles, correndo o mais rápido que puder.

E assim os desenvolvedores nunca alternam entre modos. Não podem voltar e limpar tudo porque precisam terminar o próximo recurso, e o próximo, e o próximo, e o próximo. Nesse ritmo, a bagunça vai se acumulando e a produtividade continua a se aproximar assintoticamente do zero.

Como a Lebre que depositava uma confiança excessiva na própria velocidade, os desenvolvedores confiam excessivamente na sua habilidade de permanecerem produtivos. Mas a crescente bagunça no código, que mina a sua produtividade, nunca dorme e nunca cede. Se tiver espaço, ela reduzirá a produtividade a zero em uma questão de meses.

A maior mentira em que os desenvolvedores acreditam é a noção de que escrever um código bagunçado permite fazer tudo mais rápido a curto prazo e só diminui o ritmo a longo prazo. Os desenvolvedores que caem nessa cilada demonstram o mesmo excesso de confiança da lebre ao acreditarem na sua habilidade de alternar entre os modos de fazer bagunça e o de limpar bagunça em algum ponto no futuro, mas acabam cometendo um simples erro de fato. Esquecem que *fazer bagunça é sempre mais lento do que manter tudo limpo*, seja qual for a escala de tempo utilizada.

Observe na Figura 1.6 os resultados de um experimento notável, conduzido por Jason Gorman ao longo de seis dias. A cada dia ele concluía um programa simples que convertia números inteiros em numerais romanos. Ele sabia que o trabalho estava completo quando o conjunto predefinido de testes de aceitação era aprovado. A tarefa demorava um pouco menos de 30 minutos por dia. Jason usou uma disciplina bem conhecida de limpeza chamada desenvolvimento guiado por testes (TDD — do inglês test-driven development) no primeiro, terceiro e quinto dias. Nos outros três dias, ele escreveu o código sem essa disciplina.

Estudo de Caso

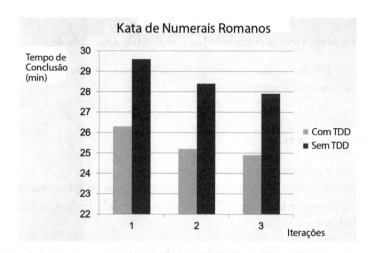

Figura 1.6 Tempo de conclusão por iterações e uso/não uso de TDD

Primeiro, observe a curva de aprendizagem aparente na Figura 1.6. O trabalho nos últimos dias foi concluído mais rapidamente do que nos primeiros. Note também que o trabalho nos dias de TDD evoluíram a uma velocidade aproximadamente 10% maior do que nos dias sem TDD. De fato, mesmo o dia mais lento com TDD foi mais rápido do que o dia mais rápido sem TDD.

Algumas pessoas podem achar esse resultado extraordinário. Mas para aqueles que não foram iludidos pelo excesso de confiança da Lebre, o resultado já era esperado. Isso porque eles conhecem uma verdade simples do desenvolvimento de software:

A única maneira de seguir rápido é seguir bem.

Essa é a resposta para o dilema dos executivos. A única maneira de reverter o declínio na produtividade e o aumento no custo é fazer com que os desenvolvedores parem de pensar como uma Lebre superconfiante e comecem a assumir a responsabilidade pela bagunça que fizeram.

Os desenvolvedores podem achar que a resposta consiste em começar de novo do zero e reprojetar o sistema inteiro — mas essa é só a Lebre falando outra vez. O mesmo excesso de confiança que causou a bagunça está dizendo que eles conseguirão melhorar tudo se recomeçarem a corrida. Mas a realidade não é tão bonita assim:

> *Devido ao seu excesso de confiança, eles reformularão o projeto com a mesma bagunça do original.*

Conclusão

Em qualquer caso, a melhor opção para a organização de desenvolvimento é reconhecer e evitar o seu próprio excesso de confiança e começar a levar a sério a qualidade da arquitetura do software.

Para levar a sério a arquitetura do software, você precisa saber como é uma boa arquitetura de software. Para construir um sistema com um design e uma arquitetura que minimizem o esforço e maximizem a produtividade, você precisa saber quais atributos da arquitetura do sistema podem concretizar esses objetivos.

É isso que abordo neste livro. Irei descrever arquiteturas e designs limpos e eficientes para que os desenvolvedores de software possam criar sistemas que tenham vidas longas e lucrativas.

Um Conto de Dois Valores

2

Capítulo 2   Um Conto de Dois Valores

Todo sistema de software fornece dois valores diferentes para os stakeholders: comportamento e estrutura. Desenvolvedores de software são responsáveis por garantir que ambos esses valores permaneçam altos. Infelizmente, eles frequentemente focam em um e excluem o outro. Ainda pior, eles frequentemente focam no menor dos dois valores, deixando, por fim, o sistema de software sem valor.

COMPORTAMENTO

O primeiro valor do software é seu comportamento. Programadores são contratados para fazer com que as máquinas se comportem de uma maneira que dê ou economize dinheiro para os stakeholders. Nós fazemos isso ajudando os stakeholders a desenvolverem uma especificação funcional ou um documento de requisitos. Então, nós escrevemos o código que faz com que as máquinas dos stakeholders satisfaçam esses requisitos.

Quando a máquina viola esses requisitos, os programadores pegam seus depuradores para corrigir o problema.

Muitos programadores acreditam que esse é todo o seu trabalho. Eles acreditam que seu trabalho é fazer a máquina implementar os requisitos e corrigir qualquer bug. Eles estão redondamente enganados.

ARQUITETURA

O segundo valor do software tem a ver com a palavra "software" — uma palavra composta de "soft" (suave) e "ware" (produto). A palavra "ware" significa "produto"; a palavra "soft"... Bem, é aí que está o segundo valor.

O software foi inventado para ser "suave". Foi planejado para ser um meio de mudar facilmente o comportamento das máquinas. Se quiséssemos que o comportamento das máquinas fosse difícil de mudar, nós o chamaríamos de *hard*ware.

Para cumprir esse propósito, o software deve ser suave — ou seja, deve ser fácil de mudar. Quando os stakeholders mudam de ideia sobre um recurso, essa mudança deve ser simples e fácil de fazer. A dificuldade em fazer tal mudança deve ser proporcional apenas ao escopo da mudança, e não à *forma* da mudança.

É essa diferença entre escopo e forma que muitas vezes impulsiona o crescimento nos custos do desenvolvimento de software. É a razão dos custos aumentarem demais em comparação ao tamanho das mudanças requeridas. É a razão do primeiro ano de desenvolvimento ser muito mais barato que o segundo, e o segundo ano ser muito mais barato que o terceiro.

Do ponto de vista dos stakeholders, eles estão simplesmente fornecendo um fluxo de mudanças de escopo praticamente similar. Do ponto de vista dos desenvolvedores, os stakeholders estão dando a eles um fluxo de peças que eles devem encaixar em um quebra-cabeças de complexidade cada vez maior. Cada novo pedido é mais difícil de encaixar do que o anterior, porque a forma do sistema não combina com a forma do pedido.

Estou usando a palavra "forma" aqui de maneira não convencional, mas eu acho que a metáfora é adequada. Desenvolvedores de software frequentemente sentem que são forçados a encaixar peças quadradas em buracos redondos.

O problema, é claro, é a arquitetura do sistema. Quanto mais essa arquitetura prefere uma forma à outra, os novos recursos terão mais probabilidade de serem cada vez mais difíceis de encaixar nessa estrutura. Portanto, as arquiteturas devem ser tão agnósticas em sua forma quanto práticas.

O Valor Maior

Função ou arquitetura? Qual desses dois fornece o maior valor? É mais importante que o sistema de software funcione ou é mais importante que ele seja fácil de mudar?

Se você perguntar aos gerentes de negócios, eles frequentemente dirão que é mais importante que os sistemas de software funcionem. Os desenvolvedores, por sua vez, frequentemente acompanham essa atitude. *Mas é a atitude errada.* Eu posso provar que isso é errado com a simples ferramenta lógica de examinar os extremos.

Capítulo 2 Um Conto de Dois Valores

- *Se você me der um programa que funcione perfeitamente, mas seja impossível de mudar, então ele não funcionará quando as exigências mudarem e eu não serei capaz de fazê-lo funcionar. Portanto, o programa será inútil.*

- *Se você me der um programa que não funcione, mas seja fácil de mudar, então eu posso fazê-lo funcionar, e posso mantê-lo funcionando à medida que as exigências mudarem. Portanto, o programa permanecerá continuamente útil.*

Você pode não achar esse argumento convincente. Afinal de contas, não existe isso de um programa impossível de mudar. Contudo, existem sistemas *praticamente* impossíveis de mudar, porque o custo da mudança excede seu benefício. Muitos sistemas alcançam esse ponto em alguns de seus recursos ou configurações.

Se você perguntar aos gerentes de negócios se eles querem ser capazes de fazer mudanças, eles dirão que é claro que querem, mas podem, então, qualificar sua resposta ao notar que a funcionalidade atual é mais importante do que qualquer flexibilidade posterior. Em contraste, se os gerentes de negócio lhe pedirem uma mudança, e seus custos estimados para ela forem inacessivelmente altos, os gerentes de negócios provavelmente ficarão furiosos que você tenha permitido que o sistema chegasse ao ponto onde a mudança é impraticável.

MATRIZ DE EISENHOWER

Considere a matriz do Presidente Dwight D. Eisenhower de importância versus urgência (Figura 2.1). Sobre essa matriz, Eisenhower disse:

> *Eu tenho dois tipos de problemas, os urgentes e os importantes. Os urgentes não são importantes e os importantes nunca são urgentes.*[1]

---

1. *De uma palestra na Universidade Northwestern em 1954.*

IMPORTANTE URGENTE	IMPORTANTE NÃO URGENTE
NÃO IMPORTANTE URGENTE	NÃO IMPORTANTE NÃO URGENTE

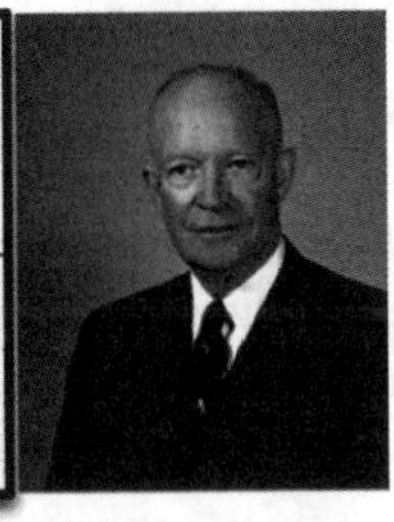

Figura 2.1 Matriz de Eisenhower

Há muita verdade nesse velho ditado. As coisas urgentes raramente são muito importantes e aquelas importantes raramente são muito urgentes.

O primeiro valor do software — comportamento — é urgente, mas nem sempre é particularmente importante.

O segundo valor do software — arquitetura — é importante, mas nunca é particularmente urgente.

Claro, algumas coisas são urgentes e importantes. Outras coisas não são nem urgentes nem importantes. Por fim, podemos arranjar esses quatro pares em prioridades:

1. Urgente e importante
2. Não urgente e importante
3. Urgente e não importante
4. Não urgente e não importante

Note que a arquitetura do código — a coisa importante — está nas duas primeiras posições desta lista, enquanto o comportamento do código ocupa a primeira e *terceira* posições.

O erro que gerentes de negócios e desenvolvedores cometem com frequência é elevar os itens na posição 3 para a posição 1. Em outras palavras, eles falham em separar aqueles recursos que são urgentes, mas não são importantes, daqueles que são realmente urgentes e importantes. Essa falha leva, então, a ignorar a importante arquitetura do sistema em favor de recursos não importantes do sistema.

Capítulo 2 Um Conto de Dois Valores

O dilema dos desenvolvedores de software é que os gerentes de negócios não estão equipados para avaliar a importância da arquitetura. *É para isso que são contratados os desenvolvedores de software*. Portanto, é responsabilidade da equipe de desenvolvimento de software garantir a importância da arquitetura sobre a urgência dos recursos.

LUTE PELA ARQUITETURA

Cumprir esta responsabilidade significa entrar em uma briga — ou talvez uma palavra melhor seja "luta". Francamente, essa é sempre a maneira pela qual as coisas são feitas. A equipe de desenvolvimento precisa lutar pelo que acredita ser o melhor para a empresa e assim também o faz a equipe de gestão, e a equipe de marketing, e a equipe de vendas, e a equipe de operações. *É sempre uma luta*.

Equipes eficazes de desenvolvimento de software encaram essa luta de frente. Eles brigam sem rodeios com todos os outros stakeholders como iguais. Lembre-se, como um desenvolvedor de software, *você é um stakeholder*. Você tem uma participação no software que precisa proteger. Isso faz parte do seu papel, e parte do seu dever. E é uma grande parte da razão pela qual você foi contratado.

Esse desafio é duplamente importante se você for um arquiteto de software. Arquitetos de software são, por virtude da descrição de seu emprego, mais focados na estrutura do sistema do que em seus recursos e funções. Arquitetos criam uma arquitetura que permite que esses recursos e funções sejam facilmente desenvolvidos, facilmente modificados e facilmente ampliados.

Apenas lembre-se que: se a arquitetura vier por último, então o sistema ficará cada vez mais caro para desenvolver e, por fim, a mudança será praticamente impossível para parte ou para todo o sistema. Se for permitido que isso aconteça, significa que a equipe de desenvolvimento de software não lutou o suficiente pelo que sabiam que era necessário.

Começando com os Tijolos: Paradigmas da Programação

A arquitetura de software começa com o código. Portanto, vamos iniciar a nossa discussão sobre arquitetura com um resumo do que aprendemos sobre códigos, desde que um código foi escrito pela primeira vez.

Em 1938, Alan Turing estabeleceu as bases do que se tornaria a programação de computadores. Embora outros já tivessem concebido a ideia de uma máquina programável, o matemático inglês foi o primeiro a entender que programas eram simplesmente dados. Em 1945, Turing já escrevia programas de verdade em computadores de verdade, utilizando um código que nós reconheceríamos (se nos esforçássemos o suficiente). Esses programas usavam laços, ramificações, atribuições, sub-rotinas, pilhas e outras estruturas familiares. A linguagem de Turing era binária.

Desde então, ocorreram várias revoluções na programação. Uma delas, que conhecemos muito bem, foi a revolução das linguagens. Primeiro, no final da década de 1940, vieram as assemblers (linguagens de montagem). Essas "linguagens" livraram os programadores do trabalho chato de traduzir seus programas para o código binário. Em 1951, Grace Hopper inventou o A0, o primeiro compilador. Na verdade, foi

Parte II Começando com os Tijolos: Paradigmas da Programação

ela quem cunhou o termo *compilador*. O Fortran foi inventado em 1953 (um ano depois do meu nascimento). Em seguida, veio uma inundação ininterrupta de novas linguagens de programação — COBOL, PL/1, SNOBOL, C, Pascal, C++, Java, até o infinito.

Outra revolução, provavelmente mais significante, foi a dos *paradigmas* de programação. Os paradigmas são maneira de programar, relativamente não relacionadas às linguagens. Um paradigma diz quais estruturas de programação usar e quando usá-las. Até agora, surgiram três desses paradigmas e, por razões que discutiremos mais tarde, é improvável que apareça um novo.

Panorama do Paradigma

3

Os três paradigmas abordados neste capítulo de panorama são os modelos de programação estruturada, orientada a objetos e funcional.

Capítulo 3   Panorama do Paradigma

Programação Estruturada

O primeiro paradigma a ser adotado (mas não o primeiro a ser inventado) foi a programação estruturada, descoberta por Edsger Wybe Dijkstra em 1968. Dijkstra demonstrou que o uso de saltos (declarações goto) é prejudicial para a estrutura do programa. Como veremos no capítulos seguintes, ele substituiu esse saltos pelas construções mais familiares if/then/else e do/while/until.

Podemos resumir o paradigma da programação estruturada da seguinte forma:

> A *programação estruturada impõe disciplina sobre a transferência direta do controle.*

Programação Orientada a Objetos

O segundo paradigma a ser adotado foi descoberto dois anos antes, em 1966, por Ole Johan Dahl e Kristen Nygaard. Esses dois programadores notaram que a área da pilha de chamadas de funções na linguagem ALGOL poderia ser movida para um heap[1], possibilitando que as variáveis locais declaradas por uma função existissem muito depois que a função retornasse. A função se tornou um construtor para uma classe, as variáveis locais se transformaram em variáveis de instância e as funções aninhadas passaram a ser métodos. Isso levou inevitavelmente à descoberta do polimorfismo através do uso disciplinado de ponteiros de função.

Podemos resumir o paradigma da programação orientada a objetos da seguinte forma:

> A *programação orientada a objetos impõe disciplina sobre a transferência indireta do controle.*

---

1. *Heap é uma área de memória que não é necessariamente ordenada, como é o caso da stack.*

Programação Funcional

O terceiro paradigma, que apenas recentemente começou a ser adotado, foi o primeiro a ser inventado. De fato, a sua invenção é anterior à programação de computadores. A programação funcional é o resultado direto do trabalho de Alonzo Church, que inventou o cálculo-l enquanto tentava resolver o mesmo problema que motivava Alan Turing na época. Seu cálculo-l é a base da linguagem LISP, inventada em 1958 por John McCarthy. Uma noção básica do cálculo-l é sua imutabilidade — ou seja, o princípio de que os valores dos símbolos não mudam. Isso significa efetivamente que uma linguagem funcional não tem nenhuma declaração de atribuição. Na verdade, a maioria das linguagens funcionais dispõe de alguns meios para alterar o valor de uma variável, mas apenas sob uma disciplina muito restrita.

Podemos resumir o paradigma da programação funcional da seguinte forma:

A programação funcional impõe disciplina sobre a atribuição.

Para Refletir

Observe o padrão que estabeleci bem deliberadamente quando apresentei esses três paradigmas da programação: cada um dos paradigmas *remove* capacidades do programador. Nenhum deles adiciona novas capacidades. Cada um impõe algum tipo de disciplina adicional com intenção *negativa*. Os paradigmas nos dizem o que *não* fazer, mais do que nos dizem o que *fazer*.

Outra maneira de ver essa questão é reconhecer que cada paradigma tira algo de nós. Os três paradigmas juntos removem declarações goto, ponteiros de função e atribuições. Ainda sobra alguma coisa para ser retirada?

Provavelmente não. Portanto, esses três paradigmas provavelmente serão os únicos que você verá — pelo menos os únicos negativos. Mais evidências de que não há outros paradigmas decorrem do fato de que eles foram todos descobertos nos dez anos entre 1958 e 1968. Nas muitas décadas seguintes, nenhum outro paradigma foi adicionado.

Capítulo 3 Panorama do Paradigma

Conclusão

O que essa aula sobre a história dos paradigmas tem a ver com arquitetura? Tudo. Usamos o polimorfismo como um mecanismo para ultrapassar os limites arquiteturais; usamos a programação funcional para impor disciplina sobre a localização e o acesso dos dados e usamos a programação estruturada como base algorítmica para os nossos módulos.

Observe o excelente alinhamento desses três paradigmas com as três grandes preocupações da arquitetura: função, separação de componentes e gerenciamento de dados.

Programação 4 Estruturada

Capítulo 4 Programação Estruturada

Edsger Wybe Dijkstra nasceu na cidade de Roterdã em 1930. Depois de sobreviver ao bombardeio de Roterdã e à ocupação alemã dos Países Baixos durante a Segunda Guerra Mundial, concluiu o ginásio em 1948 com as maiores notas possíveis em matemática, física, química e biologia. Em março de 1952, aos 21 anos (e apenas 9 meses antes de eu nascer), Dijkstra começou a trabalhar no Centro Matemático de Amsterdã como o primeiro programador dos Países Baixos.

Em 1955, quando já atuava havia 3 anos como programador e enquanto ainda era estudante, Dijkstra concluiu que o desafio intelectual de programar era mais interessante do que o desafio intelectual da física teórica. Logo, optou pela programação como carreira a longo prazo.

Em 1957, Dijkstra se casou com Maria Debets. Na época, você precisava declarar a sua profissão como parte dos ritos do casamento nos Países Baixos. No entanto, as autoridades holandesas não estavam dispostas a aceitar "programador" como o trabalho de Dijkstra, pois nunca tinham ouvido falar desse emprego. Para resolver a situação, Dijkstra informou "físico teórico" como profissão.

Enquanto estava se decidindo por uma carreira em programação, Dijkstra consultou seu chefe, Adriaan van Wijngaarden. Dijkstra estava preocupado porque ninguém havia identificado uma disciplina, ou ciência, da programação. Achava que não seria levado a sério. Seu chefe respondeu que Dijkstra poderia muito bem ser uma das pessoas que descobririam essas disciplinas, promovendo a evolução do software para o status de ciência.

Dijkstra iniciou sua carreira na época dos tubos a vácuo, quando os computadores eram enormes, frágeis, lentos, não confiáveis e (pelos padrões atuais) extremamente limitados. Naqueles primeiros anos, os programas eram escritos em binário ou numa linguagem assembly muito crua. A entrada tinha a forma física de fitas de papel ou cartões perfurados. O laço de edição/compilação/teste demorava horas, às vezes dias.

Foi nesse ambiente primitivo que Dijkstra fez suas grandes descobertas.

Prova

Dijkstra reconheceu um problema logo no início: a programação era *difícil* e os programadores não eram muito competentes. Um programa de qualquer nível de complexidade contém mais detalhes do que o cérebro humano pode processar sem ajuda. Um pequeno detalhe despercebido resulta em programas que *parecem* funcionar, mas falham das maneiras mais surpreendentes.

A solução de Dijkstra foi aplicar a disciplina matemática da *prova*. Sua proposta era construir uma hierarquia Euclidiana de postulados, teoremas, corolários e lemas. Dijkstra achou que os programadores poderiam usar essa hierarquia como os matemáticos. Em outras palavras, os programadores usariam estruturas comprovadas e as amarrariam com código que então eles provariam que está correto.

Para que isso funcionasse, evidentemente, Dijkstra percebeu que precisaria demonstrar a técnica voltada para a escrita de provas básicas de algoritmos simples. Como logo descobriu, isso era bem desafiador.

Durante a sua investigação, Dijkstra constatou que certos usos de declarações `goto` evitavam que os módulos fossem decompostos recursivamente em unidades cada vez menores, o que afastava o uso da abordagem dividir-e-conquistar, necessária para a obtenção de provas razoáveis.

No entanto, outros usos de `goto` não apresentavam esse problema. Dijkstra percebeu que esses "bons" usos de `goto` correspondiam a estruturas de controle simples de seleção e iteração, como `if/then/else` e `do/while`. Os módulos que usavam apenas esses tipos de estruturas de controle *poderiam* ser recursivamente subdivididos em unidades comprováveis.

Dijkstra sabia que essas estruturas de controle, quando combinadas com uma execução sequencial, eram especiais. Elas haviam sido identificadas dois anos antes por Böhm e Jacopini, responsáveis por provar que todos os programas podem ser construídos a partir de apenas três estruturas: sequência, seleção e iteração.

Essa descoberta foi extraordinária: as estruturas de controle que tornavam um módulo comprovável correspondiam ao mesmo conjunto mínimo de estruturas de controle a partir das quais todos os programas podem ser construídos. Assim nasceu a programação estruturada.

Dijkstra demonstrou que as declarações sequenciais podiam ser comprovadas por meio de enumeração simples. A técnica traçava matematicamente as entradas da sequência até as saídas da sequência. Essa abordagem não era diferente de qualquer prova matemática normal.

Para lidar com a seleção, Dijkstra utilizou a reaplicação da enumeração. Cada caminho na seleção era enumerado. Se ambos os caminhos produzissem resultados matemáticos adequados ao final, a prova era sólida.

A iteração era um pouco diferente. Para comprovar uma iteração, Dijkstra teve que usar a *indução*. Ele provou o caso para 1 por enumeração. Em seguida, provou o caso de que, se N era presumido como correto, N + 1 estava correto, novamente, por enumeração. Dijkstra também comprovou os critérios de início e fim da iteração por enumeração.

Essas provas eram trabalhosas e complexas — mas eram provas. Com o desenvolvimento delas, a ideia de que uma hierarquia euclidiana de teoremas poderia ser construída parecia possível.

Uma Proclamação Prejudicial

Em 1968, Dijkstra escreveu uma carta para o editor do periódico *CACM*. Publicada na edição de março, a carta tinha o título de "Declaração Go To Considerada Prejudicial[1]" e trazia um artigo que esboçava a sua visão sobre as três estruturas de controle.

Então, o mundo da programação pegou fogo. Como na época a internet não existia, as pessoas não podiam postar memes maldosos nem queimar Dijkstra em fóruns online. Mas podiam escrever cartas aos editores de muitos periódicos e foi o que fizeram.

O tom das cartas não era exatamente civilizado. Enquanto algumas eram intensamente negativas, outras vociferavam um forte apoio à

---

1. Em inglês: "Go To Statement Considered Harmful."

proposta de Dijkstra. Essa batalha começou nesse ponto e durou cerca de uma década.

Até que, enfim, a discussão se extinguiu e o motivo para isso foi simples: Dijkstra venceu. À medida que as linguagens de computação evoluíram, a declaração `goto` foi ficando para trás até desaparecer. A maioria das linguagens modernas não contém uma declaração `goto` — que, é claro, a LISP *nunca* teve.

Atualmente, somos todos programadores estruturados, embora isso não ocorra necessariamente por escolha. Na verdade, as nossas linguagens não oferecem a opção de usar uma indisciplinada transferência direta de controle.

Alguns podem apontar os `breaks` rotulados em Java ou exceções como os análogos de `goto`. Porém, essas estruturas não são as transferências de controle completamente irrestritas que linguagens mais antigas como Fortran ou COBOL já tiveram. Na verdade, até as linguagens que ainda suportam a palavra-chave `goto` muitas vezes restringem o alvo para dentro do escopo da função atual.

DECOMPOSIÇÃO FUNCIONAL

A programação estruturada permite que os módulos sejam decompostos recursivamente em unidades comprováveis, o que, por sua vez, significa que os módulos podem ser decompostos funcionalmente. Ou seja, você pode pegar uma declaração de um problema de larga escala e decompô-la em funções de alto nível. Cada uma dessas funções pode então ser decomposta em funções de níveis mais baixos até o infinito. Além do mais, cada função decomposta pode ser representada por meio de estruturas de controle restritas da programação estruturada.

Desenvolvidas sobre essa base, disciplinas como análise estruturada e design estruturado se popularizaram no final da década de 1970 e ao longo de toda a década de 1980. Profissionais como Ed Yourdon, Larry Constantine, Tom DeMarco e Meilir Page-Jones promoveram e disseminaram essas técnicas ao longo dos anos. Orientados por essas disciplinas, os programadores podiam dividir sistemas propostos de grande porte em módulos e componentes, que, por sua vez, poderiam ser decompostos em minúsculas funções comprováveis.

Capítulo 4   Programação Estruturada

Nenhuma Prova Formal

Mas as provas nunca vieram. A hierarquia euclidiana dos teoremas nunca foi criada, e os programadores em geral nunca viram os benefícios dos processos complicados e trabalhosos de comprovação formal que deviam ser aplicados em cada função, por menor que fosse. No fim, o sonho de Dijkstra definhou e morreu. Hoje em dia, poucos programadores acreditam que as provas formais sejam uma maneira adequada de produzir software de alta qualidade.

É claro que provas matemáticas e formais, ao estilo euclidiano, não são a única estratégia viável para se comprovar alguma coisa. Outra estratégia muito bem-sucedida é o *método científico*.

A Ciência Chega para o Resgate

A ciência difere fundamentalmente da matemática porque as teorias e leis científicas não podem ser comprovadas. Eu não posso provar para você que a segunda lei da Mecânica de Newton, $F = ma$, ou a lei da gravidade, $F = Gm_1m_2/r^2$, estão corretas. Posso demonstrar essas leis e fazer medições que indiquem a sua precisão em muitas casas decimais, mas não tenho como produzir uma prova matemática para elas. Por mais experimentos que eu conduza ou evidências empíricas que eu colete, há sempre a probabilidade de que algum experimento demonstre que essas leis da Mecânica e da gravidade estão incorretas.

Essa é a natureza das teorias e leis científicas: elas são *refutáveis e não comprováveis*.

No entanto, ainda assim apostamos as nossas vidas nessas leis todos os dias. Sempre que você entra em um carro, aposta a sua vida na promessa de que $F = ma$ seja uma descrição confiável do modo de funcionamento do mundo. Sempre que dá um passo, aposta a sua saúde e segurança na hipótese de que a fórmula $F = Gm_1m_2/r^2$ esteja correta.

A ciência não tem a função de provar que as afirmações são verdadeiras, mas sim de *provar que as afirmações são falsas*. As afirmações que não conseguimos provar como falsas, depois de muito esforço, consideramos como verdadeiras o suficiente para os nossos propósitos.

É claro que nem todas as declarações são comprováveis. A afirmação "Isto é uma mentira" não é nem verdadeira nem falsa. Trata-se de um dos exemplos mais simples de declaração não comprovável.

Para concluir, podemos dizer que a matemática é a disciplina que prova as declarações como verdadeiras. Por outro lado, a ciência é a disciplina que prova as declarações como falsas.

Testes

Como Dijkstra disse um dia: "Os testes mostram a presença, não a ausência, de bugs." Em outras palavras, um programa pode ser provado como incorreto por um teste, mas um teste não pode provar que um programa está correto. Tudo o que os testes fazem, depois de todos os esforços necessários, é permitir que consideremos um programa como suficientemente correto para os nossos propósitos.

As implicações desse fato são impressionantes. O desenvolvimento de software não é um empreendimento matemático, embora pareça manipular construções matemáticas. Em vez disso, o software é como uma ciência. Demonstramos a exatidão quando falhamos em comprovar a inexatidão, apesar de trabalharmos duro.

Essas provas de inexatidão podem ser aplicadas apenas em programas *comprováveis*[2]. Um programa não comprovável — devido ao uso irrestrito de goto, por exemplo — não pode ser considerado correto, mesmo que inúmeros testes sejam aplicados nele.

A programação estruturada nos força a decompor um programa recursivamente em um conjunto de pequenas funções comprováveis. A partir daí, podemos realizar testes para tentar provar que essas pequenas funções comprováveis estão incorretas. Se esses testes falharem na comprovação da inexatidão, consideramos as funções como suficientemente corretas para os nossos propósitos.

---

2. *Entenda programa comprovável como um programa que apresenta algum resultado.*

Capítulo 4   Programação Estruturada

Conclusão

É essa habilidade de criar unidades de programação que podem ser testadas pela negação do correto, que faz da programação estruturada um modelo importante atualmente. Isso explica por que as linguagens modernas não suportam normalmente declarações `goto` irrestritas. Além disso, no nível arquitetural, esse é o motivo de ainda considerarmos a *decomposição funcional* como uma das nossas melhores práticas.

Em todos os níveis, da menor função ao maior componente, o software é como uma ciência e, portanto, orientado pela refutabilidade. Os arquitetos de software lutam para desenvolver módulos, componentes e serviços que sejam facilmente testáveis (pela negação do correto). Para isso, fazem uso de disciplinas restritivas similares à programação estrutural, embora em um nível muito mais alto.

São essas disciplinas restritivas que nós estudaremos em mais detalhes nos próximos capítulos.

Programação Orientada a Objetos

Capítulo 5   Programação Orientada a Objetos

Como veremos, a base de uma boa arquitetura é a compreensão e aplicação dos princípios do design orientado a objetos (OO). Mas o que é OO?

"Uma combinação de dados e funções", seria uma resposta para essa pergunta. No entanto, embora muito citada, essa resposta é bastante insatisfatória, pois implica que `o.f()` é, de alguma forma, diferente de `f(o)`. Isso é absurdo. Os programadores já passavam estruturas de dados para funções muito antes de 1966, quando Dahl e Nygaard inventaram a OO.

Outra resposta comum para essa pergunta é "Uma maneira de modelar o mundo real." Mas essa é, no máximo, uma resposta evasiva. O que "modelar o mundo real" realmente significa, e por que seria algo que você desejaria fazer? Talvez essa afirmação parta da premissa de que a OO facilita o entendimento do software devido à sua ligação mais próxima com o mundo real — mas mesmo essa afirmação é evasiva e definida muito vagamente. Ela não nos diz o que é OO.

Alguns recorrem a três palavras mágicas para explicar a natureza da OO: *encapsulamento*, *herança* e *polimorfismo*. A insinuação é de que a OO é a mistura apropriada dessas coisas, ou de que, pelo menos, uma linguagem OO deveria dar suporte a esses três conceitos.

A seguir, vamos examinar cada um desses conceitos.

ENCAPSULAMENTO?

O encapsulamento é citado como parte da definição da OO porque linguagens OO possibilitam um encapsulamento fácil e eficaz de dados e funções. Como resultado, pode-se estabelecer um limite em torno de um conjunto coeso de dados e funções. Fora desse limite, os dados estão ocultos e apenas algumas funções são conhecidas. Observamos este conceito em ação como os dados privados e as funções públicas de uma classe.

Encapsulamento?

Isso certamente não vale apenas para a OO. Na verdade, havia um encapsulamento perfeito em C. Considere este programa simples em C:

point.h

```
struct Point;
struct Point* makePoint(double x, double y);
double distance (struct Point *p1, struct Point *p2);
```

point.c

```
#include "point.h"
#include <stdlib.h>
#include <math.h>

struct Point {
  double x,y;
};

struct Point* makepoint(double x, double y) {
  struct Point* p = malloc(sizeof(struct Point));
  p->x = x;
  p->y = y;
  return p;
}

double distance(struct Point* p1, struct Point* p2) {
  double dx = p1->x - p2->x;
  double dy = p1->y - p2->y;
  return sqrt(dx*dx+dy*dy);
}
```

Os usuários do point.h não têm nenhum acesso aos membros de struct Point. Eles podem chamar a função makePoint() e a função distance(), mas não têm absolutamente nenhum conhecimento sobre a implementação, seja da estrutura de dados Point ou das funções.

Trata-se de um encapsulamento perfeito em uma linguagem não OO. Em C, os programadores costumavam fazer esse tipo de coisa o tempo todo. Declarávamos as estruturas de dados e funções em arquivos de cabeçalho[1] para, em seguida, implementá-las em arquivos de

---

1. Também chamado de arquivo header ou .h, com extensão h.

Capítulo 5 Programação Orientada a Objetos

implementação. Nossos usuários nunca tinham acesso aos elementos desses arquivos de implementação.

Mas então veio a OO na forma do C++ — e o encapsulamento perfeito do C foi quebrado.

Por razões técnicas, o compilador[2] C++ exigia que as variáveis-membro de uma classe fossem declaradas no arquivo header da mesma classe. Então, nosso programa Point mudou para a seguinte forma:

point.h

```
class Point {
public:
  Point(double x, double y);
  double distance(const Point& p) const;

private:
  double x;
  double y;
};
```

point.cc

```
#include "point.h"
#include <math.h>

Point::Point(double x, double y)
: x(x), y(y)
{}

double Point::distance(const Point& p) const {
  double dx = x-p.x;
  double dy = y-p.y;
  return sqrt(dx*dx + dy*dy);
}
```

---

2. *O compilador C++ precisa saber o tamanho das instâncias de cada classe.*

Herança?

Os clientes do arquivo header point.h sabem das variáveis-membro x e y! O compilador impede o acesso a elas, mas o cliente ainda sabe que elas existem. Por exemplo, se os nomes desses membros forem alterados, o arquivo point.cc deverá ser recompilado! O encapsulamento foi quebrado.

De fato, para que o encapsulamento fosse parcialmente corrigido, foi preciso incluir as palavra-chave public, private e protected na linguagem. Esse, no entanto, foi um hack exigido para atender à necessidade técnica do compilador de ver essas variáveis no arquivo de cabeçalho.

Java e C# simplesmente aboliram totalmente a divisão header/implementação, enfraquecendo ainda mais o encapsulamento. Nessas linguagens, é impossível separar a declaração da definição de uma classe.

Por essas razões, é difícil aceitar que a OO dependa de um encapsulamento forte. Na verdade, muitas linguagens[3] OO têm pouco ou nenhum encapsulamento forçado.

A OO certamente depende da ideia de que os programadores são bem comportados o suficiente para não contornar os dados encapsulados. Mesmo assim, as linguagens que afirmam trabalhar com a OO têm apenas enfraquecido o encapsulamento perfeito que um dia tivemos no C.

HERANÇA?

Embora as linguagens OO não ofereçam um encapsulamento melhor, elas certamente nos deram uma herança, certo?

Mais ou menos. A herança é simplesmente a redeclaração de um grupo de variáveis e funções dentro de um escopo fechado. Mas os programadores já eram capazes de fazer isso manualmente no C[4] muito antes de existir uma linguagem OO.

---

3. *Por exemplo, Smalltalk, Python, JavaScript, Lua e Ruby.*
4. *Não só programadores C: a maioria das linguagens daquela época eram capazes de mascarar uma estrutura de dados como outra.*

Capítulo 5   Programação Orientada a Objetos

Considere esta adição ao nosso programa point.h C original:

namedPoint.h

```
struct NamedPoint;

struct NamedPoint* makeNamedPoint(double x, double y, char*
name);
void setName(struct NamedPoint* np, char* name);
char* getName(struct NamedPoint* np);
```

namedPoint.c

```
#include "namedPoint.h"
#include <stdlib.h>

struct NamedPoint {
  double x,y;
  char* name;
};

struct NamedPoint* makeNamedPoint(double x, double y, char*
name) {
  struct NamedPoint* p = malloc(sizeof(struct NamedPoint));
  p->x = x;
  p->y = y;
  p->name = name;
  return p;
}

void setName(struct NamedPoint* np, char* name) {
  np->name = name;
}

char* getName(struct NamedPoint* np) {
  return np->name;
}
```

Herança?

```
main.c
```
```
#include "point.h"
#include "namedPoint.h"
#include <stdio.h>

int main(int ac, char** av) {
  struct NamedPoint* origin = makeNamedPoint(0.0, 0.0,
"origin");
  struct NamedPoint* upperRight = makeNamedPoint
    (1.0, 1.0, "upperRight");
  printf("distance=%f\n",
    distance(
            (struct Point*) origin,
            (struct Point*) upperRight));
}
```

Se você observar cuidadosamente o programa main, verá que a estrutura de dados NamedPoint se comporta como se fosse derivada da estrutura de dados Point. Isso porque a ordem dos primeiros dois campos em NamedPoint é a mesma de Point. Resumindo, NamedPoint pode se disfarçar de Point porque NamedPoint é um superconjunto puro de Point e mantém a ordem dos membros que correspondem a Point.

Esse truque era uma prática comum[5] dos programadores antes do advento da OO. Na verdade, é por esse procedimento que o C++ implementa a herança simples.

Assim, podemos dizer que existia um tipo de herança muito antes das linguagens OO serem inventadas. No entanto, essa declaração não é totalmente verdadeira. Havia um truque, mas ele não era tão conveniente quanto uma herança verdadeira. Além do mais, heranças múltiplas são muito mais difíceis de viabilizar com esse procedimento.

Observe também que, em main.c, tive que fazer o cast[6] dos argumentos NamedPoint como Point. Em uma linguagem OO real, esse upcasting estaria implícito.

---

5. *E ainda é.*
6. *Ou tiragem explícita.*

Capítulo 5   Programação Orientada a Objetos

É justo dizer que, embora as linguagens OO não ofereçam nada de completamente novo, elas tornam o mascaramento de estrutura de dados significantemente mais conveniente.

Recapitulando: a OO não ganha nenhum ponto pelo encapsulamento e merece, talvez, meio ponto pela herança. Até agora, não é uma pontuação boa.

Mas há mais um atributo a ser considerado.

POLIMORFISMO?

O comportamento polimórfico existia antes das linguagens OO? É claro que sim. Considere este simples programa copy em C.

```
#include <stdio.h>

void copy() {
  int c;
  while ((c=getchar()) != EOF)
    putchar(c);
}
```

A função getchar() lê os dados de STDIN, mas que dispositivo é STDIN? A função putchar() escreve em STDOUT, mas que dispositivo é esse? Essas funções são *polimórficas* — seus comportamentos dependem do tipo de STDIN e STDOUT.

É como se STDIN e STDOUT fossem interfaces ao estilo Java, com implementações para cada dispositivo. Evidentemente, não há interfaces no exemplo do programa em C — então como a chamada de getchar() é realmente entregue ao driver do dispositivo que lê o caractere?

A resposta para essa pergunta é bem direta. O sistema operacional UNIX exige que cada driver de dispositivo IO ofereça cinco funções padrão:[7] open, close, read, write e seek. As assinaturas dessas funções devem ser idênticas para cada driver IO.

---

7. Os sistemas UNIX variam; este foi só um exemplo.

A estrutura de dados FILE contém cinco ponteiros para funções. Em nosso exemplo, esse procedimento pode ficar da seguinte forma:

```
struct FILE {
  void (*open)(char* name, int mode);
  void (*close)();
  int  (*read)();
  void (*write)(char);
  void (*seek)(long index, int mode);
};
```

O driver IO para o console definirá essas funções e carregará uma estrutura de dados FILE com os respectivos endereços, da seguinte forma:

```
#include "file.h"

void open(char* name, int mode) {/*...*/}
void close() {/*...*/};
int read() {int c;/*...*/ return c;}
void write(char c) {/*...*/}
void seek(long index, int mode) {/*...*/}

struct FILE console = {open, close, read, write, seek};
```

Agora, se o STDIN for definido como FILE* e apontar para a estrutura de dados do console, a getchar() poderá ser implementada da seguinte forma:

```
extern struct FILE* STDIN;

int getchar() {
  return STDIN->read();
}
```

Em outras palavras, a getchar() simplesmente chamará a função indicada pelo ponteiro read da estrutura de dados FILE apontada por STDIN.

Esse truque simples é a base para todo o polimorfismo da OO. Em C++, por exemplo, a cada função virtual de uma classe corresponde um ponteiro em uma tabela chamada vtable, e todas as chamadas de funções virtuais passam por essa tabela. Os construtores de derivadas simplesmente carregam suas versões dessas funções na vtable do objeto que está sendo criado.

Podemos dizer, portanto, que o polimorfismo é uma aplicação de ponteiros em funções. Os programadores têm usado ponteiros em funções para obter um comportamento polimórfico desde que as arquiteturas de Von Neumann foram implementadas pela primeira vez, no final da década de 1940. Em outras palavras, a OO não ofereceu nada de novo.

Mas isso não é bem verdade. As linguagens OO podem não ter criado o polimorfismo, mas o tornaram muito mais seguro e muito mais conveniente.

Porém, há um problema em usar explicitamente ponteiros para funções para criar um comportamento polimórfico: ponteiros para funções são *perigosos*. Esse uso é orientado por um conjunto de convenções manuais. Você tem que lembrar de seguir a convenção para inicializar os ponteiros. Você tem que lembrar de seguir a convenção para chamar todas as suas funções através desses ponteiros. Se o programador não lembrar dessas convenções, o bug resultante poderá ser diabolicamente difícil de encontrar e eliminar.

As linguagens OO eliminam essas convenções e, portanto, esses perigos. Usar uma linguagem OO torna trivial o polimorfismo. Isso cria um poder enorme com o qual os antigos programadores de C só sonhavam. Partindo daí, podemos concluir que a OO impõe disciplina na transferência indireta de controle.

O PODER DO POLIMORFISMO

Mas o que tem de tão bom no polimorfismo? Para apreciar melhor o seu grande atrativo, vamos voltar ao exemplo do programa copy. O que acontecerá a esse programa se um novo dispositivo IO for criado? Imagine que o programa copy será usado para copiar dados de um dispositivo de reconhecimento de caligrafia para um dispositivo sintetizador de fala: como devemos mudar o programa copy para que funcione com esses novos dispositivos?

Polimorfismo?

Não precisamos mudar nada! Na verdade, nem precisamos recompilar o programa copy. Por quê? Porque o código fonte do programa copy não depende do código fonte dos drivers IO. Enquanto esses drivers IO implementarem as cinco funções padrão definidas por FILE, o programa copy ficará feliz em usá-las.

Resumindo, os dispositivos IO se tornaram plug-ins do programa copy.

Por que o sistema operacional UNIX transforma dispositivos IO em plug-ins? Porque, no final da década de 1950, aprendemos que os nossos programas deveriam ser *independentes dos dispositivos*. Por quê? Porque tivemos que escrever vários programas *dependentes* dos dispositivos para só estão descobrir que realmente queríamos que eles fizessem o mesmo trabalho em um dispositivo diferente.

Por exemplo, escrevíamos frequentemente programas que liam entradas de dados em cartões perfurados[8] e perfuravam novos cartões como saídas. Depois, nossos clientes trocaram as caixas de cartões por rolos de fita magnética. Isso foi muito inconveniente, pois significava reescrever grandes seções do programa original. Seria muito mais oportuno se o mesmo programa funcionasse intercambiavelmente com cartões ou fitas.

A arquitetura de plug-in foi inventada para suportar esse tipo de independência em relação aos dispositivos IO e vem sendo implementada em quase todos os sistemas operacionais desde a sua introdução. Mesmo assim, a maioria dos programadores não aplicou essa ideia em seus próprios programas, porque usar ponteiros para funções era perigoso.

A OO permite que a arquitetura de plug-in seja usada em qualquer lugar e para qualquer coisa.

INVERSÃO DE DEPENDÊNCIA

Imagine como era o software antes de haver disponível um mecanismo seguro e conveniente de polimorfismo. Na árvore típica de chamados, as funções main chamavam funções de alto nível, que chamavam

---

8. *Cartões perfurados* — cartões IBM Hollerith, 80 colunas de largura. Tenho certeza que muitos de vocês nunca sequer viram um desse, mas eles eram comuns nos anos 1950, 1960 e até em 1970.

Capítulo 5 Programação Orientada a Objetos

funções de nível médio, que chamavam funções de baixo nível. Nessa árvore de chamados, no entanto, a dependências do código fonte seguiam inexoravelmente o fluxo de controle (Figura 5.1).

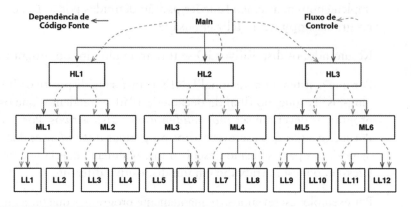

Figura 5.1 Dependências do código fonte versus fluxo de controle

Para chamar uma das funções de alto nível, `main` mencionava o nome do módulo que continha essa função que, em C, era `#include`. Em Java, era uma declaração `import`. Em C#, era uma declaração `using`. Na verdade, todo chamador devia mencionar o nome do módulo que continha o que estava sendo chamado.

Esse requisito oferecia pouca ou nenhuma opção ao arquiteto de software. O fluxo de controle era ditado pelo comportamento do sistema, e as dependências do código fonte eram ditadas por esse fluxo de controle.

No entanto, quando o polimorfismo entra em jogo, algo muito diferente pode acontecer (Figura 5.2).

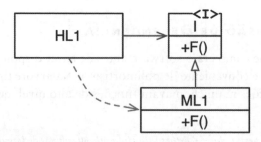

Figura 5.2 Inversão de dependência

Polimorfismo?

Na Figura 5.2, o módulo `HL1` chama a função `F()` no módulo `ML1`. O fato dele chamar essa função através de uma interface é um artifício do código fonte. No momento da execução, a interface não existe. `HL1` simplesmente chama `F()` dentro de `ML1`.[9]

Porém, observe que a dependência do código fonte (o relacionamento de herança) entre ML1 e a interface I aponta para a direção contrária em comparação com o fluxo de controle. Isso se chama inversão de dependência, e suas implicações para o arquiteto de software são profundas.

O fato de que linguagens OO oferecem um polimorfismo seguro e conveniente significa que *qualquer dependência de código fonte, não importa onde esteja, pode ser invertida*.

Agora, observe a árvore de chamados na Figura 5.1 e suas muitas dependências de código fonte. Qualquer dessas dependências pode ser invertida ao se inserir uma interface entre elas.

Com essa abordagem, os arquitetos de software que trabalham com sistemas escritos em linguagens OO têm *controle absoluto* sobre a direção de todas as dependências de código fonte no sistema. Eles não estão limitados a alinhar essas dependências com o fluxo de controle. Não importa qual módulo faz o chamado nem qual módulo é chamado, o arquiteto de software pode apontar a dependência de código fonte em qualquer direção.

Isso é poder! Esse é o poder que a OO oferece. É disso que trata a OO — pelo menos do ponto de vista do arquiteto.

O que você pode fazer com esse poder? Por exemplo, você pode reorganizar as dependências de código fonte do seu sistema para que o banco de dados e a interface do usuário (UI) dependam de regras de negócio (Figura 5.3), em vez do contrário.

Figura 5.3 A base de dados e a interface do usuário dependem de regras de negócio

9. *Ainda que indiretamente.*

Capítulo 5 Programação Orientada a Objetos

Isso significa que a UI e a base de dados podem ser plug-ins para as regras de negócio e que o código fonte das regras de negócio nunca menciona a UI ou a base de dados.

Como consequência, as regras de negócio, a UI e o banco de dados podem ser compiladas em três componentes separados ou unidades implantáveis (por exemplo, arquivos jar, DLLs ou arquivos Gem) que tenham as mesmas dependências de código fonte. O componente que contém as regras de negócio não dependerá dos componentes que contêm a UI e o banco de dados.

Por sua vez, as regras de negócio podem ser implantadas independentemente da UI e do banco de dados. As mudanças na UI ou no banco de dados não precisam ter nenhum efeito sobre as regras de negócio. Esses componentes podem ser implantados de forma separada e independente.

Resumindo, quando o código fonte muda em um componente, apenas esse componente deve ser reimplantado. Isso se chama implantação independente.

Se os módulos do seu sistema podem ser implantados de forma independente, também podem ser desenvolvidos independentemente por equipes diferentes. Isso se chama *desenvolvimento independente*.

Conclusão

O que é a OO? Há muitas opiniões e respostas para essa pergunta. Para o arquiteto de software, no entanto, a resposta é clara: a OO é a habilidade de obter controle absoluto, através do uso do polimorfismo, sobre cada dependência de código fonte do sistema. Ela permite que o arquiteto crie uma arquitetura de plug-in com módulos que contêm políticas de alto nível, independentes dos módulos que contêm detalhes de baixo nível. Os detalhes de nível mais baixo são relegados a módulos de plug-ins, que podem ser implantados e desenvolvidos de maneira independente dos módulos que contêm políticas de alto nível.

PROGRAMAÇÃO FUNCIONAL 6

Capítulo 6 Programação Funcional

De muitas maneiras, os conceitos da programação funcional são anteriores à própria programação. Este paradigma se baseia essencialmente no cálculo-λ, inventado por Alonzo Church na década de 1930.

Quadrados de Inteiros

Para explicar o que é a programação funcional, devemos examinar alguns exemplos. Vamos investigar um problema simples: como imprimir os quadrados dos primeiros 25 números inteiros.

Na linguagem Java, podemos escrever o seguinte:

```
public class Squint {
  public static void main(String args[]) {
    for (int i=0; i<25; i++)
      System.out.println(i*i);
  }
}
```

Na linguagem Clojure, derivada de Lisp e funcional, podemos implementar esse mesmo programa da seguinte forma:

```
(println (take 25 (map (fn [x] (* x x)) (range))))
```

Se você não conhece a Lisp, isso pode parecer um pouco estranho. Então, vou reformatar um pouco e adicionar alguns comentários.

```
(println ;_____ Imprimir
  (take 25 ;_____ os 25 primeiros
    (map (fn [x] (* x x)) ;__ quadrados
      (range)))) ;_____ de números inteiros
```

Deve estar claro que `println`, `take`, `map` e `range` são funções. Em Lisp, para chamar uma função, você deve colocá-la entre parênteses. Por exemplo, `(range)` chama a função range.

Quadrados de Inteiros

A expressão (fn [x] (* x x)) é uma função anônima que chama a função de multiplicação, passando seu argumento de entrada duas vezes. Em outras palavras, ela calcula o quadrado da sua entrada.

Observando tudo de novo, é melhor começar com a chamada de função mais interna.

- A função range retorna uma lista infinita de números inteiros, começando por 0.
- A lista é passada para a função map, que chama a função anônima de quadrados para cada elemento e produz uma nova lista infinita de todos os quadrados.
- A lista de quadrados é passada para a função take, que retorna uma nova lista contendo apenas os 25 primeiros elementos.
- A função println imprime a sua entrada, que consiste em uma lista dos primeiros 25 quadrados de números inteiros.

Se ficar aterrorizado com o conceito de listas infinitas, não se preocupe. Apenas os 25 primeiros elementos dessas listas infinitas são realmente criados. Isso porque nenhum elemento de uma lista infinita é calculado até ser acessado.

Se você achou tudo isso confuso, procure uma oportunidade excelente para aprender tudo sobre Clojure e programação funcional. Não é meu objetivo ensinar esses assuntos aqui.

Meu objetivo aqui é apontar algo muito dramático sobre a diferença entre programas em Clojure e Java. O programa em Java usa uma *variável mutável* — uma variável que muda de estado durante a execução do programa. Essa variável é i — a variável de controle do laço. Não existe uma variável mutável no programa em Clojure. No programa em Clojure, variáveis como x são inicializadas, mas nunca são modificadas.

Isso nos leva a uma declaração surpreendente: variáveis em linguagens funcionais *não variam*.

IMUTABILIDADE E ARQUITETURA

Por que esse ponto é importante do ponto de vista arquitetural? Por que um arquiteto ficaria preocupado com a mutabilidade das variáveis? A resposta é absurdamente simples: todas as condições de corrida (race conditions), condições de impasse (deadlock conditions) e problemas de atualizações simultâneos decorrem das variáveis mutáveis. Você não pode ter um problema de condição de corrida ou de atualização concorrente se nenhuma variável for atualizada. Não pode ter deadlocks sem locks mutáveis.

Em outras palavras, todos os problemas que enfrentamos em aplicações concorrentes — todos os problemas que exigem várias threads e múltiplos processadores — não podem acontecer se não houver variáveis mutáveis.

Como arquiteto, você deveria ficar muito interessado em problemas de concorrência. Você quer garantir que os sistemas que projeta são robustos na presença de várias threads e processadores. Para isso, há uma pergunta que você deve fazer a si mesmo: a imutabilidade é praticável?

A resposta para essa pergunta é afirmativa, se você tiver acesso a um armazenamento infinito e uma velocidade de processamento infinita. Se não dispõe desses recursos infinitos, a resposta tem um pouco mais de nuances. Sim, a imutabilidade pode ser praticável, se certas concessões forem feitas.

Vamos dar uma olhada nessas concessões.

SEGREGAÇÃO DE MUTABILIDADE

Uma das concessões mais comuns em relação à imutabilidade é segregar a aplicação, ou os serviços contidos na aplicação, em componentes mutáveis e imutáveis. Os componentes imutáveis realizam suas tarefas de maneira puramente funcional, sem usar nenhuma variável mutável. Os componentes imutáveis se comunicam com um ou mais dos outros componentes que não são puramente funcionais e permitem que o estado das variáveis seja modificado (Figura 6.1).

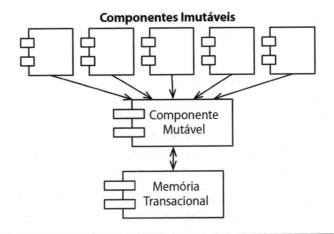

Figura 6.1 Mudando o estado e a memória transacional

Já que mudar o estado expõe esses componentes a todos os problemas de concorrência, é uma prática comum usar algum tipo de *memória transacional* para proteger as variáveis mutáveis de atualizações concorrentes e condições de corrida.

A memória transacional simplesmente trata as variáveis na memória do mesmo jeito que um banco de dados trata registros no disco.[1] Ela protege essas variáveis com um esquema baseado em transação ou repetição.

Um exemplo simples dessa abordagem é a facility atom da Clojure:

```
(def counter (atom 0)) ; inicializa counter com 0
(swap! counter inc)    ; incrementa counter com
                       ; segurança
```

Nesse código, a variável counter é definida como um atom. Em Clojure, um atom é um tipo especial de variável, cujo valor tem permissão de mudar sob condições muito disciplinadas, forçadas pela função swap!.

A função swap!, indicada no código anterior, recebe dois argumentos: o atom a ser mudado e uma função que calcula o novo valor a ser

---

1. *Eu sei... o que é um disco?*

Capítulo 6   Programação Funcional

armazenado no atom. Em nosso exemplo, o counter atom será modificado para o valor calculado na função inc, que simplesmente incrementa seu argumento.

A estratégia usada por swap! é um algoritmo *compare e troque* tradicional. O valor de counter é lido e passado para inc. Quando inc retorna, o valor de counter é bloqueado e comparado ao valor que foi passado para inc. Se o valor for o mesmo, então o valor retornado por inc é armazenado no counter e o bloqueio é liberado. Caso contrário, o lock é liberado e a estratégia é reiniciada.

A facility atom é adequada para aplicações simples. Infelizmente, ela não oferece proteção total contra atualizações concorrentes e impasse quando múltiplas variáveis dependentes entram em jogo. Nesses casos, facilities mais elaboradas podem ser usadas.

O ponto é que aplicações bem estruturadas devem ser segregadas entre componentes que mudam e que não mudam variáveis. Esse tipo de segregação é viabilizado pelo uso de disciplinas adequadas para proteger as variáveis que mudaram.

Seria inteligente se os arquitetos destinassem o máximo possível de processamento para esses componentes imutáveis e dirigissem o máximo possível de código para fora desses componentes que permitem mutação.

Event Sourcing[2]

Os limites de armazenamento e poder de processamento vêm rapidamente se distanciando no horizonte. Atualmente, é comum que os processadores executem bilhões de instruções por segundo e tenham bilhões de bytes de RAM. Quanto maiores forem a memória e a velocidade das nossas máquinas, menos precisaremos de um estado mutável.

Considere um exemplo simples. Imagine uma aplicação bancária que indique os saldos em conta dos clientes. O programa altera esses saldos quando transações de depósito ou saque são executadas.

---

2. *Poderíamos traduzir para "Eventos Originais", mas optamos por manter por ser usual em português.*

Event Sourcing

Agora, imagine que, em vez dos saldos, apenas as transações sejam armazenadas. Sempre que alguém quiser consultar o saldo de uma conta, basta somar todas as transações dessa conta, desde o começo. Esse esquema não requer variáveis mutáveis.

Obviamente, essa abordagem parece absurda. Ao longo do tempo, o número de transações cresceria infinitamente e o poder de processamento necessário para calcular os totais seria impraticável. Para fazer esse esquema funcionar continuamente, precisaríamos de armazenamento e poder de processamento infinitos.

Mas talvez esse esquema não tenha que funcionar para sempre. Talvez tenhamos armazenamento e poder de processamento suficientes para fazer o esquema funcionar pelo tempo de vida razoável de aplicação.

Essa é a ideia por trás do *event sourcing*.[3] Event sourcing é uma estratégia em que armazenamos as transações, mas não o estado. Quando o estado for solicitado, simplesmente aplicamos todas as transações desde o início.

É claro que podemos pegar atalhos. Por exemplo, podemos calcular e salvar o estado todos os dias à meia-noite. Então, quando a informação de estado for solicitada, calculamos apenas as transações feitas a partir da meia-noite.

Agora, considere a capacidade de armazenamento de dados necessária para esse esquema: seria imensa. Na prática, o armazenamento offline de dados tem crescido tão rápido que agora consideramos trilhões de bytes algo pequeno — então nós temos o bastante.

Mais importante, nada nunca é deletado ou atualizado nesse modelo de armazenamento de dados. Como consequência, nossas aplicações não são CRUD; são apenas CR. Além disso, como nenhuma atualização ou eliminação ocorre no armazenamento de dados, nenhum problema de atualização concorrente pode ocorrer.

Se temos armazenamento e poder de processamento suficientes, podemos tornar nossas aplicações inteiramente imutáveis — e, portanto, *inteiramente funcionais.*

---

3. *Quero agradacer a Greg Young por me ensinar sobre esse conceito.*

Capítulo 6   Programação Funcional

Se isso ainda parece absurdo, talvez seja útil lembrar que esse é precisamente o modo de funcionamento do seu sistema de controle de código.

Conclusão

Resumindo:

- A programação estruturada é a disciplina imposta sobre a transferência direta de controle.
- A programação orientada a objetos é a disciplina imposta sobre a transferência indireta de controle.
- A programação funcional é a disciplina imposta sobre atribuição de variáveis.

Cada um desses três paradigmas tirou algo de nós. Cada um restringe algum aspecto da maneira como escrevemos código. Nenhuma deles adicionou nada ao nosso poder ou às nossas capacidades.

O que aprendemos no último meio século foi *o que não fazer*.

Com essa percepção, precisamos encarar um fato indesejado: o software não é uma tecnologia de rápido desenvolvimento. As regras do software são as mesmas de 1946, quando Alan Turing escreveu o primeiro código a ser executado em um computador eletrônico. As ferramentas e o hardware mudaram, mas a essência do software permanece a mesma.

O software — a matéria vital dos programas de computadores — é composto de sequência, seleção, iteração e indireção. Nada mais. Nada menos.

PRINCÍPIOS DE DESIGN

Bons sistemas de software começam com um código limpo. Por um lado, se os tijolos não são bem-feitos, a arquitetura da construção perde a importância. Por outro lado, você pode fazer uma bagunça considerável com tijolos bem-feitos. É aí que entram os princípios SOLID.

Parte III   Princípios de Design

Os princípios SOLID nos dizem como organizar as funções e estruturas de dados em classes e como essas classes devem ser interconectadas. O uso da palavra "classe" não implica que esses princípios sejam aplicáveis apenas a softwares orientados a objetos. Uma classe é apenas um agrupamento acoplado de funções e dados. Cada sistema de software tem agrupamentos como esses, chamados ou não de classes. Os princípios SOLID se aplicam a esses agrupamentos.

O objetivo dos princípios é a criação de estruturas de software de nível médio que:

- Tolerem mudanças,
- Sejam fáceis de entender e
- Sejam a base de componentes que possam ser usados em muitos sistemas de software.

O termo "nível médio" se refere ao fato de que esses princípios são aplicados por programadores que trabalham no nível do módulo. Sua aplicação ocorre logo acima do nível do código e visa definir os tipos de estruturas de software usadas dentro de módulos e componentes.

Assim como é possível criar uma bagunça considerável com tijolos bem-feitos, também se pode bagunçar o sistema inteiro com componentes de nível médio bem-projetados. Por isso, depois de abordar os princípios SOLID, veremos os seus correspondentes no mundo dos componentes e, em seguida, os princípios da arquitetura de alto nível.

A história dos princípios SOLID é longa. Comecei a reuni-los no final da década de 1980, enquanto ainda debatia sobre princípios de design com outras pessoas na USENET (algo como um Facebook antigo). Ao longo dos anos, os princípios mudaram. Alguns foram deletados. Outros foram mesclados. Outros foram adicionados. O conjunto final foi estabilizado no início dos anos 2000, embora eu tenha apresentado esses princípios em uma ordem diferente.

Por volta de 2004, Michael Feathers me enviou um e-mail dizendo que, se eu reorganizasse os princípios, as primeiras letras poderiam formar a palavra SOLID — e assim nasceram os princípios SOLID.

Parte III   Princípios de Design

Os próximos capítulos descrevem cada princípio com mais detalhes. Aqui faço um breve resumo:

- **SRP:** Princípio da Responsabilidade Única (Single Responsibility Principle)

  Um corolário ativo da lei de Conway: a melhor estrutura para um sistema de software deve ser altamente influenciada pela estrutura social da organização que o utiliza, de modo que cada módulo de software tenha uma, e apenas uma, razão para mudar.

- **OCP:** Princípio do Aberto/Fechado (Open-Closed Principle)

  Bertrand Meyer popularizou este princípio na década de 1980. Em essência, para que os sistemas de software sejam fáceis de mudar, eles devem ser projetados de modo a permitirem que o comportamento desses sistemas mude pela adição de um novo código em vez da alteração do código existente.

- **LSP:** Princípio de Substituição de Liskov (Liskov Substitution Principle)

  Trata-se da famosa definição de subtipos que Barbara Liskov estabeleceu em 1988. Resumindo, este princípio diz que, para criar sistemas de software a partir de partes intercambiáveis, essas partes devem aderir a um contrato que permita que elas sejam substituídas umas pelas outras.

- **ISP:** Princípio da Segregação de Interface (Interface Segregation Principle)

  Este princípio orienta que os projetistas de software evitem depender de coisas que não usam.

- **DIP:** Princípio da Inversão de Dependência (Dependency Inversion Principle)

  O código que implementa uma política de alto nível não deve depender do código que implementa detalhes de nível mais baixo. São os detalhes que devem depender das políticas.

Esses princípios foram descritos minuciosamente em várias publicações diferentes[1] ao longo dos anos. Os próximos capítulos abordarão as implicações arquiteturais desses princípios em vez de repetir essas discussões detalhadas. Se você ainda não está familiarizado com esses princípios, o texto a seguir não será suficiente para entendê-los em profundidade. Para um melhor estudo, recomendo que você recorra aos documentos indicados nas notas de rodapé.

---

1. Por exemplo, *Agile Software Development, Principles, Patterns, and Practices*, Robert C. Martin, Prentice Hall, 2002, *http://www.butunclebob.com/ArticleS.UncleBob. PrinciplesOfOod* e *https://en.wikipedia.org/wiki/SOLID_(object-oriented_design)* (ou simplesmente procure SOLID no Google).

SRP: O Princípio da Responsabilidade Única

Capítulo 7 SRP: O Princípio da Responsabilidade Única

De todos os princípios SOLID, o Princípio da Responsabilidade Única (SRP) provavelmente é o menos compreendido. Isso se deve, possivelmente, ao seu nome bastante inadequado. Em geral, ao escutarem esse nome, os programadores imaginam logo que todos os módulos devem fazer apenas uma coisa.

Não se engane, saiba que *há* um princípio como esse. Uma *função* deve fazer uma, e apenas uma, coisa. Usamos esse princípio quando refatoramos funções grandes em funções menores; usamos isso nos níveis mais baixos. Mas ele não é um dos princípios SOLID — não é o SRP.

Historicamente, o SRP tem sido descrito como:

Um módulo deve ter uma, e apenas uma, razão para mudar.

Os sistemas de software mudam para atender às demandas de usuários e stakeholders. Esses usuários e stakeholders *são* a "razão para mudar" da qual o princípio fala. De fato, podemos reformular o princípio da seguinte forma:

Um módulo deve ser responsável por um, e apenas um, usuário ou stakeholder.

Infelizmente, as palavras "usuário" e "stakeholder" não são realmente as expressões corretas nesse caso. Quase sempre há mais de um usuário ou stakeholder exigindo que o sistema mude da mesma forma. Então, estamos nos referindo efetivamente a um grupo — uma ou mais pessoas que exigem essa mudança. Vamos nos referir a esse grupo como um *ator*.

Portanto, a versão final do SRP é:

Um módulo deve ser responsável por um, e apenas um, ator.

Então, o que significa a palavra "módulo"? Pela definição mais simples, é apenas um arquivo-fonte. Na maior parte das vezes, essa definição funciona bem. Em algumas linguagens e ambientes de desenvolvimento, no entanto, não há arquivos-fonte que contenham o código. Nesses casos, um módulo é apenas um conjunto coeso de funções e estruturas de dados.

Esta palavra "coeso" sugere o SRP. Coesão é a força que amarra o código responsável a um único ator.

Talvez a melhor maneira de entender esse princípio seja observando os sintomas decorrentes da sua violação.

SINTOMA 1: DUPLICAÇÃO ACIDENTAL

Meu exemplo favorito é a classe Employee de uma aplicação de folha de pagamento. Ela tem três métodos: calculatePay(), reportHours(), e save() (Figura 7.1).

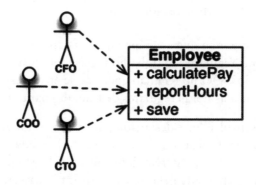

Figura 7.1 A classe Employee

Essa classe viola o SRP porque esses três métodos são responsáveis por três atores bem diferentes.

- O método calculatePay() é especificado pelo departamento de contabilidade, subordinado ao CFO.
- O método reportHours() é especificado e usado pelo departamento de recursos humanos, subordinado ao COO.
- O método save() é especificado pelo administradores de base de dados (DBAs), subordinados ao CTO.

Ao incluírem o código-fonte desse três métodos em uma única classe Employee, os desenvolvedores acoplaram cada um desses atores aos outros. Esse acoplamento pode fazer com que as ações da equipe do CFO prejudiquem algo de que a equipe do COO dependa.

Capítulo 7   SRP: O Princípio da Responsabilidade Única

Por exemplo, suponha que a função `calculatePay()` e a função `reportHours()` compartilhem um algoritmo comum para calcular horas regulares de trabalho. Suponha também que os desenvolvedores, que agem com cuidado para não duplicar o código, coloquem esse algoritmo em uma função chamada `regularHours()` (Figura 7.2).

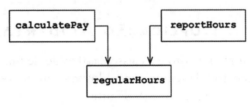

Figura 7.2 Algoritmo compartilhado

Agora, suponha que a equipe do CFO determine que o modo de cálculo das horas regulares de trabalho precise ser ajustado. No entanto, a equipe do COO no RH não quer que se efetue esse ajuste específico porque usa as horas regulares de trabalho para um propósito diferente.

Um desenvolvedor é designado para realizar a mudança e nota a conveniente função `regularHours()` chamada pelo método `calculatePay()`. Porém, infelizmente, ele não percebe que a função também é chamada pela função `reportHours()`.

O desenvolvedor então efetua a mudança solicitada e realiza testes cuidadosos. A equipe do CFO valida o fato de que a nova função funciona como desejado e o sistema é implementado.

Evidentemente, a equipe do COO não sabe que isso está acontecendo. Os funcionários do RH continuam usando os relatórios gerados pela função `reportHours()` — que agora contêm números incorretos. No final das contas, o problema é descoberto e o COO fica furioso porque os dados ruins causaram um prejuízo de milhões ao orçamento dele.

Todos já vimos histórias como essa. São problemas que ocorrem porque aproximamos demais o código do qual diferentes atores dependem. Por isso, o SRP diz para *separar o código do qual diferentes atores dependam.*

Sintoma 2: Fusões

Não é difícil imaginar que fusões sejam comuns em arquivos-fonte que contêm muitos métodos diferentes. Essa situação é muito mais provável quando os métodos são responsáveis por atores diferentes.

Por exemplo, suponha que a equipe de DBAs do CTO determine a realização de uma mudança simples no esquema da tabela Employee da base de dados. Suponha também que a equipe de RH do COO determine a realização de uma mudança no formato do relatório de horas.

Dois desenvolvedores, possivelmente de duas equipes diferentes, verificam a classe Employee e começam a fazer as mudanças. Infelizmente, as mudanças acabam colidindo. O resultado é uma fusão.

Provavelmente não será necessário dizer que as fusões são eventos arriscados. Nossas ferramentas são muito boas atualmente, mas nenhuma delas pode lidar com todos os casos de fusão. No fim, sempre há riscos.

Nesse exemplo, a fusão coloca o CTO e o COO em risco. Não é inconcebível que o CFO possa também ser prejudicado.

Há muitos sintomas que podemos investigar, mas todos envolvem várias pessoas mudando o mesmo arquivo-fonte por diferentes razões.

Mais uma vez, para evitar este problema, é necessário *separar o código que dá suporte a atores diferentes*.

Soluções

Há muitas soluções diferentes para esse problema. Cada uma delas move as funções para classes diferentes.

Talvez a maneira mais óbvia de resolver o problema seja separar os dados das funções. As três classes compartilham o acesso a EmployeeData, uma estrutura de dados simples sem métodos (Figura 7.3). Cada classe tem apenas o código-fonte necessário para essa função específica, e as três classes não têm permissão de saber umas das outras. Assim, evita-se uma duplicação acidental.

Capítulo 7 SRP: O Princípio da Responsabilidade Única

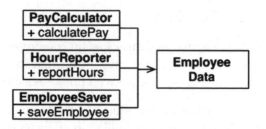

Figura 7.3 As três classes não sabem umas das outras

A desvantagem dessa solução é que os desenvolvedores agora têm três classes para iniciar e rastrear. Uma solução comum para esse dilema é usar um padrão *Facade* (Figura 7.4).

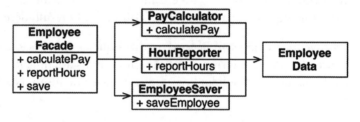

Figura 7.4 O padrão `Facade`

O `EmployeeFacade` contém pouquíssimo código. Ele é responsável por iniciar e delegar as funções para as classes.

Alguns desenvolvedores preferem aproximar dos dados as regras de negócio mais importantes. Isso pode ser feito mantendo o método mais importante na classe `Employee` original e, então, usar essa classe como um *Facade* (fachada) para funções menores (Figura 7.5).

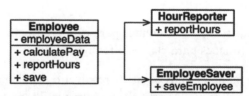

Figura 7.5 O método mais importante é mantido na classe Employee original e usado como um *Facade* (fachada) para as funções menores

Você pode contestar essas soluções apontando que todas as classes, nesse caso, contêm apenas uma função. Isso é um equívoco. O número de funções necessárias para calcular o pagamento, gerar um relatório e salvar os dados provavelmente será grande em cada situação. Cada uma dessas classes iria conter muitos métodos *privados*.

Cada uma das classes que contêm uma família de métodos é um escopo. Fora desse escopo, ninguém sabe que os membros privados da família existem.

Conclusão

O Princípio da Responsabilidade Única trata de funções e classes — mas reaparece de forma diferente em outros dois níveis. No nível dos componentes, ele se torna o Princípio do Fechamento Comum (Common Closure Principle). No nível arquitetural, é o Eixo da Mudança (Axis of Change) responsável pela criação de Limites Arquiteturais. Estudaremos todas essas ideias nos próximos capítulos.

OCP: O Princípio Aberto/Fechado

Capítulo 8   OCP: O Princípio Aberto/Fechado

O Princípio Aberto/Fechado (OCP) foi cunhado em 1988 por Bertrand Meyer[1] e diz o seguinte:

> *Um artefato de software deve ser aberto para extensão, mas fechado para modificação.*

Em outras palavras, o comportamento de um artefato de software deve ser extensível sem que isso modifique esse artefato.

Evidentemente, essa é a principal razão de estudarmos arquitetura de software. De forma clara, quando extensões simples nos requisitos forçam mudanças massivas no software, os arquitetos desse sistema de software estão em meio a um fracasso espetacular.

A maioria dos estudantes de design de software reconhece o OCP como um princípio que guia o design de classes e módulos. Mas esse princípio ganha ainda mais importância quando consideramos o nível dos componentes arquiteturais.

Um experimento mental deve esclarecer esse ponto.

UM EXPERIMENTO MENTAL

Imagine, por um momento, que tenhamos um sistema que exibe um resumo financeiro em uma página web. Os dados na página são roláveis, e os números negativos aparecem em vermelho.

Agora, imagine que os interessados peçam que essas mesmas informações sejam transformadas em um relatório que será impresso em preto e branco. O relatório deve ser diagramado de forma adequada, com os respectivos cabeçalhos, rodapés e nomes de colunas posicionados corretamente. Os números negativos devem ficar entre parênteses.

Evidentemente, é necessário escrever um novo código. Mas quanto do antigo código terá que mudar?

---

1. Bertrand Meyer. *Object Oriented Software Construction*, Prentice Hall, 1988, p. 23.

Uma boa arquitetura de software deve reduzir a quantidade de código a ser mudado para o mínimo possível. Zero seria o ideal.

Como fazer isso? Primeiro, devemos separar adequadamente as coisas que mudam por razões diferentes (o Princípio da Responsabilidade Única) para, então, organizarmos as dependências entre essas coisas de forma apropriada (o Princípio da Inversão de Dependência).

Se aplicarmos o SRP, podemos acabar com a representação do fluxo de dados indicada na Figura 8.1. Um procedimento de análise inspeciona os dados financeiros e produz dados relatáveis, que são então formatados adequadamente pelos dois processos de relatórios.

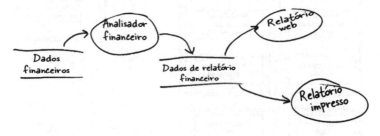

Figura 8.1 Aplicando o SRP

O entretenimento essencial aqui é que a geração do relatório envolve duas responsabilidades separadas: o cálculo dos dados relatados e a apresentação desses dados em uma forma web e uma forma impressa.

Depois dessa separação, precisamos organizar as dependências de código-fonte para garantir que as mudanças em uma dessas responsabilidades não causem mudanças na outra. Além disso, a nova organização deve viabilizar a possibilidade de extensão do comportamento sem a necessidade de se desfazer a modificação.

Para isso, particionamos os processos em classes e separamos essas classes em componentes, como indicado nas linhas duplas do diagrama da Figura 8.2. Nessa figura, o componente no canto superior esquerdo é o *Controlador*. No canto superior direito temos a *Interface*. No canto inferior direito está a *Base de Dados*. Finalmente, no canto inferior esquerdo estão os quatro componentes que representam as *Formas de apresentação* e as *Formas de visualização*.

Capítulo 8 OCP: O Princípio Aberto/Fechado

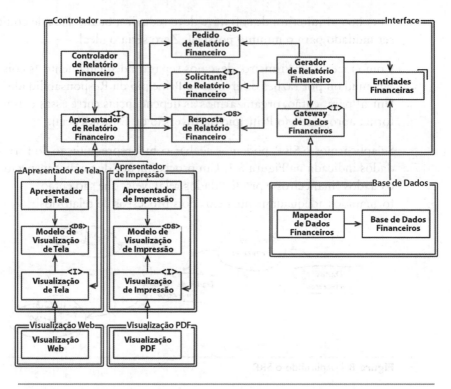

Figura 8.2 Particionando os processos em classes e separando as classes em componentes

As classes marcadas com <I> são interfaces; as marcadas com <DS> são estruturas de dados. As flechas vazadas representam relacionamentos de uso. As flechas fechadas são relacionamentos de implementação ou herança.

Primeiro, observe que todas as dependências são dependências de *código-fonte*. Uma flecha apontando da classe A para a classe B significa que o código-fonte da classe A menciona o nome da classe B, mas a classe B não menciona nada sobre a classe A. Assim, na Figura 8.2, FinancialDataMapper sabe sobre FinancialDataGateway por meio de um relacionamento de *implementação*, mas `FinancialGateway` não sabe nada sobre `FinancialDataMapper`.

Em seguida, observe que cada linha dupla é cruzada *apenas em uma direção*. Isso significa que todos os relacionamentos entre componentes são unidirecionais, como indicado no gráfico de componentes da Figura 8.3. Essas flechas apontam em direção aos componentes que queremos proteger da mudança.

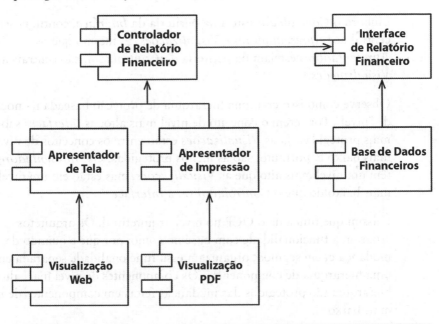

Figura 8.3 Os relacionamentos dos componentes são unidirecionais

Repetindo: para que componente A seja protegido das mudanças no componente B, o componente B deve depender do componente A.

Queremos proteger o *Controlador* das mudanças nos *Apresentadores*. Queremos proteger os *Apresentadores* das mudanças nas *Visualizações*. Queremos proteger a *Interface* das mudanças em — bem, *tudo*.

Capítulo 8   OCP: O Princípio Aberto/Fechado

A *Interface* está na posição que mais se enquadra no OCP. As mudanças na *Base de Dados*, no *Controlador*, nos *Apresentadores* ou nas *Visualizações* não terão impacto sobre a *Interface*.

Por que a *Interface* tem uma posição tão privilegiada? Porque contém as regras de negócio. A *Interface* inclui as políticas de nível mais alto da aplicação. Todos os outros componentes estão lidando com questões periféricas. A *Interface* está a cargo da questão central.

Embora o *Controlador* esteja na periferia da *Interface*, continua sendo central aos *Apresentadores* e *Visualizações*. E, mesmo que os *Apresentadores* estejam na periferia do *Controlador*, são centrais às *Visualizações*.

Observe como isso cria uma hierarquia de proteção baseada na noção de "nível". Por serem o conceito de nível mais alto, as *Interfaces* são as mais protegidas. Já as *Visualizações* estão entre os conceitos de nível mais baixo e, portanto, são as menos protegidas. Os *Apresentadores* têm um nível mais alto que as *Visualizações*, mas estão em um nível mais baixo do que o *Controlador* ou a *Interface*.

É assim que funciona o OCP no nível arquitetural. Os arquitetos separam a funcionalidade com base no como, por que e quando da mudança e, em seguida, organizam essa funcionalidade separada em uma hierarquia de componentes. Os componentes de nível mais alto na hierarquia são protegidos das mudanças feitas em componentes de nível mais baixo.

CONTROLE DIRECIONAL

Se você ficou horrorizado diante do design de classes apresentado anteriormente, confira tudo de novo. Grande parte da complexidade indicada nesse diagrama foi projetada para garantir que as dependências entre os componentes apontassem para a direção correta.

Por exemplo, a interface `FinancialDataGateway` entre o `FinancialReportGenerator` e o `FinancialDataMapper` existe para inverter a dependência que, caso contrário, teria apontado do componente *Interface* para o componente *Base de dados*. O mesmo vale para a interface `FinancialReportPresenter` e as duas interfaces *Visualização*.

Ocultando Informações

A interface `FinancialReportRequester` tem um propósito diferente. Está lá para proteger o `FinancialReportController` de saber demais sobre os detalhes da *Interface*. Se essa interface não estivesse lá, o *Controlador* teria dependências transitivas no `FinancialEntities`.

As dependências transitivas violam o princípio geral de que as entidades de software não dependem de coisas que não usam diretamente. Veremos esse princípio novamente quando falarmos sobre o Princípio de Segregação de Interface e do Princípio do Reúso Comum.

Então, embora a nossa primeira prioridade seja proteger a *Interface* de mudanças no *Controlador*, também queremos proteger o *Controlador* de mudanças na *Interface* ocultando os detalhes da *Interface*.

Conclusão

O OCP é uma das forças motrizes por trás da arquitetura de sistemas. Seu objetivo consiste em fazer com que o sistema seja fácil de estender sem que a mudança cause um alto impacto. Para concretizar esse objetivo, particionamos o sistema em componentes e organizamos esses componentes em uma hierarquia de dependência que proteja os componentes de nível mais alto das mudanças em componentes de nível mais baixo.

LSP: O Princípio de Substituição de Liskov

Capítulo 9 LSP: O Princípio de Substituição de Liskov

Em 1988, Barbara Liskov escreveu o texto abaixo para definir subtipos:

> *O que queremos aqui é algo como a seguinte propriedade de substituição: se, para cada objeto o1 de tipo S, houver um objeto o2 de tipo T, de modo que, para todos os programas P definidos em termos de T, o comportamento de P não seja modificado quando o1 for substituído por o2, então S é um subtipo de T.*[1]

Para entender essa ideia, conhecida como Princípio de Substituição de Liskov (LSP), vamos ver alguns exemplos.

Guiando o Uso da Herança

Imagine que temos uma classe chamada License, como indicado na Figura 9.1. Essa classe dispõe do método calcFee(), chamado pela aplicação Billing. Há dois "subtipos" de License: PersonalLicense e BusinessLicense. Ambos usam algoritmos diferentes para calcular a taxa de licença.

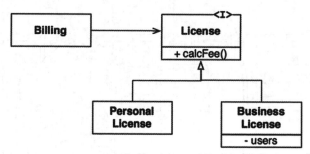

Figura 9.1 License e suas derivadas, de acordo com o LSP

Este design está de acordo com o LSP porque o comportamento da aplicação Billing não depende, de maneira alguma, da utilização de qualquer dos subtipos. Ambos os subtipos são substituíveis pelo tipo License.

---

1. Barbara Liskov, "Data Abstraction and Hierarchy," SIGPLAN Notices 23, 5 (Maio, 1988).

O Problema Quadrado/Retângulo

O exemplo canônico de violação do LSP é o famoso (ou infame, dependendo da sua perspectiva) problema do quadrado/retângulo (Figura 9.2).

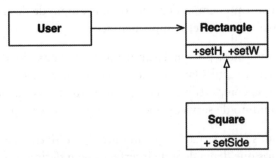

Figure 9.2 O problema infame do quadrado/retângulo

Nesse exemplo, o Square não é um subtipo adequado do Rectangle porque a altura e largura do Rectangle são independentemente mutáveis. Por outro lado, a altura e a largura do Square devem mudar ao mesmo tempo. Já que o User acredita que está se comunicando com Rectangle, facilmente poderia ficar confuso. O código a seguir mostra o motivo:

```
Rectangle r = …
r.setW(5);
r.setH(2);
assert(r.area() == 10);
```

Se o código... produzisse um Square, a declaração falharia.

A única maneira de se defender contra esse tipo de violação do LSP é adicionar mecanismos ao User (como uma declaração if) para detectar se o Rectangle é, na verdade, um Square. Já que o comportamento do User depende dos tipos utilizados, esses tipos não são substituíveis.

Capítulo 9 LSP: O Princípio de Substituição de Liskov

LSP e a Arquitetura

No início da revolução da programação orientada a objetos, pensávamos o LSP como uma forma de orientar o uso da herança, como vimos nas seções anteriores. Contudo, ao longo dos anos, o LSP se transformou em um princípio mais amplo de design de software, aplicável a interfaces e implementações.

Essas interfaces podem assumir muitas formas. Podemos ter uma interface no estilo Java, implementada por várias classes; várias classes Ruby que compartilham as mesmas assinaturas de métodos ou, ainda, um conjunto de serviços que respondem à mesma interface REST.

Em todas essas situações, e em outras, o LSP é aplicável porque há usuários que dependem de interfaces bem definidas e da capacidade de substituição das implementações dessas interfaces.

A melhor maneira de entender o LSP, de um ponto de vista arquitetural, é observar o que acontece com a arquitetura de um sistema no caso de violação do princípio.

Exemplo de Violação do LSP

Imagine que estamos construindo um agregador para vários serviços de corridas de táxis. Os clientes usam nosso site para encontrar o táxi mais conveniente, de qualquer empresa de táxi. Depois que o cliente toma uma decisão, nosso sistema despacha o táxi escolhido usando um serviço restful.

Agora, suponha que o URI para o serviço restful de despacho faça parte das informações contidas na base de dados do motorista. Depois de escolher o motorista mais conveniente para o cliente, o sistema recebe e utiliza esse URI do registro para enviar o respectivo motorista.

Suponha que o Motorista Bob tenha um URI de despacho parecido com este:

```
purplecab.com/driver/Bob
```

Exemplo de Violação do LSP

Nosso sistema anexará a informação de despacho a esse URI e o enviará com um PUT, da seguinte forma:

```
purplecab.com/driver/Bob
    /pickupAddress/24 Maple St.
    /pickupTime/153
    /destination/ORD
```

Claramente, isso significa que todos os serviços de despacho, para todas as empresas, devem estar de acordo com a mesma interface REST e tratar os campos `pickupAddress`, `pickupTime` e `destination` de maneira idêntica.

Agora, imagine que a empresa de táxi Acme tenha contratado alguns programadores. Eles não leram as especificações com muito cuidado e abreviaram o campo destino para dest. A Acme é a maior empresa de táxi da área e a ex-mulher do CEO da Acme é a nova esposa do nosso CEO... Bem, você já entendeu. O que acontecerá com a arquitetura do nosso sistema?

Obviamente, precisamos adicionar um caso especial. O pedido de despacho para qualquer motorista da Acme deve ser construído com base em um conjunto de regras diferentes das utilizadas para os demais motoristas.

A maneira mais fácil de concretizar esse objetivo é adicionar uma declaração `if` ao módulo que construiu o comando de despacho:

```
if (driver.getDispatchUri().startsWith("acme.com"))...
```

Mas, é claro, nenhum arquiteto competente permitiria que essa construção existisse no sistema. Colocar a palavra "acme" no código cria uma oportunidade para todos os tipos de erros horríveis e misteriosos, sem falar em quebras de segurança.

Vamos pegar um exemplo. O que aconteceria se a Acme, depois de uma fase de sucesso, comprasse a empresa Purple Taxi? E se a empresa resultante da fusão mantivesse as marcas e sites separados, mas

Capítulo 9 LSP: O Princípio de Substituição de Liskov

unificasse todos os sistemas das empresas originais? Teríamos que adicionar outra declaração if para "purple"?

Para blindar o sistema contra bugs como esses, nosso arquiteto precisa desenvolver um módulo para a criação de comandos de despachos que seja orientado por uma base de dados de configuração codificada pelo URI de despacho. Indico abaixo um exemplo de como seriam esses dados de configuração:

URI	Formato do Despacho
Acme.com	/pickupAddress/%s/pickupTime/%s/dest/%s
.	/pickupAddress/%s/pickupTime/%s/destination/%s

Em seguida, nosso arquiteto deve adicionar um mecanismo expressivo e complexo para lidar com o fato de que as interfaces dos serviços restful não são todas substituíveis.

Conclusão

O LSP pode, e deve, ser estendido ao nível da arquitetura. Uma simples violação da capacidade de substituição pode contaminar a arquitetura do sistema com uma quantidade significante de mecanismos extras.

ISP: O Princípio da Segregação de Interface

Capítulo 10   ISP: O Princípio da Segregação de Interface

O nome do Princípio da Segregação de Interface (ISP) decorre do diagrama indicado na Figura 10.1.

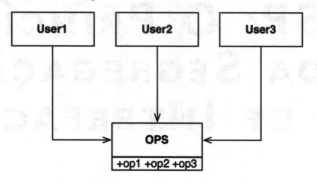

Figura 10.1 Princípio da Segregação de Interface

Na situação ilustrada na Figura 10.1, há vários usuários que usam as operações da classe OPS. Vamos supor que o User1 use apenas a op1; o User2, apenas a op2 e o User3, apenas a op3.

Agora, imagine que a OPS seja uma classe escrita em uma linguagem como Java. Claramente, nesse caso, o código-fonte do User1 dependerá inadvertidamente de op2 e op3, embora não possa chamá-los. Essa dependência significa que uma mudança no código-fonte de op2 em OPS forçará o User1 a ser recompilado e reimplantado, mesmo que nada de essencial tenha realmente mudado.

Esse problema pode ser resolvido com a segregação das operações em interfaces, como indicado na Figura 10.2.

Novamente, se imaginarmos essa implantação em uma linguagem estaticamente tipada como Java, então o User1 dependerá de U1Ops e op1, mas não dependerá de OPS. Assim, uma mudança em OPS que não seja essencial para o User1 não fará com que o User1 seja recompilado e reimplantado.

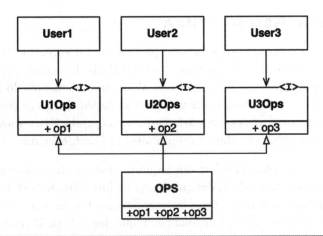

Figura 10.2 Operações segregadas

ISP E A LINGUAGEM

Claramente, a descrição anterior depende crucialmente da linguagem utilizada. Linguagens estaticamente tipadas como Java forçam os programadores a criarem declarações que os usuários devem import (importar), use (usar) ou include (incluir). São essas declarações included no código-fonte que criam as dependências de código-fonte que forçam a recompilação e a reimplantação.

Em linguagens dinamicamente tipadas como Ruby e Python, essas declarações não existem no código-fonte. Em vez disso, são inferidas em tempo de execução. Assim, não há dependências de código-fonte que forcem a recompilação e a reimplantação. Essa é a principal razão das linguagens dinamicamente tipadas serem mais flexíveis e menos fortemente acopladas do que as linguagens estaticamente tipadas.

Esse fato poderia levá-lo a concluir que o ISP é uma questão de linguagem e não algo relacionado à arquitetura.

Capítulo 10 ISP: O Princípio da Segregação de Interface

ISP E A ARQUITETURA

Se você pensar um pouco nas principais motivações do ISP, verá que há uma questão mais profunda por trás delas. Em geral, é prejudicial depender de módulos que contenham mais elementos do que você precisa. Isso obviamente vale para as dependências de código-fonte que podem forçar desnecessariamente a recompilação e a reimplantação — mas também é válido para um nível arquitetural muito mais alto.

Por exemplo, considere um arquiteto que está trabalhando em um sistema chamado S, em que deseja incluir o framework F. Agora, suponha que os próprios autores ligaram F a um banco de dados D específico. Então, S depende de F que depende de D (Figura 10.3).

Figura 10.3 Uma arquitetura problemática

Agora, suponha que D contenha recursos que F não usa e que, portanto, não são essenciais a S. Qualquer mudança nesses recursos de D pode muito bem forçar a reimplantação de F e, por extensão, a reimplantação de S. Pior ainda, uma falha em um dos recursos de D pode causar falhas em F e S.

CONCLUSÃO

Aprenda essa lição: depender de algo que contém itens desnecessários pode causar problemas inesperados.

Falaremos mais sobre essa ideia quando discutirmos o Princípio do Reúso Comum no Capítulo 13, "Coesão de Componentes".

DIP: O Princípio da Inversão de Dependência

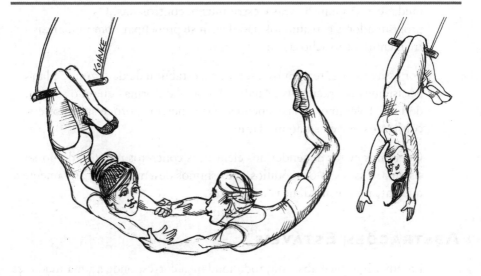

Segundo o Princípio da Inversão de Dependência (DIP), os sistemas mais flexíveis são aqueles em que as dependências de código-fonte se referem apenas a abstrações e não a itens concretos.

Portanto, em uma linguagem estaticamente tipada, como Java, as declarações use, import e include devem se referir apenas a módulos-fonte que contenham interfaces, classes abstratas ou outro tipo de declaração abstrata. Não se deve depender de nada que seja concreto.

Capítulo 11   DIP: O Princípio da Inversão de Dependência

A mesma regra se aplica às linguagens dinamicamente tipadas, como Ruby e Python. Nelas, as dependências de código-fonte também não devem se referir a módulos concretos. No entanto, é um pouco mais difícil definir módulo concreto nessas linguagens. Nesse contexto específico, podemos conceituá-lo como qualquer módulo em que as funções chamadas são implementadas.

Evidentemente, é impraticável tratar essa ideia como uma regra, pois os sistemas de software dependem de muitas facilidades concretas. Por exemplo, a classe `String` em Java é concreta e não seria prático forçá-la a ser abstrata. A dependência de código-fonte na `java.lang.String` concreta não pode, e não deve, ser evitada.

Em comparação, a classe `String` é muito estável. Nessa classe, as mudanças são muito raras e estritamente controladas. Os programadores e arquitetos não devem se preocupar com mudanças frequentes e caprichosas em `String`.

Por essas razões, tendemos a ignorar a estabilidade de segundo plano de sistemas operacionais e facilidades de plataformas quando se trata do DIP. Toleramos essas dependências concretas porque sabemos e confiamos que elas não mudarão.

Queremos evitar depender dos elementos concretos *voláteis* do nosso sistema. Esses são os módulos que estamos desenvolvendo ativamente e que passam por mudanças frequentes.

ABSTRAÇÕES ESTÁVEIS

Em uma interface abstrata, toda mudança corresponde a uma mudança em suas implementações concretas. Por outro lado, as mudanças nas implementações concretas normalmente ou nem sempre requerem mudanças nas interfaces que implementam. As interfaces são, portanto, menos voláteis que as implementações.

De fato, bons designers e arquitetos de software trabalham duro para reduzir a volatilidade das interfaces. Eles tentam encontrar maneiras de adicionar funcionalidade às implementações sem fazer mudanças nas interfaces. Isso se chama Design de Software 101.

Fábricas (Factories)

Podemos inferir, então, que as arquiteturas de software estáveis são aquelas que evitam depender de implementações concretas, e que favorecem o uso de interfaces abstratas estáveis. Essa implicação pode ser sintetizada em um conjunto de práticas de programação muito específicas:

- **Não se refira a classes concretas voláteis.** Refira-se a interfaces abstratas. Essa regra se aplica a todas as linguagens, estática ou dinamicamente tipadas. Ela também estabelece restrições severas sobre a criação de objetos e geralmente força o uso de *Fábricas Abstratas (Abstract Factories)*.
- **Não derive de classes concretas voláteis.** Trata-se de um complemento à regra anterior que merece menção especial. Em linguagens estaticamente tipadas, a herança é o relacionamento de código-fonte mais forte e rígido de todos e, consequentemente, deve ser usado com muito cuidado. Em linguagens dinamicamente tipadas, a herança não representa um problema tão grande, mas ainda é uma dependência — e ter cuidado sempre é a escolha mais inteligente.
- **Não sobrescreva funções concretas.** Funções concretas muitas vezes exigem dependências de código-fonte. Quando você faz o override dessas funções, você não elimina essas dependências — na verdade, acaba *herdando-as*. Para controlar essas dependências, converta a função em abstrata e crie múltiplas implementações.
- **Nunca mencione o nome de algo que seja concreto e volátil.** Essa é apenas uma reafirmação do próprio princípio.

FÁBRICAS (FACTORIES)

Para que essas regras sejam cumpridas, a criação de objetos concretos voláteis requer um tratamento especial. Esse cuidado é justificado porque, em praticamente todas as linguagens, a criação de um objeto requer uma dependência de código-fonte na definição concreta desse objeto.

Na maioria das linguagens orientadas a objetos, como Java, usamos uma *Fábrica Abstrata (Abstract Factory)* para lidar com essa dependência indesejada.

Capítulo 11 DIP: O Princípio da Inversão de Dependência

O diagrama na Figura 11.1 mostra a estrutura. `Application` usa `ConcreteImpl` pela interface `Service`. Contudo, `Application` deve criar, de alguma forma, instâncias de `ConcreteImpl`. Para realizar isso sem criar uma dependência de código-fonte de `ConcreteImpl`, o `Application` chama o método `makeSvc` da interface `ServiceFactory`. Esse método é implementado pela classe `ServiceFactoryImpl`, derivada de `ServiceFactory`. Essa implementação instancia e retorna a `ConcreteImpl` como `Service`.

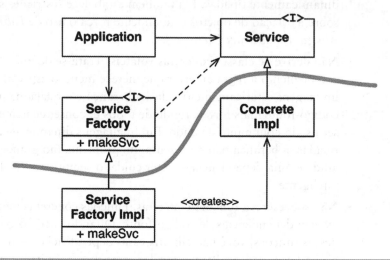

Figura 11.1 Uso do padrão *Abstract Factory* para lidar com a dependência

A linha curva na Figura 11.1 é um limite arquitetural que separa o abstrato do concreto. Todas as dependências de código-fonte cruzam essa linha curva apontando para a mesma direção: o lado abstrato.

A linha curva divide o sistema em dois componentes: um abstrato e um concreto. O componente abstrato contém todas as regras de negócio de alto nível da aplicação. Por sua vez, o componente concreto contém todos os detalhes de implementação que essas regras de negócio manipulam.

Observe que o fluxo de controle cruza a linha curva na direção oposta à das dependências de código-fonte. As dependências de código-fonte estão invertidas em relação ao fluxo de controle — e é por isso que nos referimos a esse princípio como Inversão de Dependência.

COMPONENTES CONCRETOS

Como contém uma única dependência, o componente concreto na Figura 11.1 viola o DIP. Isso é comum. As violações do DIP não podem ser removidas completamente, mas é possível reuni-las em um número menor de componentes concretos para que fiquem separadas do resto do sistema.

A maioria dos sistemas contém pelo menos um desses componentes concretos — muitas vezes chamados main porque contêm a função main[1]. No caso ilustrado na Figura 11.1, a função main instanciaria ServiceFactoryImpl e colocaria essa instância em uma variável global do tipo ServiceFactory. Em seguida, o Application acessaria o factory por meio dessa variável global.

CONCLUSÃO

No decorrer do livro, quando tratarmos de princípios arquiteturais de nível mais alto, o DIP aparecerá várias vezes. Ele será o princípio organizador mais visível em nossos diagramas de arquitetura e, nos próximos capítulos, a linha curva na Figura 11.1 representará os limites arquiteturais. A forma como as dependências cruzam essa linha curva em uma direção, rumo a entidades mais abstratas, será uma nova norma que chamaremos de *Regra da Dependência*.

---

1. *Em outras palavras, a função invocada pelo sistema operacional quando a aplicação é iniciada pela primeira vez.*

PRINCÍPIOS DOS COMPONENTES

Se os princípios SOLID orientam a organização dos tijolos em paredes e salas, os princípios dos componentes determinam como organizar as salas em prédios. Sistemas de software grandes, como prédios grandes, são construídos a partir de componentes menores.

Na Parte IV, discutiremos sobre o que são componentes de software, de que elementos são compostos e como devem ser reunidos em sistemas.

Componentes

Capítulo 12 Componentes

Componentes são unidades de implantação. Eles são as menores entidades que podem ser implantadas como parte de um sistema. Em Java, são arquivos jar. Em Ruby, arquivos gem. Em .Net, DLLs. Em linguagens compiladas, são agregações de arquivos binários. Em linguagens interpretadas, são agregações de arquivos-fonte. Em todas as linguagens, são o grânulo da implantação.

Os componentes podem ser reunidos em um único executável. Também podem ser reunidos em um único arquivo, como um arquivo .war, ou implantados independentemente como plugins separados carregados dinamicamente, como arquivos .jar ou .dll ou .exe. Em qualquer caso, quando efetivamente implantados, componentes bem projetados sempre retêm a capacidade de serem implantados de forma independente e, portanto, desenvolvidos independentemente.

Uma Breve História dos Componentes

Nos primeiros anos do desenvolvimento de software, os programadores controlavam a localização na memória e o layout dos seus programas. Uma das primeiras linhas de código em um programa era a declaração *origin*, que indicava o endereço de carregamento do programa.

Considere o seguinte programa PDP-8 simples. Ele consiste em uma sub-rotina chamada GETSTR, que recebe uma string do teclado e a salva em um buffer. Ele também contém um pequeno programa de teste de unidade para exercitar a GETSTR.

```
            *200
            TLS
START,      CLA
            TAD BUFR
            JMS GETSTR
            CLA
            TAD BUFR
            JMS PUTSTR
            JMP START
BUFR,       3000
```

Uma Breve História dos Componentes

```
        GETSTR,  0
                 DCA PTR
        NXTCH,   KSF
                 JMP -1
                 KRB
                 DCA I PTR
                 TAD I PTR
                 AND K177
                 ISZ PTR
                 TAD MCR
                 SZA
                 JMP NXTCH

        K177,    177
        MCR,     -15
```

Observe o comando *200 no começo desde programa. Ele diz ao compilador para gerar código que será carregado no endereço 200_8.

Esse tipo de programação é um conceito estranho para a maioria dos programadores de hoje. Eles raramente precisam pensar sobre o local de carregamento do programa na memória do computador. Mas, no início, essa era uma das primeiras decisões que um programador precisava tomar. Nessa época, os programas não eram relocáveis.

Como você acessava a função de uma biblioteca naquela época? O código anterior ilustra a abordagem usada. Os programadores incluíam o código-fonte das funções da biblioteca com seus códigos de aplicação e os compilavam como um único programa.[1] As bibliotecas eram mantidas em fonte, não em binário.

---

1. Meu primeiro empregador mantinha dúzias de decks de código-fonte de bibliotecas de sub-rotinas em uma prateleira. Quando você escrevia um novo programa, simplesmente pegava um desses decks e o colocava no final do seu deck.

Capítulo 12 Componentes

Havia um problema com essa abordagem: naquela época, os dispositivos eram lentos e a memória era cara e, portanto, limitada. Os compiladores precisavam fazer várias passagens sobre o código-fonte, mas a memória era limitada demais para conter todo o código-fonte. Consequentemente, o compilador muitas vezes tinha que ler do código-fonte diversas vezes usando dispositivos lentos.

Isso levava muito tempo — e quanto maior era a sua biblioteca de funções, mais tempo o compilador levava. Compilar um programa grande podia levar horas.

Para diminuir o tempo de compilação, os programadores separavam o código-fonte da biblioteca de funções das aplicações. Eles compilavam a biblioteca de funções separadamente e carregavam o binário em um endereço conhecido — digamos, 20008. Eles criavam uma tabela de símbolos para a biblioteca de funções e a compilavam com seu código de aplicação. Quando queriam executar uma aplicação, eles carregavam a biblioteca de funções binárias[2] para, em seguida, carregar a aplicação. A memória parecia com o layout indicado na Figura 12.1.

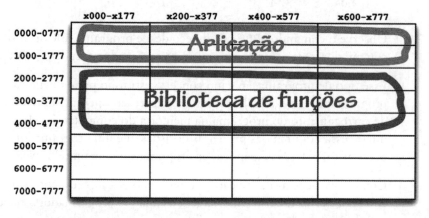

Figure 12.1 Layout antigo de memória

Isso funcionava bem, contanto que a aplicação coubesse entre os endereços 0000_8 e 1777_8. Mas logo as aplicações ficaram maiores do

---

2. Na verdade, a maioria dessas máquinas antigas usava memória central, que não era apagada quando você desligava o computador. Muitas vezes deixávamos a biblioteca de funções carregada por dias.

que o espaço alocado para elas. A essa altura, os programadores tinham que separar suas aplicações em dois segmentos de endereços, ziguezagueando pela biblioteca de funções (Figura 12.2).

Figura 12.2 Separando a aplicação em dois segmentos de endereços

Obviamente, essa não era uma situação sustentável. À medida que os programadores adicionavam mais funções à biblioteca, ela excedia seus limites e eles tinham que alocar mais espaço para ela (nesse exemplo, quase 70008). Essa fragmentação de programas e bibliotecas necessariamente continuou enquanto a memória dos computadores aumentava.

Evidentemente, algo tinha que ser feito.

Relocalização

A solução estava nos binários relocáveis, que se baseavam em uma ideia muito simples. O compilador era alterado para gerar na saída código binário que pudesse ser relocado na memória por um carregador inteligente que saberia onde carregar o código relocável. O código relocável era instrumentado com flags que diziam ao carregador quais partes dos dados carregados tinham que ser alteradas para serem carregadas no endereço selecionado. Normalmente, bastava adicionar o endereço inicial a qualquer endereço de referência de memória no binário.

Capítulo 12 Componentes

Agora o programador poderia dizer ao carregador onde carregar a biblioteca de funções e onde carregar a aplicação. Na verdade, o carregador aceitava várias entradas binárias e simplesmente as carregava na memória uma a uma, realocando-as enquanto as carregava. Isso permitia que os programadores carregassem apenas as funções de que precisavam.

O compilador também foi alterado para emitir os nomes das funções como metadados no binário relocável. Se um programa chamava uma função da biblioteca, o compilador emitia esse nome como uma *referência externa*. Se um programa definisse uma função da biblioteca, o compilador emitia esse nome como uma *definição externa*. Em seguida, o carregador ligava as referências externas às definições externas assim que tivesse determinado o local de carregamento dessas definições.

E assim nasceu o carregador de ligações (linking loader).

LIGADORES

O carregador de ligações permitiu que os programadores dividissem seus programas em segmentos separados compiláveis e carregáveis. Isso funcionava bem quando programas relativamente pequenos eram ligados a bibliotecas relativamente pequenas. Contudo, entre o final dos anos 60 e o início dos 70, os programadores ficaram mais ambiciosos, e seus programas aumentaram muito.

Depois de algum tempo, os carregadores de ligações ficaram lentos demais e já não suportavam a carga. As bibliotecas de funções eram armazenadas em dispositivos lentos como fitas magnéticas. Até os discos, naquela época, eram bem lentos. Com esses dispositivos relativamente lentos, os carregadores ligadores tinham que ler dúzias, às vezes centenas de bibliotecas binárias para resolver as referências externas. À medida que os programas aumentavam e mais funções de biblioteca se acumulavam nas bibliotecas, um carregador ligação levava até mais de uma hora só para carregar o programa.

No final das contas, o carregador e o ligador foram separados em duas fases. Os programadores pegaram a parte lenta — a que fazia a ligação — e a colocaram em uma aplicação separada chamada *ligador (linker)*.

Ligadores

A saída do ligador era um relocável ligado que poderia ser carregado muito rapidamente por um carregador relocador. Isso permitia que os programadores preparassem, com o ligador lento, um executável que poderiam carregar rapidamente a qualquer momento.

Então vieram os anos 1980. Os programadores já estavam trabalhando com C ou outra linguagem de alto nível. À medida que as suas ambições cresciam, seus programas também aumentavam. Programas com centenas de milhares de linhas de código não eram incomuns.

Os módulos-fonte eram compilados de arquivos .c em arquivos .o e, então, incluídos no ligador para criar arquivos executáveis que poderiam ser carregados rapidamente. Compilar cada módulo individual era relativamente rápido, mas compilar *todos* os módulos levava um pouco mais de tempo. Portanto, o ligador levava ainda mais tempo. O tempo médio aumentou novamente para uma hora ou mais em muitos casos.

Parecia que os programadores estavam condenados a correr em círculos. Ao longo das décadas de 60, 70 e 80, todas as mudanças feitas para acelerar o fluxo de trabalho foram prejudicadas pelas ambições dos programadores e pelo tamanho dos programas escritos por eles. Pareciam não conseguir escapar do tempo médio de uma hora. O tempo de carregamento permanecia rápido, mas os tempos de compilação e ligação eram o gargalo.

Estávamos, é claro, vivenciando a lei de Murphy aplicável ao tamanho dos programas:

> *Os programas tendem a crescer até preencherem todo o tempo disponível para compilação e ligação.*

Mas Murphy não estava sozinho no ringue. Logo chegou Moore,[3] e no fim da década de 1980, os dois lutaram. Moore venceu a batalha. Os discos começaram a diminuir e ficaram significativamente mais rápidos. O preço da memória caiu tanto que a maioria dos dados em disco

---

3. Lei de Moore: *a velocidade, a memória e a densidade dos computadores dobram a cada 18 meses.* Essa lei vigorou de 1950 a 2000, até que, pelo menos para frequências de relógio, perdeu totalmente a sua eficácia.

Capítulo 12   Componentes

passou a ser armazenada na RAM. As frequências de relógio do computador aumentaram de 1 MHz para 100 MHz.

Na metade dos anos 90, o tempo gasto com ligação diminuiu tanto que superou o ritmo em que os programas aumentavam. Em muitos casos, o tempo de ligação caiu para uma questão de *segundos*. Em trabalhos pequenos, a ideia de um carregador ligador se tornou viável novamente.

Na época, vivíamos a era do Active-X, das biblioteca compartilhadas e do início dos arquivos .jar. Os computadores e dispositivos ficaram tão rápidos que podíamos, novamente, fazer a ligação na hora do carregamento. Podíamos ligar vários arquivos .jar ou várias bibliotecas compartilhadas em uma questão de segundos e ainda executar o programa resultante. Foi aí que nasceu a arquitetura de plugin de componente.

Hoje, enviamos rotineiramente arquivos .jar, DLLs ou bibliotecas compartilhadas como plugins de aplicações existentes. Para criar um mod para o *Minecraft*, por exemplo, basta incluir seus arquivos .jar personalizados em uma determinada pasta. Se você quiser ligar o *Resharper* no *Visual Studio*, basta incluir os DLLs adequados.

Conclusão

Os arquivos dinamicamente ligados, que podem ser reunidos na hora da execução, são os componentes do software das nossas arquiteturas. Demoramos 50 anos, mas chegamos a um ponto em que a arquitetura de plugin de componente pode ser aplicada como o padrão típico, ao contrário do esforço hercúleo que foi no passado.

Coesão de Componentes
13

Capítulo 13   Coesão de Componentes

Quais classes pertencem a quais componentes? Essa é uma decisão importante e requer a orientação de bons princípios de engenharia de software. Infelizmente, ao longo dos anos, essa decisão tem sido tomada caso a caso, quase inteiramente com base no contexto.

Neste capítulo, discutiremos os três princípios da coesão de componentes:

- **REP:** Princípio da Equivalência do Reúso/Release (Reuse/Release Equivalence Principle)
- **CCP:** Princípio do Fechamento Comum (Common Closure Principle)
- **CRP:** Princípio do Reúso Comum (Common Reuse Principle)

O PRINCÍPIO DA EQUIVALÊNCIA DO REÚSO/RELEASE

A granularidade do reúso é a granularidade do release.

Na última década, houve uma grande popularização das ferramentas de gerenciamento de módulos, como Maven, Leiningen e RVM. Essas ferramentas cresceram em importância porque, durante essa época, um vasto número de componentes reusáveis e bibliotecas de componentes foi criado. Agora vivemos na era do reúso de software — a realização de uma das promessas mais antigas do modelo orientado a objetos.

O Princípio da Equivalência do Reúso/Release (REP) parece óbvio, pelo menos em retrospectiva. As pessoas que querem reutilizar componentes de software não podem, e não devem, fazê-lo a não ser que esses componentes sejam rastreados por meio de um processo de release e recebam números de release.

Isso não é só porque, sem números de release, seria impossível garantir que todos os componentes reutilizados sejam compatíveis uns com os outros. Mas isso também reflete o fato de que os desenvolvedores de software precisam saber quando vão chegar os novos releases e quais mudanças esses novos releases trarão.

O Princípio da Equivalência do Reúso/Release

Não é incomum que os desenvolvedores sejam alertados sobre um novo release e, com base nas respectivas mudanças, decidam continuar usando o release anterior. Portanto, o processo de release deve produzir as devidas notificações e documentos de release para que os usuários tomem decisões informadas sobre o momento e a viabilidade de usar o novo release.

Do ponto de vista do design e da arquitetura de software, esse princípio significa que as classes e módulos formados em um componente devem pertencer a um grupo coeso. O componente não pode simplesmente consistir de uma mistura aleatória de classes e módulos, mas deve haver algum tema ou propósito abrangente que todos esses módulos compartilhem.

É claro que isso deveria ser óbvio. No entanto, há outra maneira de observar essa questão que talvez não seja tão óbvia. As classes e módulos agrupados em um componente devem ser *passíveis de release* em conjunto. O fato de compartilharem o mesmo número de versão e o mesmo rastreamento de release e de estarem incluídos na mesma documentação de release deve fazer sentido tanto para o autor quanto para os usuários.

É um péssimo conselho dizer que algo deve "fazer sentido": parece apenas uma maneira de balançar as mãos no ar para dar uma de autoritário. A péssima qualidade do conselho resulta da dificuldade de explicar precisamente o que deve manter essas classes e módulos juntos em um único componente. Mas, embora o conselho seja fraco, o princípio em si é importante, pois as violações são fáceis de detectar — afinal, elas não "fazem sentido". Se você viola o REP, seus usuários saberão e não ficarão impressionados com as suas habilidades de arquitetura.

O ponto fraco desse princípio é mais do que compensado pela força dos dois princípios a seguir. Na verdade, o CCP e o CRP determinam esse princípio de forma estrita, mas em um sentido negativo.

O Princípio do Fechamento Comum (The Common Closure Princple)

> Reúna em componentes as classes que mudam pelas mesmas razões e nos mesmos momentos. Separe em componentes diferentes as classes que mudam em momentos diferentes e por diferentes razões.

Esse é o Princípio da Responsabilidade Única reformulado para ser aplicável aos componentes. Assim como o SRP diz que uma *classe* não deve conter várias razões para mudar, o Princípio do Fechamento Comum (CCP) diz que um *componente* não deve ter várias razões para mudar.

Na maioria das aplicações, a manutenção é mais importante do que a reutilização. Quando o código de uma aplicação tem que mudar, é preferível que todas as mudanças ocorram em um componente em vez de serem distribuídas por vários componentes.[1] Se as mudanças estão limitadas a um único componente, devemos reimplantar apenas o componente modificado. Os demais componentes, que não dependem do componente modificado, não precisam ser revalidados ou reimplantados.

O CCP determina que todas as classes com probabilidade de mudar pelas mesmas razões sejam reunidas em um só lugar. Se duas classes são fortemente ligadas, física ou conceitualmente, e sempre mudam juntas, elas pertencem ao mesmo componente. Esse procedimento reduz o volume de trabalho relacionado a fazer release, revalidar e reimplantar o software.

Esse princípio tem uma forte associação com o Princípio Aberto/Fechado (OCP). De fato, o CCP adota o termo "fechado" no mesmo sentido empregado pelo OCP. O OCP diz que as classes devem ser fechadas para modificações, mas abertas para extensões. Como não é possível obter 100% de fechamento, ele deve ser estratégico. Projetamos nossas classes de modo que fiquem fechadas para a maioria dos tipos comuns de mudanças que esperamos ou já observamos.

---

1. Veja a seção "O Problema do Gato" no Capítulo 27, "Serviços: Grandes e Pequenos".

O Princípio do Reúso Comum (The Common Reuse Principle)

O CCP amplia essa lição ao reunir no mesmo componente as classes fechadas para os mesmos tipos de mudanças. Assim, quando ocorre uma mudança nos requisitos, essa mudança tem uma boa chance de se limitar a um número mínimo de componentes.

SEMELHANÇA COM O SRP

Como vimos antes, o CCP é o SRP aplicável aos componentes. O SRP nos orienta a separar métodos que mudam por razões diferentes em classes diferentes. Já o CCP determina a separação de classes que mudam por razões diferentes em componentes diferentes. Ambos os princípios podem ser resumidos na seguinte frase de efeito:

> *Reúna tudo que muda ao mesmo tempo pelas mesmas razões. Separe tudo que muda em tempos diferentes por razões diferentes.*

O PRINCÍPIO DO REÚSO COMUM (THE COMMON REUSE PRINCIPLE)

> *Não force os usuários de um componente a dependerem de coisas que eles não precisam.*

O Princípio do Reúso Comum (CRP) também nos ajuda a decidir quais classes e módulos devem ser colocados em um componente. Segundo esse princípio, as classes e módulos que tendem a ser reutilizados juntos pertencem ao mesmo componente.

As classes raramente são reutilizadas isoladamente. É mais comum que as classes reutilizáveis colaborem com outras classes que fazem parte da abstração reutilizável. O CRP diz que essas classes pertencem ao mesmo componente. Nesse componente, portanto, deve haver classes com várias dependências entre si.

Vamos observar um exemplo simples: uma classe container e seus iteradores associados. Essas classes são reutilizadas juntas porque estão fortemente acopladas entre si. Sendo assim, devem estar no mesmo componente.

Mas o CRP faz mais do que indicar as classes que devem ser reunidas em um componente: também nos diz quais classes *não* devem ser reunidas em um componente. Quando um componente usa outro, uma dependência é criada entre eles. Talvez o componente *que usa* use apenas uma classe do componente *usado* — mas isso ainda não enfraquece a dependência. O componente *que usa* ainda depende do componente *que está sendo usado*.

Por causa dessa dependência, sempre que o componente *usado* for modificado, o componente *que usa* provavelmente precisará de mudanças correspondentes. Mesmo que não seja necessário fazer nenhuma mudança no componente *que usa*, ele possivelmente ainda deverá ser recompilado, revalidado e reimplantado. Isso vale mesmo se o componente *que usa* não ligar para a mudança feita no componente *usado*.

Portanto, quando dependemos de um componente, devemos ter certeza de que dependemos de todas as classes desse componente. Em outras palavras, devemos ter certeza de que as classes que colocamos em um componente são inseparáveis — que é impossível depender de umas e não de outras. Caso contrário, teremos que reimplantar mais componentes do que o necessário e desperdiçar horas importantes de trabalho.

Portanto, o CRP nos diz mais sobre as classes que *não devem* ficar juntas
do que sobre as classes que *devem* ficar juntas. Segundo o CRP, as classes
que não têm uma forte ligação entre si não devem ficar no mesmo componente.

Relação com o ISP

O CRP é uma versão genérica do ISP. O ISP aconselha a não depender de classes que contenham métodos que não usamos. Já o CRP orienta a não depender de componentes que tenham classes que não usamos.

Tudo isso pode ser reduzido a uma única frase de efeito:

Não dependa de coisas que você não precisa.

O Diagrama de Tensão para Coesão de Componentes

Como você já deve ter percebido, os três princípios de coesão tendem a lutar uns com os outros. O REP e o CCP são princípios *inclusivos*: ambos tendem a aumentar os componentes. Por sua vez, o CRP é um princípio *excludente* e diminui os componentes. É essa tensão entre os princípios que os bons arquitetos buscam resolver.

A Figura 13.1 exibe um diagrama de tensão[2] que representa como os três princípios de coesão interagem entre si. As bordas do diagrama descrevem o *custo* de abandonar o princípio do vértice oposto.

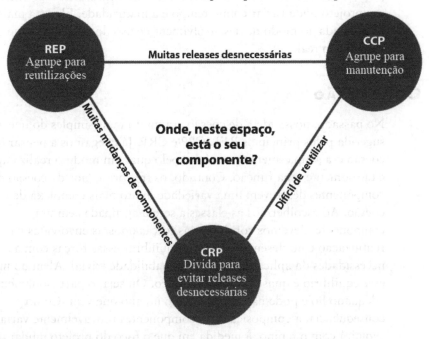

Figura 13.1 Diagrama de tensão dos princípios de coesão

Quando um arquiteto se concentra apenas no REP e no CRP, descobre que muitos componentes são impactados quando mudanças simples são feitas. Por outro lado, um arquiteto que foca demais em CCP e REP fará com que muitos releases desnecessárias sejam geradas.

---

2. Muito obrigado a Tim Ottinger por esta ideia.

Um bom arquiteto deve descobrir uma posição nesse triângulo de tensão que satisfaça as demandas *atuais* da equipe de desenvolvimento. No entanto, também precisa estar ciente de que essas demandas mudarão com o tempo. Por exemplo, no início do desenvolvimento de um projeto, o CCP é muito mais importante do que o REP, pois a habilidade de desenvolvimento tem uma importância maior do que o reúso.

Geralmente, os projetos tendem a começar do lado direito do triângulo, onde o único sacrifício é o reúso. À medida que amadurece e que outros projetos começam a ser desenvolvidos a partir dele, o projeto passará para o lado esquerdo. Isso significa que a estrutura de componentes de um projeto pode variar com o tempo e a maturidade. Ela está mais relacionada ao modo de desenvolvimento e uso do projeto do que com a sua função real.

Conclusão

No passado, nossa ideia de coesão era muito mais simples do que a sugerida pelos princípios REP, CPP e CRP. Já chegamos a pensar que a coesão era simplesmente o atributo pelo qual um módulo realiza apenas e tão somente uma função. Contudo, os três princípios da coesão de componentes descrevem uma variedade muito mais complexa de coesão. Ao escolhermos as classes a serem agrupadas em um componente, devemos considerar as forças opostas envolvidas na reutilização e no desenvolvimento. Equilibrar essas forças com as necessidades da aplicação não é uma habilidade trivial. Além do mais, esse equilíbrio é quase sempre dinâmico. Ou seja, o particionamento adequado hoje pode não ser adequado no ano que vem. Como consequência, a composição dos componentes provavelmente variará e evoluirá com o tempo, à medida em que o foco do projeto mudar do desenvolvimento para a reutilização.

ACOPLAMENTO DE COMPONENTES

Os próximos três princípios abordam os relacionamentos entre os componentes. Aqui, novamente vamos nos deparar com a tensão entre capacidade de desenvolvimento e design lógico. As forças que impactam a arquitetura da estrutura de um componente são técnicas, políticas e voláteis.

Capítulo 14   Acoplamento de Componentes

O Princípio das Dependências Acíclicas

Não permita ciclos no grafo de dependência dos componentes.

Alguma vez você já trabalhou o dia todo, fez com que alguma coisa funcionasse e então foi para casa, só pra chegar na manhã seguinte e descobrir que as suas coisas não funcionam mais? Por que não funcionam? Porque alguém ficou até mais tarde e mudou algo do qual você dependia! Eu chamo isso de "a síndrome da manhã seguinte".

A "síndrome da manhã seguinte" ocorre em ambientes de desenvolvimento onde muitos desenvolvedores modificam os mesmos arquivos-fonte. Em projetos relativamente pequenos, com apenas alguns desenvolvedores, isso não é um grande problema. Mas à medida que o tamanho do projeto e da equipe de desenvolvimento aumentam, as manhãs seguintes podem ficar bem parecidas com um pesadelo. Não é incomum passarem-se semanas sem que a equipe consiga criar uma versão estável do projeto. Em vez disso, todo mundo continua modificando o seu código, tentando fazê-lo funcionar com as últimas mudanças feitas por outra pessoa.

Ao longo das últimas décadas, surgiram duas soluções para esse problema, ambas vindas da indústria de telecomunicações: o "build semanal" e o Princípio de Dependências Acíclicas (ADP — Acyclic Dependecies Principle).

Build semanal

O build semanal costumava ser comum em projetos de médio porte. Ele funciona assim: todos os desenvolvedores ignoram uns aos outros nos primeiros quatro dias da semana. Todos trabalham em cópias privadas do código e não se preocupam em integrar seus trabalhos de maneira coletiva. Então, na sexta-feira, eles integram todas as mudanças e fazem o build do sistema.

Essa abordagem tem a vantagem maravilhosa de permitir que os desenvolvedores vivam em um mundo isolado durante quatro dos cinco dias de trabalho. Evidentemente, a desvantagem consiste no grande ônus de integração a ser pago na sexta-feira.

O Princípio das Dependências Acíclicas

Infelizmente, à medida que o projeto cresce, torna-se menos viável finalizar a integração do projeto na sexta-feira. O fardo da integração cresce até começar a transbordar para o sábado. Alguns sábados desses já são o suficiente para convencer os desenvolvedores de que a integração deve começar mesmo na quinta-feira — e assim o começo da integração vai rastejando lentamente para o meio da semana.

À medida que o ciclo de desenvolvimento versus integração diminui, a eficiência da equipe também diminui. No fim, essa situação se torna tão frustrante que os desenvolvedores, ou os gestores de projetos, declaram que o cronograma deve ser alterado para uma implementação quinzenal. Isso é suficiente por um tempo, mas o tempo de integração cresce com o tamanho do projeto.

Finalmente, este cenário leva a uma crise. Para manter a eficiência, o cronograma de implementação precisa aumentar continuamente — mas aumentar o cronograma de implementação aumenta os riscos do projeto. Fica cada vez mais difícil realizar a integração e os testes, e a equipe perde a vantagem do feedback rápido.

ELIMINANDO CICLOS DE DEPENDÊNCIAS

A solução para este problema é particionar o ambiente de desenvolvimento em componentes passíveis de release. Os componentes se tornam unidades de trabalho que podem ser da responsabilidade de um único desenvolvedor ou de uma equipe de desenvolvedores. Quando fazem um componente funcionar, os desenvolvedores fazem o release dele para uso pelos demais desenvolvedores. Eles atribuem um número de release e movem o componente para um diretório a fim de que outras equipes o utilizem. Eles, então, continuam a modificar seus componentes em suas próprias áreas privadas. Todos os demais usam a versão liberada.

À medida que novos releases de um componente ficam disponíveis, outras equipes podem decidir se adotarão imediatamente o novo release. Se decidirem não fazê-lo, continuarão a usar o antigo. Caso decidam que estão prontos, começarão a usar o novo.

Assim, nenhuma equipe fica à mercê das outras. As mudanças feitas em um componente não precisam ter efeito imediato sobre as outras

Capítulo 14   Acoplamento de Componentes

equipes. Cada equipe pode decidir por conta própria quando adaptará seus componentes aos novos releases dos componentes. Além do mais, a integração acontece em pequenos incrementos. Não há uma ocasião única para que todos os desenvolvedores se reúnam e integrem tudo o que estão fazendo.

Esse é um processo muito simples, racional e amplamente usado. Para que funcione com sucesso, no entanto, você deve *gerenciar* a estrutura de dependência dos componentes. *Não pode haver ciclos.* Se houver ciclos na estrutura de dependência, a "síndrome da manhã seguinte" não poderá ser evitada.

Considere o diagrama de componente na Figura 14.1. Ele apresenta uma estrutura bem típica de componentes reunidos em uma única aplicação. A função dessa aplicação não é importante para a finalidade do exemplo. O que *importa é* a estrutura de dependência dos componentes. Note que a estrutura é um *grafo direcionado*. Os componentes são os *nós* e as relações de dependência são as *arestas direcionadas*.

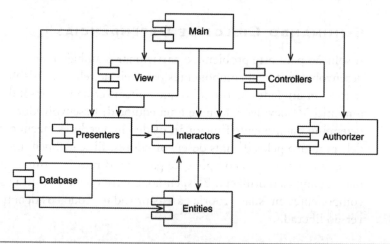

Figura 14.1 Diagrama de componentes típicos

Note mais uma coisa: começando em qualquer dos componentes, é impossível seguir as relações de dependência e voltar para o componente inicial. Essa estrutura não tem ciclos. Ela é um *grafo acíclico direcionado* (DAG — Directed Acyclic Graph).

O Princípio das Dependências Acíclicas

Agora, considere o que acontece quando a equipe responsável por Presenters faz um novo release do seu componente. É fácil descobrir os elementos influenciados por esse release: basta seguir as flechas de dependência de trás para frente. Assim, View e Main serão influenciados. Os desenvolvedores que trabalham atualmente nesses componentes terão que decidir quando devem integrar o seu trabalho ao novo release de Presenters.

Note também que, quando Main é liberado, não tem nenhum efeito sobre os demais componentes do sistema. Eles não sabem sobre Main e não se importarão quando ele mudar. Isso é bom. Significa que o impacto de liberar Main é relativamente pequeno.

Quando os desenvolvedores que trabalham no componente Presenters quiserem executar um teste nele, só precisarão fazer o build da sua própria versão de Presenters com as versões de Interactors e Entities que estiverem usando no momento. Nenhum dos outros componentes do sistema precisa se envolver no processo. Isso é bom, pois significa que os desenvolvedores que atuam em Presenters terão um trabalho relativamente pequeno para configurar um teste e relativamente poucas variáveis para considerar.

Quando chega o momento de fazer o release do sistema inteiro, o processo ocorre de baixo para cima. Primeiro, o componente Entities é compilado, testado e liberado. Depois, o mesmo ocorre com Database e Interactors. Em seguida, Presenters, View, Controllers e Authorizer. Por último, vem o Main. Esse processo é muito claro e fácil de lidar. Sabemos como fazer o build do sistema porque entendemos as dependências entre as suas partes.

O Efeito de um Ciclo sobre o Grafo de Dependências de Componentes

Suponha que um novo requisito nos force a mudar uma das classes em Entities de modo que essa classe faça uso de outra em Authorizer. Por exemplo, digamos que a classe User em Entities use a classe Permissions em Authorizer. Isso cria um ciclo de dependências, como indicado na Figura 14.2.

Capítulo 14   Acoplamento de Componentes

Esse ciclo cria alguns problemas imediatos. Por exemplo, os desenvolvedores que trabalham no componente Database sabem que, para liberá-lo, o componente deve ser compatível com Entities. Contudo, com o ciclo estabelecido, o componente Database agora também deve ser compatível
com Authorizer. Mas Authorizer depende de Interactors. Isso dificulta muito mais a liberação de Database. Entities, Authorizer e Interactors se tornaram, na verdade, um grande componente — o que significa que todos os desenvolvedores que trabalham em qualquer desses componentes terão que encarar a temida "síndrome da manhã seguinte". Eles tropeçarão uns nos outros porque todos devem usar exatamente o mesmo release dos componentes de cada um.

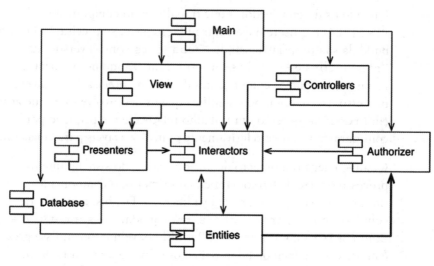

Figura 14.2 Um ciclo de dependências

Mas essa é só uma parte do problema. Considere o que acontece quando queremos testar o componente Entities. Para nossa decepção, descobrimos que devemos fazer o build do componente e integrá-lo com Authorizer e Interactors. Esse nível de acoplamento entre componentes é preocupante, até mesmo intolerável.

Você pode ter se perguntado por que tem-se que incluir tantas bibliotecas diferentes e tantas coisas dos outros só para realizar um simples teste de unidade em uma das suas classes. Se investigar um pouco o problema, provavelmente descobrirá que há ciclos no grafo de

O Princípio das Dependências Acíclicas

dependências. Esses ciclos dificultam o isolamento dos componentes. O teste e a liberação da unidade ficam muito mais difíceis e propensos a erros. Além disso, os problemas de build crescem geometricamente com o número de módulos.

Além do mais, quando há ciclos no grafo de dependências, pode ser muito difícil entender a ordem na qual você deve fazer o build dos componentes. De fato, provavelmente não há uma ordem correta. Isso pode causar problemas bastante terríveis em linguagens como Java, que leem declarações a partir de arquivos binários compilados.

QUEBRANDO O CICLO

Sempre é possível quebrar o ciclo de componentes e restabelecer o grafo de dependências como um DAG. Há dois mecanismos primários para isso:

1. Aplique o Princípio da Inversão de Dependência (DIP). No caso da Figura 14.3, podemos criar uma interface com os métodos de que a classe User precisa. Em seguida, podemos colocar essa interface em Entities e herdá-la em Authorizer. Isso inverte a dependência entre Entities e Authorizer e, portanto, quebra o ciclo.

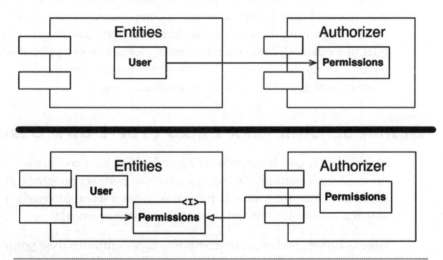

Figura 14.3 Invertendo a dependência entre Entities e Authorizer

2. Crie um novo componente do qual tanto Entities quanto Authorizer dependam. Mova a(s) classe(s) das quais ambos dependem para esse novo componente (Figura 14.4).

Capítulo 14 Acoplamento de Componentes

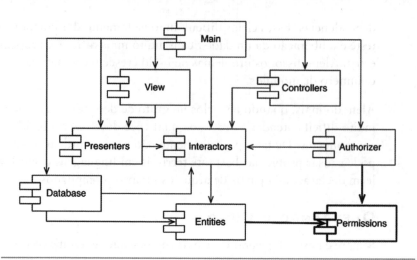

Figura 14.4 O novo componente do qual Entities e Authorizer dependem

As "Variações"

A segunda solução sugere que a estrutura do componente é volátil na presença de alterações de requisitos. De fato, à medida que a aplicação cresce, a estrutura de dependência dos componentes varia e cresce. Assim, a estrutura de dependência deve sempre ser monitorada com relação a ciclos. Quando ocorrem ciclos, eles devem ser quebrados de alguma forma. Às vezes, isso significa criar novos componentes, fazendo com que a estrutura de dependência cresça.

Design de Cima para Baixo (Top-Down Design)

Os problemas que discutimos até agora levam a uma conclusão inescapável: a estrutura de componentes não pode ser projetada de cima para baixo. Ela não é uma da primeiras coisas a serem projetadas no sistema, mas evolui à medida que o sistema cresce e muda.

Alguns leitores podem achar esse ponto contraintuitivo. Isso porque esperamos que as decomposições de grande granulação, como componentes, também sejam decomposições *funcionais* de alto nível.

Quando vemos um agrupamento de alta granularidade como uma estrutura de dependências de componentes, acreditamos que os

Design de Cima para Baixo (Top-Down Design)

componentes devem, de alguma forma, representar as funções do sistema. Ainda assim, isso não parece ser um atributo de diagramas de dependência de componentes.

Na verdade, os diagramas de dependência de componentes têm pouco a ver com descrever a função da aplicação. Na verdade, eles são um mapa para a facilidade de se fazer o build e a manutenção da aplicação. É por isso que não são projetados no início do projeto. Como não existe um software para se fazer o build ou manter, não há necessidade de um mapa de build e manutenção. Mas à medida que mais módulos se acumulam nos estágios iniciais da implementação e design, surge uma necessidade crescente de lidar com as dependências para que o projeto possa ser desenvolvido sem a "síndrome da manhã seguinte". Além do mais, queremos fazer de tudo para que as mudanças fiquem localizadas, então começamos a prestar atenção aos princípios SRP e CCP e colocamos próximas as classes mais propensas a mudarem juntas.

Nessa estrutura de dependências, uma das principais preocupações é com o isolamento da volatilidade. Não queremos que os componentes que mudam frequentemente e por motivos fúteis afetem componentes que, em regra, devem ser estáveis. Por exemplo, não queremos que mudanças cosméticas na GUI causem algum impacto sobre as nossas regras de negócio. Não queremos que a adição ou modificação de relatórios causem algum impacto sobre as nossas políticas de nível mais alto. Consequentemente, o grafo de dependências de componentes é criado e moldado pelos arquitetos de modo a proteger os componentes estáveis e de alto valor dos componentes voláteis.

Conforme a aplicação continua a crescer, começamos a nos preocupar com a criação de elementos reutilizáveis. A essa altura, o CRP passa a influenciar a composição dos componentes. Finalmente, à medida que os ciclos aparecem, o ADP é aplicado e o grafo de dependências de componentes varia e cresce.

Se tentássemos projetar a estrutura de dependência de componentes antes de projetar qualquer classe, provavelmente fracassaríamos feio. Não saberíamos muito sobre o fechamento comum, estaríamos alheios a qualquer elemento reutilizável e quase certamente criaríamos componentes que produziriam ciclos de dependência. Portanto, a estrutura de dependências de componentes deve crescer e evoluir de acordo com o design lógico do sistema.

Capítulo 14   Acoplamento de Componentes

O Princípio de Dependências Estáveis

Dependa na direção da estabilidade.

Os projetos não podem ser completamente estáticos. Alguma volatilidade é necessária para que o design seja mantido. Ao aplicarmos o Princípio do Fechamento Comum (CCP), criamos componentes sensíveis a determinados tipos de mudanças, mas imunes a outros. Alguns desses componentes são *projetados* para serem voláteis. Portanto, *esperamos* que eles mudem.

Um componente que seja difícil de mudar não deve ser dependente de qualquer componente que esperamos que seja volátil. Caso contrário, o componente volátil também será difícil de mudar.

É uma perversidade do software que um módulo que você projetou para ser fácil de mudar seja transformado em algo difícil de mudar devido à simples inclusão de uma dependência por outra pessoa. Nenhuma linha do código-fonte do seu módulo precisa mudar, mas, ainda assim, as mudanças no seu módulo de repente se tornam mais complexas. Ao aplicarmos o Princípio das Dependências Estáveis (SDP), garantimos que os módulos difíceis de mudar não sejam dependentes de módulos projetados para serem fáceis de mudar.

Estabilidade

O que queremos dizer com "estabilidade"? Coloque uma moeda em pé. Ela fica estável nessa posição? Você provavelmente dirá "não". Contudo, a não ser que mexam nela, a moeda permanecerá nessa posição por muito tempo. Portanto, a estabilidade não está diretamente relacionada com a frequência da mudança. A moeda não está mudando, mas é difícil pensar nela como algo estável.

O *Dicionário Webster* define estável como a propriedade de algo que "não é facilmente movido". A estabilidade está relacionada com a quantidade de trabalho necessária para fazer uma mudança. Por um lado, a moeda em pé não é estável porque exige pouquíssimo trabalho para fazê-la cair. Por outro lado, uma mesa é muito estável porque requer uma quantidade de esforço considerável para virá-la.

Como isso se relaciona com o software? Muitos fatores tornam um componente de software difícil de mudar — por exemplo, seu tamanho,

O Princípio de Dependências Estáveis

complexidade e clareza, entre outras características. Vamos ignorar todos esses fatores e focar em algo diferente aqui. Uma maneira segura de tornar um componente de software difícil de mudar é fazer com que vários componentes de software dependam dele. Um componente do qual muitos dependam é muito estável porque requer muito trabalho para reconciliar eventuais mudanças com todos os componentes dependentes.

O diagrama na Figura 14.5 representa o componente estável X. Como três componentes dependem de X, ele tem três boas razões para não mudar. Nesse caso, dizemos que X é *responsável* por esses três componentes. Por outro lado, como X não depende de nada, não têm influências externas para fazê-lo mudar. Logo, dizemos que ele é *independente*.

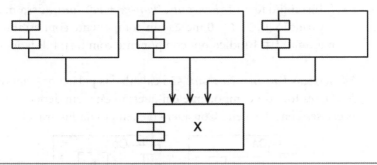

Figura 14.5 X: um componente estável

A Figura 14.6 representa Y, um componente muito instável. Como nenhum outro componente depende de Y, dizemos que ele é irresponsável. Além disso, Y depende de três componentes, logo, as mudanças podem vir de três fontes externas. Nesse caso, dizemos que Y é dependente.

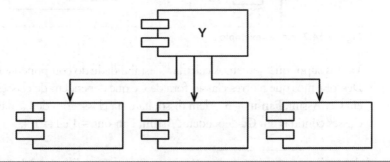

Figura 14.6 Y: um componente muito instável

Capítulo 14 Acoplamento de Componentes

MÉTRICAS DE ESTABILIDADE

Como podemos medir a estabilidade de um componente? Uma maneira é contar o número de dependências que entram e saem desse componente. Essas contagens nos permitirão calcular a estabilidade *posicional* do componente.

- *Fan-in*: Dependências que chegam. Essa métrica identifica o número de classes fora desse componente que dependem das classes contidas dele.
- *Fan-out*: Dependências que saem. Essa métrica identifica o número de classes contidas nesse componente que dependem de classes fora dele.
- *I*: Instabilidade: $I = Fan\text{-}out \, , (Fan\text{-}in + Fan\text{-}out)$. Essa métrica tem a variação [0, 1]. $I = 0$ indica um componente com estabilidade máxima. $I = 1$ indica um componente com instabilidade máxima.

As métricas *Fan-in* e *Fan-out*[1] são calculadas pela contagem do número de *classes* fora do componente em questão que têm dependências com as classes contidas nele. Considere o exemplo da Figura 14.7.

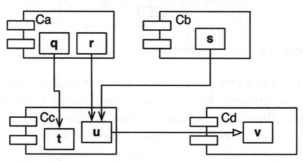

Figura 14.7 Nosso exemplo

Vamos supor que queremos calcular a estabilidade do componente Cc. Descobrimos que há três classes fora de Cc que dependem de classes contidas em Cc. Assim, Fan-in = 3. Além disso, há uma classe fora de Cc das quais as classes contidas em Cc dependem. Assim, Fan-out = 1 e I = 1/4.

---

1. Em publicações anteriores, atribui aos pareamentos os nomes Eferentes e Aferentes (Ce e Ca) para Fan-out e Fan-in, respectivamente. Isso foi só arrogância da minha parte: eu gostava da metáfora do sistema nervoso central.

O Princípio de Dependências Estáveis

Em C++, essas dependências normalmente são representadas por declarações #include. De fato, a métrica *I* é mais fácil de calcular quando você organizou seu código-fonte de modo que haja uma classe em cada arquivo-fonte. Em Java, a métrica *I* pode ser calculada pela contagem das declarações import e dos nomes qualificados.

Quando a métrica *I* é igual a 1, nenhum outro componente depende desse componente (*Fan-in* = 0) e esse componente depende de outros componentes (*Fan-ou*t 7 0). Para um componente, essa situação é a mais instável que se pode imaginar, pois aqui ele é irresponsável e dependente. A ausência de dependentes não dá ao componente nenhuma razão para não mudar, e o componente do qual depende pode oferecer a ele várias razões para mudar.

Em contrapartida, quando a métrica I é igual a 0, há outros componentes que dependem deste componente (Fan-in 7 0), mas ele não depende de outros componentes (Fan-out = 0). Esse componente é responsável e independente, ou seja, o mais estável possível. Seus dependentes dificultam a mudança do componente, que não tem dependências para forçá-lo a mudar.

O SDP diz que a métrica *I* de um componente deve ser maior do que a métrica *I* dos componentes dos quais ele depende. Ou seja, as métricas *I* devem *diminuir* na direção da dependência.

Nem Todos os Componentes Devem Ser Estáveis

Se todos os componentes de um sistema tivessem estabilidade máxima, o sistema seria imutável. Essa não é uma situação desejável. Na verdade, queremos projetar nossa estrutura de componentes de maneira que haja componentes instáveis e estáveis. O diagrama na Figura 14.8 mostra a configuração ideal de um sistema com três componentes.

Os componentes mutáveis estão no topo e dependem do componente estável abaixo. Colocar os componentes instáveis no topo do diagrama é uma convenção útil porque qualquer flecha que aponte para *cima* estará violando o SDP (e, como veremos mais adiante, o ADP).

Capítulo 14 Acoplamento de Componentes

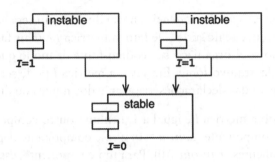

Figura 14.8 A configuração ideal para um sistema com três componentes

O diagrama na Figura 14.9 indica como o SDP pode ser violado.

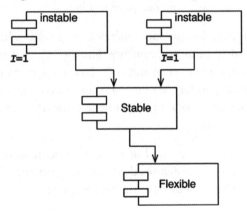

Figura 14.9 Violação do SDP

O Flexible é um componente que projetamos para ser fácil de mudar. Queremos que o Flexible seja instável. Contudo, um desenvolvedor, ao trabalhar em um componente chamado Stable, colocou uma dependência em Flexible. Isso viola o SDP porque a métrica *I* para Stable é muito menor do que a métrica *I* para Flexible. Como resultado, o Flexible não será mais fácil de mudar. Uma mudança em Flexible nos forçará a lidar com Stable e todos os seus dependentes.

Para corrigir esse problema, de alguma forma temos que quebrar a dependência de Stable em Flexible. Por que essa dependência existe? Vamos supor que haja uma classe C dentro de Flexible, que outra classe U dentro de Stable precisa usar (Figura 14.10).

O Princípio de Dependências Estáveis

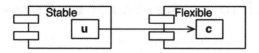

Figura 14.10 U dentro de Stable usa C dentro de Flexible

Podemos corrigir isso aplicando o DIP. Criamos uma classe de interface chamada US e a colocamos em um componente chamado UServer. Garantimos que essa interface declare todos os métodos que U precisa usar. Então, fazemos C implementar essa interface como indicado na Figura 14.11. Isso quebra a dependência entre Stable e Flexible e força ambos os componentes a dependerem de UServer. O UServer é muito estável ($I = 0$) e o Flexible retém a sua instabilidade necessária ($I = 1$). Todas as dependências agora fluem na direção de um I decrescente.

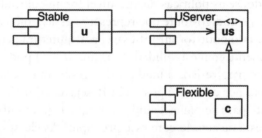

Figura 14.11 C implementa a classe de interface US

Componentes Abstratos

Você pode achar estranho criar um componente — nesse exemplo, UService — que não contém nada além de uma interface. Esse componente não contém código executável. No entanto, essa é uma tática muito comum e necessária quando usamos linguagens estaticamente tipadas como Java e C#. Esses componentes abstratos são muito estáveis e, portanto, alvos ideais para dependências de componentes menos estáveis.

Nas linguagens dinamicamente tipadas como Ruby e Python, não existem componentes abstratos como esses nem as dependências que os tomam como alvos. As estruturas de dependência nessas linguagens são muito mais simples, pois a inversão de dependências não requer declaração ou herança de interfaces.

Capítulo 14 Acoplamento de Componentes

O Princípio de Abstrações Estáveis

Um componente deve ser tão abstrato quanto estável.

Onde Devemos Colocar as Políticas de Alto Nível?

Algum software no sistema não deve mudar com muita frequência. Esse software representa a arquitetura de alto nível e as decisões sobre políticas. Não queremos que essas decisões arquiteturais e de negócios sejam voláteis. Assim, o software que engloba as políticas de alto nível do sistema deve ser colocado em componentes estáveis ($I = 0$). Os componentes instáveis ($I = 1$) devem conter apenas software volátil — software que podemos mudar com rapidez e facilidade.

Contudo, se as políticas de alto nível forem colocadas em componentes estáveis, o código-fonte que representa essas políticas será difícil de mudar. Isso pode tornar inflexível a arquitetura geral. Como um componente com estabilidade máxima ($I = 0$) pode ser flexível o bastante para resistir à mudança? A resposta está no OCP. Esse princípio nos diz que é possível e desejável criar classes flexíveis o bastante para serem estendidas sem que haja modificações. Que tipo de classe está de acordo com esse princípio? As classes *abstratas*.

Apresentando o Princípio de Abstrações Estáveis

O Princípio de Abstrações Estáveis (SAP — Stable Abstractions Principles) estabelece uma relação entre estabilidade e abstração. Por um lado, ele diz que um componente estável deve também ser abstrato para que essa estabilidade não impeça a sua extensão. Por outro lado, ele afirma que um componente instável deve ser concreto, já que a sua instabilidade permite que o código concreto dentro dele seja facilmente modificado.

Assim, para que um componente seja estável, ele deve consistir de interfaces e classes abstratas de modo que possa ser estendido. Os componentes estáveis extensíveis são flexíveis e não restringem demais a arquitetura.

O Princípio de Abstrações Estáveis

Os princípios SAP e SDP, quando combinados, formam o DIP aplicável aos componentes. Isso porque o SDP indica as dependências que devem apontar na direção da estabilidade e o SAP determina que a estabilidade implica em abstração. Logo, *as dependências devem apontar na direção da abstração.*

O DIP, no entanto, é um princípio que lida com classes — e com classes de definição precisa. Uma classe é abstrata ou não. A combinação entre o SDP e o SAP se aplica aos componentes e permite que um componente seja parcialmente abstrato e parcialmente estável.

Medindo a Abstração

A métrica A é uma medida do nível de abstração de um componente. Seu valor corresponde à razão entre as interfaces e classes abstratas de um componente e o número total de classes desse mesmo componente.

- Nc: número de classes de um componente.
- Na: número de classes abstratas e interfaces do componente.
- A: *nível de* abstração. $A = Na \div Nc$.

A métrica A varia de 0 a 1. O valor 0 indica que o componente não tem nenhuma classe abstrata. Já o valor 1 implica que o componente só contém classes abstratas.

A Sequência Principal

Agora, podemos definir a relação entre estabilidade (I) e abstração (A). Para isso, criamos um gráfico com A no eixo vertical e I no eixo horizontal (Figura 14.12). Ao incluirmos os dois tipos "bons" de componentes nesse gráfico, observamos os componentes abstratos e com estabilidade máxima no canto esquerdo superior, em (0, 1). Os componentes concretos e com instabilidade máxima estão no canto inferior direito, em (1, 0).

Capítulo 14   Acoplamento de Componentes

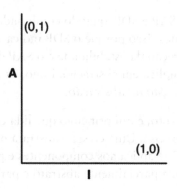

Figura 14.12 O gráfico I/A

Nem todos os componentes se situam em uma dessas duas posições, pois muitas vezes apresentam *graus* diferentes de abstração e estabilidade. Por exemplo, é muito comum que uma classe abstrata derive de outra classe abstrata. A derivação é uma abstração que tem uma dependência. Assim, embora apresente uma abstração máxima, não terá uma estabilidade máxima. Essa dependência diminuirá a sua estabilidade.

Já que não podemos impor uma regra para que todos os componentes fiquem em (0, 1) ou (1, 0), devemos supor que há um locus de pontos no gráfico *A/I* que define as posições razoáveis dos componentes. Podemos deduzir esse locus pela determinação das áreas em que os componentes *não* devem estar — ou seja, indicando a zona de *exclusão* (Figura 11.13).

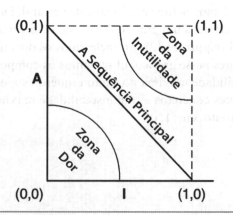

Figura 14.13 Zonas de exclusão

O Princípio de Abstrações Estáveis

A Zona da Dor

Considere um componente na área de (0, 0). Esse componente é altamente estável, concreto e, por ser rígido, indesejável. Não pode ser estendido porque não é abstrato e é muito difícil de mudar por causa da sua estabilidade. Assim, não esperamos normalmente observar componentes bem projetados próximos de (0, 0). A área em torno de (0, 0) é uma zona de exclusão chamada *Zona da Dor*.

De fato, algumas entidades de software se situam na Zona da Dor. Vamos tomar como exemplo um esquema de banco de dados. Os esquemas de base de dados são notoriamente voláteis, extremamente concretos e alvos frequentes de dependências. Essa é uma das razões que fazem da interface entre aplicações OO e bases de dados algo tão difícil de gerenciar. Por isso, as atualizações do esquema são geralmente difíceis.

Outro exemplo de software próximo da área de (0, 0) é uma biblioteca de utilitários concretos. Embora essa biblioteca tenha uma métrica *I* de 1, ela pode não ser realmente volátil. Considere o componente String, por exemplo. Embora todas as classes dentro dele sejam concretas, ele é tão comumente usado que mudá-lo poderia provocar um caos. Portanto, o String não é volátil.

Os componentes não voláteis são inofensivos na zona (0, 0) já que não têm probabilidade de serem mudados. Por isso, apenas os componentes de software voláteis são problemáticos na Zona da Dor. Na Zona da Dor, quanto mais volátil, mais "doloroso" é um componente. De fato, podemos considerar a volatilidade como o terceiro eixo do gráfico. Com base nessa compreensão, a Figura 14.13 indica apenas o plano mais doloroso, onde a volatilidade = 1.

A Zona da Inutilidade

Considere um componente próximo de (1, 1). Essa posição é indesejável porque indica abstração máxima sem dependentes. Componentes como esses são inúteis. Logo, essa área é chamada de *Zona da Inutilidade*.

As entidades de software que habitam essa região são um tipo de detrito. São normalmente restos de classes abstratas que ninguém nunca implementou. Encontramos esses componentes na base de códigos de vez em quando, sem uso.

Capítulo 14   Acoplamento de Componentes

Um componente entranhado no interior da Zona da Inutilidade deve conter uma fração significante dessas entidades. Claramente, a presença dessas entidades inúteis é indesejável.

Evitando as Zonas de Exclusão

Parece claro que os nossos componentes mais voláteis precisam manter a maior distância possível de ambas as zonas. O locus dos pontos mais distante de cada zona é a linha que conecta (1, 0) e (0, 1). Eu chamo essa linha de *Sequência Principal*.[2]

Na Sequência Principal, um componente não é nem "abstrato demais" para a sua estabilidade nem "instável demais" para a sua abstração. Não é inútil nem particularmente doloroso. É alvo de dependências proporcionalmente à sua abstração e depende de outros na medida em que é concreto.

A posição mais recomendável para um componente é em uma das duas extremidades da Sequência Principal. Os bons arquitetos lutam para colocar a maioria dos componentes nessas extremidades. Contudo, pela minha experiência, uma pequena fração dos componentes de um sistema grande não é perfeitamente abstrata nem perfeitamente estável. Esses componentes apresentarão as melhores características se estiverem na Sequência Principal *ou próximos* dela.

Distância da Sequência Principal

Isso nos leva à última métrica. Se é desejável que os componentes estejam na Sequência Principal ou próximos dela, podemos então criar uma métrica que determine a distância entre a posição atual do componente e o seu local ideal.

- D^3: distância. $D = |A+I-1|$. A variação dessa métrica é [0, 1]. O valor 0 indica que o componente está diretamente na Sequência Principal. O valor 1 indica que o componente está o mais distante possível da Sequência Principal.

---

2. *O autor implora a indulgência do leitor para a arrogância de emprestar um termo tão importante da astronomia.*
3. *Nas publicações anteriores, eu chamei essa métrica de D'. Não vejo razão para continuar com essa prática.*

O Princípio de Abstrações Estáveis

Com essa métrica, um design pode ser analisado com base na sua conformidade geral à Sequência Principal. Podemos calcular a métrica D de cada componente. Qualquer componente com um valor D que não esteja próximo de zero pode ser reexaminado e reestruturado.

Também é possível realizar a análise estatística de um design. Podemos calcular a média e a variação de todas as métricas D dos componentes de um design. Em regra, esperamos que um bom design tenha uma média e uma variação próximas de zero. A variação pode ser usada para estabelecer "limites de controle" com o objetivo de identificar componentes que sejam "excepcionais" em comparação com os demais.

No diagrama de dispersão da Figura 14.14, vemos que a maioria dos componentes está situada ao longo da Sequência Principal, embora alguns deles estejam a uma distância superior a um desvio padrão (Z = 1) em relação à média. Vale a pena examinar esses componentes anômalos mais de perto. Por alguma razão, eles ou são muito abstratos e têm poucos dependentes ou são muito concretos e têm muitos dependentes.

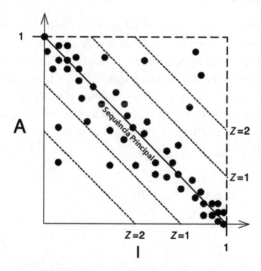

Figura 14.14 Diagrama de dispersão dos componentes

Outra maneira de usar as métricas é plotar a métrica D de cada componente em função do tempo. O gráfico da Figura 14.15 é um modelo desse gráfico. Observe que algumas dependências estranhas têm se entranhado no componente `Payroll` ao longo dos últimos releases. O gráfico indica um limite de controle em D = 0.1. Como o ponto R2.1 excedeu esse limite de controle, vale a pena descobrir por que esse componente está tão longe da sequência principal.

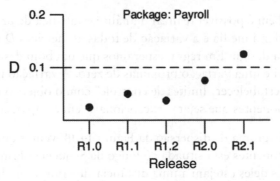

Figura 14.15 Gráfico de *D* para um único componente em função do tempo

Conclusão

As *métricas de gestão de dependências* descritas neste capítulo determinam a conformidade de um design em relação a um padrão de dependência e abstração que eu considero "bom". A experiência mostra que há dependências boas e ruins. Esse padrão reflete a experiência. Contudo, uma métrica não é um deus; ela é apenas uma medida contra um padrão arbitrário. Essas métricas são, no máximo, imperfeitas, mas é minha esperança que você as ache úteis.

V ARQUITETURA

O que é Arquitetura?

Capítulo 15 O que é Arquitetura?

A palavra "arquitetura" evoca visões de poder e mistério. Ela nos faz pensar em decisões importantes e grandes proezas técnicas. A arquitetura de software está no ápice da realização técnica. Quando pensamos em um arquiteto de software pensamos em alguém que tem poder e que impõe respeito. Que jovem aspirante a desenvolvedor de software nunca sonhou em se tornar um arquiteto de software um dia?

Mas o que é arquitetura de software? O que um arquiteto de software faz e quando?

Primeiro, um arquiteto de software é e continua a ser um programador. Nunca caia na mentira de que um arquiteto de software deve abandonar o código para tratar de questões de nível mais alto. Eles não fazem isso! Os arquitetos de software são os melhores programadores, e continuam a assumir tarefas de programação enquanto orientam o resto da equipe para um design que maximize a produtividade. Os arquitetos de software podem não escrever tanto código quanto os outros programadores, mas continuam a se envolver em tarefas de programação. Isso porque eles não podem fazer o seu trabalho de maneira adequada se não vivenciarem os problemas que criam para os demais programadores.

A arquitetura de um sistema de software é a forma dada a esse sistema pelos seus criadores. Essa forma está na divisão desse sistema em componentes, na organização desses componentes e nos modos como esses componentes se comunicam entre si.

O propósito dessa forma é facilitar o desenvolvimento, implantação, operação e manutenção do sistema de software contido nela.

> A estratégia por trás dessa facilitação é deixar o máximo possível de opções abertas, pelo máximo de tempo possível.

Talvez essa afirmação cause surpresa. Talvez você tenha pensado que o objetivo da arquitetura de software era fazer o sistema funcionar adequadamente. Com certeza, queremos que o sistema funcione adequadamente e, é claro, que a arquitetura do sistema deve apoiar isso como uma das maiores prioridades.

No entanto, a arquitetura de um sistema tem pouquíssima relevância para o funcionamento do sistema. Há muitos sistemas por aí que

Desenvolvimento

funcionam muito bem apesar das suas arquiteturas terríveis. Seus problemas não estão na operação: ocorrem na sua implantação, manutenção e desenvolvimento continuado.

Porém, não se pode falar que a arquitetura não exerce nenhum papel no suporte do comportamento adequado do sistema. Certamente, tem um papel crucial, mas é passivo e estético e não ativo e essencial. Há poucas, se houver alguma, opções *comportamentais* que a arquitetura de um sistema pode deixar abertas.

O propósito primário da arquitetura é suportar o ciclo de vida do sistema. Uma boa arquitetura torna o sistema fácil de entender, fácil de desenvolver, fácil de manter e fácil de implantar. O objetivo final é minimizar o custo da vida útil do sistema e não maximizar a produtividade do programador.

Desenvolvimento

Um sistema de software difícil de desenvolver provavelmente não terá uma vida útil longa e saudável. Portanto, a arquitetura deve facilitar o desenvolvimento desse sistema pelas equipes de desenvolvedores.

Equipes com estruturas diferentes exigem decisões arquiteturais diferentes. Por um lado, uma pequena equipe de cinco desenvolvedores pode muito bem trabalhar em conjunto para desenvolver um sistema monolítico sem componentes ou interfaces bem definidos. Na verdade, essa equipe provavelmente consideraria as estruturas de uma arquitetura como um tipo de obstáculo durante os primeiros dias de desenvolvimento. Provavelmente, essa é a razão de tantos sistemas não terem uma boa arquitetura: eles começaram sem nenhuma, pois a equipe era pequena e não queria encarar o transtorno de uma superestrutura.

Por outro lado, um sistema que está sendo desenvolvido por cinco equipes diferentes, cada uma com sete desenvolvedores, não poderá ser desenvolvido a menos que seja dividido em componentes bem definidos e com interfaces estáveis confiáveis. Se nenhum outro fator for considerado, a arquitetura desse sistema provavelmente produzirá cinco componentes — um para cada equipe.

Essa arquitetura do tipo um-componente-por-equipe não é a melhor opção para a implantação, operação e manutenção do sistema. Mesmo assim, será a arquitetura escolhida por um grupo de equipes que se interesse apenas pelo cronograma de desenvolvimento.

Implantação (Deployment)

Para ser eficaz, um sistema de software deve ser implantável. Quanto maior for o custo da implantação, menos útil será o sistema. Logo, o objetivo da arquitetura de software deve ser criar um sistema que seja facilmente implantado *com uma única ação*.

Infelizmente, é muito raro que a estratégia de implantação seja considerada durante o desenvolvimento inicial. Isso resulta em arquiteturas que tornam o sistema fácil de desenvolver, mas difícil de implantar.

Por exemplo, no início do desenvolvimento de um sistema, os desenvolvedores podem decidir usar uma "arquitetura de microsserviço". Talvez achem que essa abordagem facilita o desenvolvimento do sistema, já que os limites dos componentes são muito firmes e as interfaces, relativamente estáveis nela. Contudo, quando se trata do tempo de implantação do sistema, os desenvolvedores podem ficar assustados com o número de microsserviços. A configuração das conexões entre eles e o seu tempo de iniciação também podem acabar sendo uma enorme fonte de erros.

Se os arquitetos tivessem considerado as questões de implantação no início do processo, poderiam ter optado por menos serviços, um híbrido de serviços e componentes in-process e um meio mais integrado para lidar com as interconexões.

Operação

O impacto da arquitetura na operação do sistema tende a ser menos dramático do que o impacto da arquitetura no desenvolvimento, na implantação e na manutenção. Quase qualquer dificuldade operacional pode ser resolvida pela inclusão de mais hardware no sistema sem que ocorram impactos drásticos sobre a arquitetura de software.

De fato, já vimos isso acontecer diversas vezes. Sistemas de software com arquiteturas ineficazes muitas vezes podem funcionar de forma eficaz pela simples inserção de mais armazenamento e mais servidores. Como o hardware é barato e as pessoas são caras, as arquiteturas que impedem a operação não saem tão caras quanto as arquiteturas que impedem o desenvolvimento, a implantação e a manutenção.

Isso não quer dizer que uma arquitetura bem ajustada à operação do sistema não seja desejável. Ela é! Só que a equação de custos se inclina mais em direção ao desenvolvimento, à implantação e à manutenção.

Dito isso, a arquitetura tem outro papel na operação do sistema: uma boa arquitetura de software comunica as necessidades operacionais do sistema.

Talvez haja uma maneira melhor de dizer isso: a arquitetura de um sistema deixa a operação do sistema prontamente aparente para os desenvolvedores. A arquitetura deve revelar a operação. A arquitetura do sistema deve elevar os casos de uso, os recursos e os comportamentos requeridos do sistema para entidades de primeira classe que representem marcos visíveis para os desenvolvedores. Isso simplifica a compreensão do sistema e, portanto, ajuda muito no desenvolvimento e na manutenção.

Manutenção

De todos os aspectos de um sistema de software, a manutenção é o mais caro. O conjunto sem fim de novos recursos e o rastro inevitável de defeitos e correções consomem enormes quantidades de recursos humanos.

O custo primário da manutenção está na exploração e no risco. Exploração é o custo de explorar um software existente, a fim de determinar o melhor lugar e a melhor estratégia para adicionar um novo recurso ou reparar um defeito. Enquanto essas mudanças são feitas, a probabilidade de defeitos não intencionais serem criados está sempre lá, aumentando o custo do risco.

Uma arquitetura pensada cuidadosamente mitiga muito esses custos. Quando separamos o sistema em componentes e isolamos esses componentes por meio de interfaces estáveis, identificamos os caminhos para futuros recursos e reduzimos enormemente o risco de quebra inesperada.

Capítulo 15 O que é Arquitetura?

Mantendo as Opções Abertas

Como descrevemos em um capítulo anterior, o software tem dois tipos de valor: o valor do seu comportamento e o da sua estrutura. O segundo é o maior dos dois, porque torna o software *soft*.

O software foi inventado porque precisávamos de uma maneira rápida e fácil de mudar o comportamento das máquinas. Mas essa flexibilidade depende crucialmente da forma do sistema, da organização dos seus componentes e do modo como eles estão interconectados.

Para manter o seu software soft, deixe o máximo de opções possíveis abertas, pelo máximo tempo possível. Quais são as opções que precisamos deixar abertas? *Elas são os detalhes que não importam.*

Todos os sistemas de software podem ser decompostos em dois elementos principais: política e detalhes. O elemento político engloba todas as regras e procedimentos de negócios. A política é onde está o verdadeiro valor do sistema.

Os detalhes são itens necessários para que os seres humanos, outros sistemas e programadores se comuniquem com a política, mas que não causam impacto algum sobre o comportamento da política. Eles incluem dispositivos IO, banco de dados, sistemas web, servidores, frameworks, protocolos de comunicação e assim por diante.

O objetivo do arquiteto é criar uma forma para o sistema que reconheça a política como o elemento mais essencial do sistema e torne os detalhes *irrelevantes* para essa política. Isso permite que as decisões para esses detalhes sejam *adiadas* e *diferidas*.

Por exemplo:

- Não é necessário escolher um sistema de banco de dados no início do desenvolvimento, pois a política de alto nível não deve se preocupar com o tipo de banco de dados que será usada. Certamente, se o arquiteto for cuidadoso, a política de alto nível não se preocupará com o fato de o banco de dados ser relacional, distribuído, hierárquico ou apenas arquivos simples.
- Não é necessário escolher um servidor web no início do desenvolvimento, pois a política de alto nível não deve saber o que

Mantendo as Opções Abertas

está sendo entregue pela web. Se a política de alto nível não souber nada sobre HTML, AJAX, JSP, JSF ou qualquer outro resto da sopa de letrinhas do desenvolvimento web, você não precisará decidir qual sistema web usará até muito mais tarde no projeto. De fato, *você nem precisará decidir se o sistema será entregue pela web*.

- Não é necessário adotar REST no início do desenvolvimento, pois a política de alto nível deve ser agnóstica sobre a interface para o mundo externo. Nem é necessário adotar um framework de microsserviços ou SOA. Novamente, a política de alto nível não deve se preocupar com essas coisas.

- Não é necessário adotar um framework de injeção de dependência no início do desenvolvimento, pois a política de alto nível não deve se preocupar com o modo de resolução das dependências.

Acho que você entendeu a ideia. Se desenvolver uma política de alto nível sem comprometer os seus respectivos detalhes, você poderá adiar e diferir decisões sobre esses detalhes por um bom tempo. E quanto mais você esperar para tomar essas decisões, *mais informações terá para tomá-las adequadamente*.

Isso também deixa a opção de tentar experimentos diferentes. Se uma parte da política de alto nível estiver funcionando e ela for agnóstica sobre a base de dados, você pode tentar conectá-la a várias bases de dados diferentes para verificar a aplicabilidade e o desempenho. O mesmo vale para sistemas web, frameworks web e até a própria web.

Quanto mais tempo você deixar as opções abertas, mais experimentos poderá executar, mais coisas poderá testar e mais informações terá quando atingir o ponto no qual essas decisões não poderão mais ser adiadas.

Mas o que acontece quando as decisões já foram tomadas por outra pessoa? E se a sua empresa firmou um compromisso com um determinado banco de dados, servidor web ou framework? Um bom arquiteto deve fingir que essa decisão não foi tomada e moldar o sistema como se as decisões ainda pudessem ser adiadas ou mudadas pelo maior tempo possível.

Um bom arquiteto deve maximizar o número de decisões não feitas.

Capítulo 15 O que é Arquitetura?

Independência de Dispositivo

Como um exemplo desse tipo de pensamento, vamos voltar no tempo até a década de 60, quando os computadores eram adolescentes e a maioria dos programadores eram matemáticos ou engenheiros de outras disciplinas (e um terço ou mais eram mulheres).

Naquela época cometíamos muitos erros. Não sabíamos que eram erros ainda, é claro. Como poderíamos saber?

Um desses erros era ligar nosso código diretamente a dispositivos IO. Quando era necessário imprimir alguma coisa, escrevíamos o código que usava as instruções IO que controlavam a impressora. Nosso código era *dependente do dispositivo*.

Por exemplo, quando eu escrevia programas PDP-8 que imprimiam no teletipo, usava um conjunto de instruções de máquina parecido com esse:

```
PRTCHR, 0
        TSF
        JMP .-1
        TLS
        JMP I PRTCHR
```

A `PRTCHR` é uma sub-rotina que imprime um caractere no teletipo. O zero inicial era usado como armazenamento para o endereço de retorno. (Não pergunte.) A instrução `TSF` pulava a próxima instrução se o teletipo estivesse pronto para imprimir um caractere. Se o teletipo estivesse ocupado, a `TSF` ia direto para a instrução `JMP .-1`, que só voltava para a instrução `TSF`. Se o teletipo estivesse pronto, a `TSF` pulava para a instrução `TLS`, que enviava o caractere no registro A para o teletipo. Depois, a instrução `JMP I PRTCHR` voltava para quem a chamou.

No início essa estratégia funcionou bem. Se precisássemos ler cartões no leitor de cartões, usávamos o código que falava diretamente com o leitor de cartões. Se precisássemos furar cartões, escrevíamos o código que manipulava diretamente os furos. Os programas funcionavam perfeitamente. Como poderíamos saber que isso era um erro?

Mas é difícil gerenciar grandes lotes de cartões furados. Eles podem ser perdidos, mutilados, espetados, trocados ou esquecidos. Cartões individuais podem ser perdidos e cartões extras podem ser inseridos. Então, a integridade dos dados se tornou um problema significante.

A fita magnética foi a solução. Poderíamos mover as imagens dos cartões para a fita. Se você derruba uma fita magnética, os registros não são misturados. Você não pode perder acidentalmente um registro ou inserir um registro em branco apenas por mexer na fita. A fita é muito mais segura, mais rápida de ler e escrever e muito mais fácil de fazer cópias de backup.

Infelizmente, todo o nosso software era escrito para manipular leitores e furadores de cartões. Esses programas tiveram que ser reescritos para usarem fita magnética. Isso deu um trabalho enorme.

No final da década de 60, aprendemos a lição e inventamos a *independência de dispositivo*. Os sistemas operacionais da época abstraíam os dispositivos IO em funções de software que operavam com registros de unidade parecidos com cartões. Os programas invocavam serviços do sistema operacional que lidavam com dispositivos abstratos de registro de unidade. Os operadores podiam dizer ao sistema operacional se esses serviços abstratos deveriam ser conectados a leitores de cartão, fita magnética ou qualquer outro dispositivo de registro de unidade.

Agora, o mesmo programa podia ler e escrever cartões ou ler e escrever fitas, *sem nenhuma mudança*. Assim nasceu o Princípio Aberto/Fechado (ainda sem nome naquela época).

Propaganda por Correspondência

No fim dos anos 60, trabalhei para uma empresa que imprimia correspondência de propaganda para clientes. Os clientes nos enviavam fitas magnéticas com registros de unidades contendo os nomes e endereços dos seus clientes e nós escrevíamos programas que imprimiam belas propagandas personalizadas.

Capítulo 15 O que é Arquitetura?

Você conhece o tipo:

Olá Sr. Martin,

Parabéns!

Nós escolhemos VOCÊ entre todos os moradores de Witchwood Lane para participar da nossa nova e fantástica oferta única...

Os clientes enviavam rolos enormes de formulários de cartas com o texto integral, exceto os nomes, endereços e outros elementos que deviam ser impressos. Nós escrevíamos os programas que extraíam os nomes, endereços e outros elementos das fita magnéticas e imprimíamos esses itens exatamente onde eles precisavam aparecer nos formulários.

Esses rolos de formulários de cartas pesavam mais de 225kg e continham milhares de cartas. Os clientes enviavam centenas desses rolos. Nós imprimíamos cada um deles individualmente.

No começo, trabalhávamos com um IBM 360 e a sua impressora de linha única, em que conseguíamos imprimir milhares de cartas por turno. Mas, infelizmente, isso tomava muito tempo de uma máquina cara como aquela. Na época, o aluguel de um IBM 360 custava dezenas de milhares de dólares por mês.

Então, dissemos ao sistema operacional para usar a fita magnética em vez da impressora de linha. Nossos programas não se importavam, pois haviam sido escritos para usar as abstrações IO do sistema operacional.

O 360 podia bombear uma fita inteira em mais ou menos 10 minutos — o suficiente para imprimir vários rolos de formulários de cartas. As fitas eram retiradas da sala de computadores e montadas em drives de fitas conectados a impressoras offline. Tínhamos cinco delas e usávamos essas cinco impressoras 24 horas por dia, sete dias por semana, para imprimir centenas de milhares de propagandas de correspondência toda semana.

O valor da independência de dispositivo era enorme! Podíamos escrever nossos programas sem saber ou nos importar com qual dispositivo seria usado. Podíamos testar esses programas usando a impressora de linha local conectada ao computador. Em seguida, podíamos dizer ao sistema operacional para "imprimir" na fita magnética e executar centenas de milhares de formulários.

Endereçamento Físico

Nosso programa tinha uma forma. Essa forma desconectou a política do detalhe. A política era a formatação do nome e os registros de endereços. O detalhe era o dispositivo. Nós adiamos a decisão sobre qual dispositivos usaríamos.

ENDEREÇAMENTO FÍSICO

No início dos anos 70, eu trabalhei em um grande sistema de contabilidade para um sindicato local de caminhoneiros. Nós tínhamos uma unidade de disco de 25MB na qual armazenávamos registros de Agents, Employers e Members. Como os vários registros tinham tamanhos diferentes, formatamos os primeiros cilindros do disco para que cada setor tivesse apenas o tamanho de um registro Agent. Os próximos cilindros foram formatados para terem setores que coubessem nos registros Employer.
Os últimos cilindros foram formatados para que coubessem nos registros Member.

Escrevemos nosso software para que ele conhecesse a estrutura detalhada do disco. Ele sabia que o disco continha 200 cilindros e 10 cabeças e que, em cada cilindro, havia várias dúzias de setores por cabeça. Ele sabia quais cilindros tinham Agents, Employers e Members. Programamos tudo isso no código.

Mantínhamos um índice no disco que nos permitia procurar cada um dos Agents, Employers e Members. Esse índice estava em outro conjunto de cilindros especialmente formatados no disco. O índice Agent era composto de registros que continham o ID de um agente, o número do cilindro, o número da cabeça e o número do setor desse registro Agent. Os Employers e Members tinham índices similares. Os registros de Members também eram mantidos em uma lista duplamente encadeada no disco. Cada registro Member continha o número do cilindro, da cabeça e do setor do próximo registro Member e do registro Member anterior.

O que teria acontecido caso fosse necessário fazer um upgrade para uma nova unidade de disco — com mais cabeças, mais cilindros ou mais setores por cilindro? Teríamos que escrever um programa especial para ler os dados antigos do disco antigo e, então, escrevê-lo no novo disco, traduzindo todos os números de cilindro/cabeça/setor. Também teríamos que mudar toda a programação no nosso código — e essa programação estava em todo lugar! Todas as regras de negócio sabiam do esquema cilindro/cabeça/setor em detalhes.

Certo dia, um programador mais experiente se juntou a nós. Quando ele viu o que havíamos feito, ficou pálido e nos olhou, perplexo, como se fôssemos de alguma espécie alienígena. Então, ele gentilmente nos aconselhou a mudar nosso esquema de endereçamento para usar endereços relativos.

Nosso sábio colega sugeriu que considerássemos o disco como um enorme array linear de setores, onde cada um deles é endereçado por um inteiro sequencial. Então, podíamos escrever uma pequena rotina de conversão que conhecesse a estrutura física do disco e traduzisse o endereço relativo para um número de cilindro/cabeça/setor na hora.

Felizmente, para nós, seguimos o seu conselho. Mudamos a política de alto nível do sistema para ser agnóstica sobre a estrutura física do disco. Isso nos permitiu desacoplar a decisão sobre a estrutura da unidade de disco da aplicação.

Conclusão

As duas histórias comentadas neste capítulo são exemplos da aplicação, em programas pequenos, de um princípio que os arquitetos empregam em programa grandes. Bons arquitetos separam cuidadosamente os detalhes da política e, então, desacoplam a política dos detalhes tão completamente que a política passa a não ter nenhum conhecimento dos detalhes e a não depender dos detalhes de maneira nenhuma. Bons arquitetos projetam a política de modo que as decisões sobre os detalhes possam ser adiadas e diferidas pelo maior tempo possível.

16 INDEPENDÊNCIA

Capítulo 16 Independência

Como já vimos, uma boa arquitetura deve suportar:

- Os casos de uso e operação do sistema.
- A manutenção do sistema.
- O desenvolvimento do sistema.
- A implantação do sistema.

Casos de Uso

De acordo com o primeiro tópico — casos de uso —, a arquitetura do sistema deve suportar a intenção do sistema. Se o sistema for uma aplicação de carrinho de compras, a arquitetura deve suportar os casos de uso de carrinhos de compra. De fato, essa é a primeira preocupação do arquiteto e a primeira prioridade da arquitetura. A arquitetura deve suportar os casos de uso.

Contudo, como discutimos antes, a arquitetura não exerce muita influência sobre o comportamento do sistema. Há pouquíssimas opções comportamentais que a arquitetura pode deixar abertas. Mas a influência não é tudo. A coisa mais importante que uma boa arquitetura pode fazer para suportar o comportamento é esclarecer e expor esse comportamento de modo que a intenção do sistema fique visível no nível arquitetural.

Uma aplicação de carrinho de compras com uma boa arquitetura parecerá uma aplicação de carrinho de compras. Os casos de uso desse sistema serão bem visíveis dentro da estrutura desse sistema. Os desenvolvedores não precisarão caçar comportamentos, pois esses comportamentos serão elementos de primeira classe visíveis no nível superior do sistema. Esses elementos serão classes, funções ou módulos com posições proeminentes dentro da arquitetura e terão nomes que descrevem claramente as suas funções.

O Capítulo 21, "Arquitetura Gritante", esclarecerá muito mais esse ponto.

Operação

A arquitetura tem um papel mais substancial e menos cosmético ao apoiar a operação do sistema. Se o sistema precisa lidar com 100.000 clientes por segundo, a arquitetura deve suportar esse nível de taxa de transferência e tempo de resposta para cada caso de uso que exigir isso. Se o sistema precisa consultar cubos de big data em milissegundos, a arquitetura deve ser estruturada de modo a permitir esse tipo de operação.

Em alguns sistemas, isso significará organizar os elementos de processamento do sistema em um array de pequenos serviços que possa ser executado em paralelo por muitos servidores diferentes. Para outros sistemas, isso significará um grande número de pequenas threads leves compartilhando o espaço de endereço de um único processo dentro de um único processador. Outros sistemas precisarão de apenas uns poucos processos executando em espaços de endereços isolados. E em alguns sistemas podem até sobreviver como simples programas monolíticos executados em um único processo.

Por mais estranho que possa parecer, essa decisão é uma das opções que um bom arquiteto deixa em aberto. Um sistema escrito como um monolito, e dependente dessa estrutura monolítica, não pode ser atualizado facilmente para múltiplos processos, múltiplas threads ou microsserviços caso surja a necessidade. Em comparação, uma arquitetura que mantém o isolamento adequado dos seus componentes, e que não supõe os meios de comunicação entre esses componentes, se adaptará com muito mais facilidade ao passar pelo espectro de threads, processos e serviços, à medida que as necessidades operacionais do sistema mudem com o passar do tempo.

Desenvolvimento

A arquitetura tem um papel significante em apoiar o ambiente de desenvolvimento. É aqui que a lei de Conway entra em jogo. Segundo ela:

> *Qualquer organização que projete um sistema produzirá um design cuja estrutura é uma cópia da estrutura de comunicação da organização.*

Capítulo 16 Independência

Quando desenvolvido por uma organização com muitas equipes e muitas preocupações, um sistema deve ter uma arquitetura que facilite as ações independentes dessas equipes para que elas não interfiram umas com as outras durante o desenvolvimento. Para isso, é necessário particionar adequadamente o sistema em componentes independentemente desenvolvíveis (developable) e bem isolados. Esses componentes poderão, então, ser alocados às equipes para que trabalhem independentemente umas das outras.

Implantação

A arquitetura também tem um papel enorme em determinar a facilidade com a qual um sistema é implantado. O objetivo aqui é a "implantação imediata". Uma boa arquitetura não depende de dúzias de pequenos scripts de configuração e ajustes em arquivos de propriedades. Não requer a criação manual de diretórios ou arquivos que devam ser organizados só para isso. Uma boa arquitetura ajuda o sistema a ser imediatamente implantável depois da construção (build).

Novamente, isso é viabilizado pelo particionamento e isolamento adequado dos componentes do sistema, incluindo os componentes principais que ligam todo o sistema e garantem que cada componente seja inicializado, integrado e supervisionado adequadamente.

Deixando as Opções Abertas

Uma boa arquitetura equilibra todas essas preocupações em uma estrutura de componentes que atende mutuamente a todas elas. Parece fácil, não? Bom, para mim, é fácil escrever isso.

Na prática, obter esse equilíbrio é bem difícil. O problema é que, na maior parte do tempo, não conhecemos todos os casos de uso, as restrições operacionais, a estrutura da equipe e os requisitos de implantação. Pior ainda: mesmo que saibamos essas informações, elas inevitavelmente mudam à medida que o sistema percorre o seu ciclo de vida. Resumindo, os objetivos que devemos concretizar são indistintos e inconstantes. Seja bem-vindo ao mundo real.

Mas nem tudo está perdido: alguns princípios da arquitetura são relativamente baratos de implementar e podem ajudar a equilibrar essas preocupações, mesmo quando você não tem uma imagem clara dos objetivos que precisa atingir. Esses princípios nos ajudam a particionar os sistemas em componentes bem isolados que permitam deixar o maior número de opções abertas, pelo máximo de tempo possível.

Uma boa arquitetura faz com que o sistema seja fácil de mudar, de todas as formas necessárias, ao deixar as opções abertas.

Desacoplando Camadas

Considere os casos de uso. O arquiteto quer que a estrutura do sistema suporte todos os casos de uso necessários, mas não sabe quais eles são. Contudo, o arquiteto *conhece* a intenção básica do sistema. É um sistema de carrinho de compras, um sistema de faturamento ou de processamento de pedidos. Então, o arquiteto pode aplicar o Princípio da Responsabilidade Única e o Princípio do Fechamento Comum para separar coisas que mudam por razões diferentes e reunir coisas que mudam pelas mesmas razões — de acordo com o contexto da intenção do sistema.

O que muda por razões diferentes? Há algumas coisas óbvias. As interfaces de usuários mudam por razões que não têm nada a ver com as regras de negócio. Os casos de uso contêm elementos de ambos. Claramente, então, um bom arquiteto vai querer separar as porções de UI de um caso de uso das porções de regras de negócio de maneira que ambas possam ser modificadas de forma independente, mas sempre mantendo esses casos de uso visíveis e claros.

As próprias regras de negócio podem estar fortemente ligadas à aplicação ou ser mais gerais. Por exemplo, a validação de campos de entrada é uma regra de negócios fortemente ligada à própria aplicação. Em contraste, o cálculo dos juros em uma conta e a contagem do inventário são regras de negócio mais fortemente associadas ao domínio. Esses dois tipos diferentes de regras mudarão em ritmos diferentes e por razões diferentes — então devem ser separados para que possam ser modificados independentemente.

Capítulo 16   Independência

O banco de dados, a linguagem de consulta (query language) e até mesmo o esquema são detalhes técnicos que não têm nada a ver com as regras de negócio ou com a UI. Eles mudarão em ritmos e por razões independentes de outros aspectos do sistema. Consequentemente, a arquitetura deve separá-los do resto do sistema para que possam ser modificados independentemente.

Assim, vemos o sistema dividido em camadas horizontais desacopladas — UI, regras de negócio específicas da aplicação, regras de negócio independentes da aplicação e banco de dados, para citar algumas.

Desacoplando os Casos de Uso

O que mais muda por razões diferentes? Os próprios casos de uso! O caso de uso para adicionar um pedido a um sistema de entrada de pedidos quase certamente mudará em um ritmo diferente, e por razões diferentes, quando comparado a um caso de uso de apagar um pedido do sistema. Os casos de uso são uma maneira muito natural de dividir o sistema.

Ao mesmo tempo, os casos de uso são fatias verticais estreitas que cortam através das camadas horizontais do sistema. Cada caso de uso usa um pouco da UI, um pouco das regras de negócio específicas da aplicação, um pouco das regras de negócio independentes da aplicação e um pouco da funcionalidade do banco de dados. Assim, quando dividimos o sistema em camadas horizontais, também o dividimos em finos casos de uso verticais que passam através dessas camadas.

Para realizar esse desacoplamento, separamos a UI do caso de uso de adicionar pedido da UI do caso de uso de apagar pedido. Fazemos o mesmo com as regras de negócio e com o banco de dados. Mantemos os casos de uso separados ao longo da altura vertical do sistema.

Observe o padrão presente aqui. Se você desacoplar os elementos do sistema que mudam por razões diferentes, poderá continuar a adicionar novos casos de uso sem interferir com os antigos. Se você também agrupar a UI e o banco de dados em suporte a esses casos de uso, para que cada caso de uso use um aspecto diferente da UI e do banco de dados, então adicionar novos casos de uso provavelmente não afetará os antigos.

Modo de Desacoplamento

Agora pense no que significa todo esse desacoplamento para o segundo tópico: as operações. Quando os diferentes aspectos dos casos de uso forem separados, aqueles que devem ser executados a uma alta taxa de transferência provavelmente já terão sido separados daqueles que devem ser executados a uma baixa taxa de transferência. Se a UI e o banco de dados foram separados das regras de negócio, podem ser executados em servidores diferentes. Aqueles que precisam de mais largura de banda podem ser replicados em vários servidores.

Resumindo, o desacoplamento que fizemos em prol dos casos de uso também ajuda as operações. Contudo, para aproveitar o benefício operacional, o desacoplamento deve ocorrer de modo adequado. Para serem executados em servidores separados, os componentes separados não podem depender de estarem juntos no mesmo espaço de endereço de um processador. Devem ser serviços independentes, que se comunicam por uma rede.

Muitos arquitetos chamam esses componentes de "serviços" ou "microsserviços", segundo uma noção vaga de contagem de linhas. De fato, quando uma arquitetura se baseia em serviços, frequentemente é chamada de arquitetura orientada a serviços.

Se essa nomenclatura dispara alguns alarmes na sua cabeça, não se preocupe. Eu não vou dizer que a SoA é a melhor arquitetura possível ou que os microsserviços são a onda do futuro. Só quero definir um ponto aqui: às vezes temos que separar os nossos componentes até o nível do serviço.

Lembre-se que uma boa arquitetura deve deixar as opções abertas. *O modo do desacoplamento é uma dessas opções.*

Antes de explorarmos ainda mais esse tema, vamos falar sobre os outros dois tópicos.

Capítulo 16   Independência

DESENVOLVIMENTO INDEPENDENTE

O terceiro tópico era o desenvolvimento. Claramente, quando os componentes são fortemente desacoplados, a interferência entre as equipes é mitigada. Se as regras de negócio não souberem sobre a UI, a equipe focada na UI não poderá interferir muito com a equipe focada nas regras de negócio. Se os casos de uso forem desacoplados uns dos outros, a equipe focada no caso de uso `addOrder` provavelmente não interferirá com a equipe focada no caso de uso `deleteOrder`.

Enquanto as camadas e casos de uso estiverem desacoplados, a arquitetura do sistema suportará a organização das equipes, que poderão ser organizadas como equipes de recursos, componentes, camadas ou alguma outra variação.

IMPLANTAÇÃO INDEPENDENTE

O desacoplamento dos casos de uso e camadas também atribui um alto grau de flexibilidade à implantação. De fato, se o desacoplamento for bem feito, será possível substituir camadas e casos de uso nos sistemas em execução. Adicionar um novo caso de uso, então, seria tão simples quanto adicionar um novo arquivo jar ou serviços ao sistema sem mexer no resto.

DUPLICAÇÃO

Os arquitetos muitas vezes caem em uma armadilha — uma armadilha que depende do seu medo de duplicação.

A duplicação geralmente é uma coisa ruim em software. Não gostamos de código duplicado. Quando o código realmente está duplicado, temos a obrigação moral de, como profissionais, reduzi-lo e eliminá-lo.

Mas há tipos diferentes de duplicação. Existe a duplicação verdadeira, em que toda mudança em uma instância acarreta na mesma mudança em toda réplica dessa instância. E há também a duplicação falsa ou acidental. Se duas seções de código aparentemente duplicadas evoluírem por caminhos diferentes — se mudarem em ritmos diferentes e por razões diferentes —, elas *não serão duplicações reais*. Retorne a elas em alguns anos e você descobrirá que são muito diferentes uma da outra.

Agora imagine dois casos de uso com estruturas de tela muito similares. Os arquitetos provavelmente ficarão muito tentados a compartilhar o código dessa estrutura. Mas deveriam? Essa é uma duplicação verdadeira? Ou é acidental?

Muito provavelmente ela é acidental. Com o passar do tempo, é provável que essas duas telas se distanciem e, por fim, pareçam bem diferentes. Por isso, deve-se tomar cuidado para não unificá-las. Caso contrário, será um desafio ter que separá-las mais tarde.

Quando separar verticalmente os casos de uso uns dos outros, você encontrará esse problema, e a tentação aqui será acoplar os casos de uso por eles conterem estruturas de tela similares, algoritmos similares ou consultas de banco de dados e/ou esquemas similares. Tenha cuidado. Resista à tentação de cometer o pecado da eliminação automática da duplicação. Certifique-se de que a duplicação é real.

Pela mesma razão, ao separar camadas horizontalmente, observe que a estrutura de dados de um registro de banco de dados específico é muito similar à estrutura de dados de uma visualização específica de tela. Você pode ficar tentado a simplesmente passar o registro de banco de dados para a UI em vez de criar um modelo de visualização que pareça igual e copie os elementos. Tenha cuidado: essa duplicação é quase certamente acidental. Criar um modelo de visualização separado não exige muito esforço e ajudará a manter as camadas adequadamente desacopladas.

Modos de Desacoplamento (Novamente)

De volta aos modos. Há muitas maneiras de desacoplar camadas e casos de uso. Eles podem ser desacoplados nos níveis do código-fonte, do código binário (implantação) e da unidade de execução (serviço).

- **Nível de fonte.** Podemos controlar as dependências entre módulos de código-fonte para que as mudanças em um módulo não forcem mudanças ou recompilação em outros (por exemplo, Ruby Gems).

Capítulo 16   Independência

Nesse modo de desacoplamento, todos os componentes são executados no mesmo espaço de endereço e se comunicam uns com os outros usando chamadas simples de função. Há um único executável carregado na memória do computador. As pessoas normalmente chamam isso de estrutura monolítica.

- **Nível de implementação.** Podemos controlar as dependências entre unidades implantáveis, como arquivos jar, DLLs ou bibliotecas compartilhadas, para que as mudanças no código-fonte em um módulo não forcem outros a serem reconstruídos ou reimplantados.

    Muitos dos componentes podem ainda estar vivos no mesmo espaço de endereço, comunicando-se através de chamadas de função. Outros componentes podem viver em outros processos no mesmo processador, comunicando-se através de comunicações entre processos, sockets ou memória compartilhada. O importante aqui é que os componentes desacoplados sejam particionados em unidades independentemente implantáveis, como arquivos jar, Gem ou DLLs.

- **Nível de serviço.** Podemos reduzir as dependências até o nível das estruturas de dados e nos comunicar somente através de pacotes de rede, de modo que cada unidade de execução seja inteiramente independente das mudanças binárias e na fonte de outras unidades (por exemplo, serviços ou microsserviços).

Então qual é o melhor modo?

Bem, é difícil definir o melhor modo durante as fases iniciais de um projeto. Na verdade, à medida que o projeto amadurece, o melhor modo pode mudar.

Por exemplo, não é difícil imaginar que um sistema, executado confortavelmente em um servidor, possa crescer tanto que alguns dos seus componentes devam ser executados em servidores separados. Enquanto o sistema estiver sendo executado em um único servidor, o desacoplamento em nível de fonte pode ser suficiente. Mais tarde, por outro lado, ele pode exigir o desacoplamento em unidades implementáveis ou serviços.

Uma solução (que parece ser popular no momento) é simplesmente desacoplar no nível de serviço por padrão. Mas há um problema com essa abordagem: ela é cara e encoraja o desacoplamento de granulação

Modos de Desacoplamento (Novamente)

grossa. Mesmo que o microsserviços fiquem muito ou pouco "micro", o desacoplamento provavelmente não será fino o suficiente.

Outro problema com o desacoplamento no nível de serviço é o seu alto custo, tanto em termos de tempo de desenvolvimento quanto de recursos do sistema. Lidar com limites de serviços desnecessários é um desperdício de esforço, memória e ciclos. Sim, eu sei que os últimos dois são baratos — mas o primeiro não é.

Pessoalmente, prefiro adiar o desacoplamento até o ponto em que um serviço *possa* ser formado, se necessário e, então, deixar os componentes no mesmo espaço de endereço pelo máximo de tempo possível. Isso deixa aberta a opção para um serviço.

Com essa abordagem, inicialmente, os componentes são separados no nível de código-fonte. Isso pode bastar durante o período de vida útil de um projeto. No entanto, se surgirem problemas de implantação ou desenvolvimento, pode ser suficiente levar um pouco do desacoplamento para o nível de implantação — pelo menos por um tempo.

À medida que os problemas de desenvolvimento, implantação e operacionais aumentam, eu seleciono cuidadosamente as unidades implantáveis que serão transformadas em serviços e, gradualmente, mudo o sistema nessa direção.

Com o tempo, as demandas operacionais do sistema podem diminuir. O que antes exigia um desacoplamento no nível de serviço agora pode exigi-lo apenas no nível de implantação ou de fonte.

Uma boa arquitetura deve possibilitar que o sistema nasça como monolito, seja implantado em um único arquivo e, então, cresça como um conjunto de unidades independentemente implantáveis, incluindo serviços independentes e/ou microsserviços. Mais tarde, com as mudanças, deve permitir a reversão dessa progressão e o retorno ao estado de monolito.

Uma boa arquitetura deve proteger a maior parte do código-fonte dessas mudanças. Deve deixar o modo de desacoplamento aberto como uma opção para que as implantações grandes possam utilizar um modo e as pequenas, outro.

Capítulo 16   Independência

CONCLUSÃO

Sim, é complicado. Não estou dizendo que a mudança entre os modos de desacoplamento deva ser considerada uma opção de configuração trivial (embora às vezes isso seja adequado). Acredito, na verdade, que o modo de desacoplamento de um sistema é um item que provavelmente mudará com o tempo e que um bom arquiteto deve prever e facilitar adequadamente essas mudanças.

FRONTEIRAS: ESTABELECENDO LIMITES

17

Capítulo 17   Fronteiras: Estabelecendo Limites

A arquitetura de software é a arte de estabelecer limites que eu chamo de fronteiras. Essas fronteiras separam os elementos de software uns dos outros e evitam que os elementos de um lado da fronteira conheçam os que estão do outro lado. Alguns desses limites são estabelecidos logo no início da vida de um projeto — até mesmo antes de qualquer código ser escrito. Outros são estabelecidos muito mais tarde. Os limites estabelecidos inicialmente atendem aos propósitos de adiar as decisões pelo máximo de tempo possível e evitar que essas decisões contaminem a lógica central dos negócios.

Lembre-se que o objetivo do arquiteto é minimizar os recursos humanos necessários para criar e manter o sistema requisitado. Mas o que prejudica essa meta? O *acoplamento* — e, especialmente, o acoplamento a decisões prematuras.

Que tipos de decisões são prematuras? Decisões que não têm nada a ver com os requerimentos do negócio — os casos de uso — no sistema. São, entre outras, decisões sobre frameworks, banco de dados, servidores web, bibliotecas de utilitários, injeção de dependência e similares. Em uma boa arquitetura de sistema, essas decisões são auxiliares e adiáveis. Uma boa arquitetura de sistema não depende dessas decisões. Uma boa arquitetura de sistema permite que essas decisões sejam tomadas no último momento possível, sem impacto significativo.

Algumas Histórias Tristes

Vamos ver a triste história da empresa P, que serve como um aviso para aqueles que tomam decisões prematuras. Na década de 80, os fundadores de P escreveram uma aplicação de desktop simples e monolítica. Diante do tremendo sucesso que obtiveram, eles ampliaram o produto na década de 90 para uma aplicação GUI de desktop bastante popular.

Até que, no final dos anos 90, a web surgiu como uma força. De repente, todo mundo precisava ter uma solução web, e P não era uma exceção. Os clientes de P exigiam uma versão do produto para a web. Para atender a essa demanda, a empresa contratou alguns programadores Java talentosos de 20 e poucos anos e embarcou em um projeto para webificar o produto.

Algumas Histórias Tristes

Os caras do Java sonhavam com fazendas de servidores dançando em torno das suas cabeças e adotaram uma "arquitetura" rica de três camadas[1] que podiam distribuir entre essas fazendas. Haveria servidores para o GUI, servidores para o middleware e servidores para o banco de dados. É claro.

Os programadores decidiram, logo no início, que todos os objetos de domínio teriam três instâncias: uma na camada GUI, uma na camada de middleware e uma na camada de banco de dados. Já que essas três instâncias viviam em máquinas diferentes, um sistema rico de comunicações entre processadores e entre camadas foi estabelecido. Invocações de métodos entre camadas foram convertidas em objetos, serializadas e organizadas através da rede.

Agora imagine como foi difícil implementar um recurso simples, como adicionar um novo campo a um registro existente. Esse campo tinha que ser adicionado às classes de todas as três camadas e a várias mensagens entre as camadas. Já que os dados viajavam em ambas as direções, quatro protocolos de mensagens deviam ser designados. Como cada protocolo tinha um lado de envio e recebimento, eram necessários oito handlers de protocolos. Três executáveis tinham que ser criados, cada um com três objetos de negócios atualizados, quatro novas mensagens e oito novos handlers.

Pense no que esses executáveis tinham que fazer para implementar o mais simples dos recursos. Pense em todas as instâncias de objetos, todas as serializações, todas as organizações e reorganizações, toda a construção e análise de mensagens, todas as comunicações entre sockets, gerenciadores de timeout e cenários de tentativas e todas as tarefas adicionais que você tem que executar só para realizar essa simples coisinha.

Claro, durante o desenvolvimento, os programadores não tinham uma fazenda de servidores. Na verdade, eles simplesmente rodavam os três executáveis em três processos diferentes usando uma única máquina. Eles haviam desenvolvido esse método ao longo de muitos anos e estavam convencidos de que a sua arquitetura estava certa. Assim, embora estivessem executando tudo em uma única máquina, continuaram com todas as instâncias de objetos, todas a serializações,

---

1. A palavra "arquitetura" aparece entre aspas aqui porque três camadas não correspondem a uma arquitetura e sim a uma topologia. É exatamente o tipo de decisão que uma boa arquitetura luta para adiar.

Capítulo 17   Fronteiras: Estabelecendo Limites

todas as organizações e desorganizações, todas as criações e análises de mensagens, todas as comunicações socket e todas as coisas extras em uma única máquina.

A ironia é que a empresa P nunca vendeu um sistema que exigisse uma fazenda de servidores. Todos os sistemas que P havia implementado até então eram de servidor único. E foi nesse servidor único que os três executáveis continuaram operando toda instância de objeto, toda serialização, toda organização e desorganização, toda construção e análise de mensagens, todas as comunicações entre sockets e todos os itens adicionais em antecipação a uma fazenda de servidores que nunca existiu e nunca existiria.

Nessa tragédia, ao tomarem uma decisão prematura, os arquitetos multiplicaram enormemente os esforços de desenvolvimento.

A história de P não é isolada. Eu mesmo já vi isso ocorrer muitas vezes e em muitos lugares. De fato, P é uma combinação de todos esses casos.

Mas há destinos piores que o de P.

Considere W, uma empresa local que trabalha com frotas de carros para empresas. Recentemente, essa firma contratou um "Arquiteto" para controlar e pôr ordem na bagunça do seu software. Cá entre nós, controle era o sobrenome desse cara. Ele rapidamente percebeu que essa pequena operação realmente precisava de uma "ARQUITETURA" completa, de nível corporativo, orientada a serviços. Portanto, criou um modelo de domínio enorme com todos os diferentes "objetos" do negócio, projetou um conjunto de serviços para gerenciar esses objetos de domínio e ordenou que todos os desenvolvedores seguissem rumo ao Inferno. Como um exemplo simples, suponha que você queira adicionar o nome, endereço e telefone de um contato a um registro de vendas. Você tinha que ir para ServiceRegistry e pedir o ID de serviço do ContactService. Depois, devia enviar uma mensagem CreateContact para o ContactService. É claro, essa mensagem tinha dúzias de campos e todos deviam conter dados válidos — dados aos quais o programador não tinha acesso, já que só estavam à sua disposição um nome, endereço e telefone. Depois de criar dados falsos, o programador precisava incluir o ID do contato recém-criado no registro de vendas e enviar a mensagem UpdateContact para o SaleRecordService.

Claro, para testar qualquer coisa, você tinha que disparar todos os serviços necessários, um por um, inclusive o message bus, o servidor BPel... e ainda havia os delays de propagação, pois as mensagens iam de serviço a serviço e esperavam de fila em fila.

Então, se você quisesse adicionar um novo recurso — bem, você pode imaginar o acoplamento entre todos esses serviços, o volume total de WSDLs que precisavam mudar e todas as reimplantações que essas mudanças implicavam...

O inferno começa a parecer um lugar bom quando comparado a isso.

Não há nada de intrinsecamente errado com um sistema de software estruturado em torno de serviços. O erro de W foi a adoção prematura e a execução de um conjunto de ferramentas que prometia a SoA — ou seja, a adoção prematura de um conjunto massivo de serviços de objetos de domínio. O custo desses erros foi o total de horas trabalhadas por pessoa — um monte de horas trabalhadas por pessoa — jogado em um vórtex de SoA.

Eu poderia continuar descrevendo um fracasso arquitetural depois do outro. Mas vamos falar sobre sucessos arquiteturais.

FitNesse

Meu filho Micah e eu começamos a trabalhar no `FitNesse` em 2001. A ideia era criar um simples wiki que incluísse a ferramenta FIT de Ward Cunningham para escrever testes de aceitação.

Isso foi antes de Maven "resolver" o problema dos arquivos jar. Na minha inflexível opinião, qualquer coisa que produzíssemos não deveria exigir que as pessoas fizessem o download de mais de um arquivo jar. Portanto, criei a seguinte regra: "Baixe e Vá", que orientou muitas das nossas decisões.

Uma das primeiras decisões que tomamos foi escrever o nosso próprio servidor web, específico para as necessidades do `FitNesse`. Isso pode parecer absurdo. Mesmo em 2001, havia uma grande quantidade de servidores web open source que poderíamos ter usado. Ainda assim, escrever um servidor nos pareceu uma decisão muito boa. Isso porque

Capítulo 17 Fronteiras: Estabelecendo Limites

um servidor simples é um pedaço de software muito simples de escrever e nos permite adiar qualquer decisão de framework web para muito mais tarde.[2]

Outra decisão inicial foi evitar pensar no banco de dados. Nós tínhamos o MySQL em mente, mas adiamos de propósito essa escolha ao empregar um design que tornou a decisão irrelevante. Esse design consistiu em simplesmente colocar uma interface entre os acessos de dados e o repositório de dados.

Colocamos todos os métodos de acesso de dados em uma interface chamada `WikiPage`. Esses métodos forneceram toda a funcionalidade de que precisávamos para encontrar, buscar e salvar páginas. É claro que não implementamos esses métodos no início. Fizemos isso enquanto trabalhávamos em recursos que não envolviam buscar e salvar dados.

De fato, durante três meses, só trabalhamos com a tradução de textos em wiki para HTML. Como isso não exigia nenhum tipo de armazenamento de dados, criamos uma classe chamada `MockWikiPage` que efetivamente continha os métodos de acesso de dados em forma resumida.

Eventualmente, esses resumos se tornaram insuficientes para os recursos que queríamos escrever. Precisávamos de acesso a dados reais, não de sínteses. Então, criamos uma nova derivada de WikiPage chamada InMemoryPage. Essa derivada implementou os métodos de acesso de dados para gerenciar uma tabela hash de wiki pages, que mantivemos na RAM.

Isso nos permitiu escrever uma sequência de recursos ao longo de um ano inteiro. Na verdade, fizemos a primeira versão integral do programa `FitNesse` trabalhando assim. Podíamos criar páginas, linkar a outras páginas, fazer toda a formatação chique de wiki e até executar testes com FIT. Só não conseguíamos salvar nenhuma parte do nosso trabalho.

Quando chegou a hora de implementar a persistência, pensamos novamente em MySQL, mas decidimos que não era necessário no curto prazo, pois seria muito mais fácil escrever tabelas hash em arquivos

---

2. *Muitos anos depois, conseguimos incluir o framework Velocity no* `FitNesse`.

simples. Então, implementamos `FileSystemWikiPage`, que só moveu a funcionalidade para arquivos simples, e continuamos a desenvolver mais recursos.

Três meses depois, chegamos à conclusão de que a solução dos arquivos simples era boa o suficiente e decidimos abandonar totalmente a ideia do MySQL. Adiamos essa decisão até a sua inexistência e nunca olhamos para trás.

Esse seria o fim da história, mas um dos nossos clientes decidiu que precisava colocar o wiki em MySQL por motivos particulares. Mostramos a ele a arquitetura de `WikiPages` que havia permitido o adiamento da decisão. O cliente voltou *um dia depois* com todo o sistema funcionando em MySQL. Ele simplesmente escreveu uma derivada `MySqlWikiPage` e a fez funcionar.

Nós costumávamos incluir essa opção no `FitNesse`, mas acabamos desistindo dela quando vimos que ninguém a utilizava. Até o cliente que a escreveu, depois de um tempo, também abandonou a derivada.

No início do desenvolvimento do `FitNesse`, estabelecemos um *limite* entre regras de negócio e banco de dados. Esse limite evitou que as regras de negócio soubessem qualquer coisa sobre o banco de dados além dos métodos de acesso de dados simples. Essa decisão nos permitiu adiar a escolha e a implementação do banco de dados por bem mais de um ano. Também nos permitiu testar a opção de sistema de arquivos e mudar de direção quando vimos uma solução melhor. Ainda assim, ela não evitou nem impediu o movimento na direção original (MySQL) quando promovido por alguém.

Como não tínhamos um banco de dados rodando durante os primeiros 18 meses de desenvolvimento, por 18 meses não houve problemas relacionados ao esquema, consulta, servidor de banco de dados, senhas e tempo de conexão, nem todos os outros problemas bastante inconvenientes que surgem quando você começa a usar um banco de dados. Além disso, todos os nossos testes foram executados rapidamente, porque não havia banco de dados para atrasá-los.

Resumindo, estabelecer limites nos ajudou a adiar decisões e, em última análise, nos fez economizar uma enorme quantidade de tempo e um monte de dores de cabeça. É isso que uma boa arquitetura deve fazer.

Capítulo 17   Fronteiras: Estabelecendo Limites

QUAIS LIMITES VOCÊ DEVE ESTABELECER E QUANDO?

Estabeleça limites entre coisas que importam e coisas que não importam. A GUI não importa para as regras de negócio, então deve haver um limite entre eles. O banco de dados não importa para a GUI, então deve haver um limite entre eles. O banco de dados não importa para as regras de negócio, então deve haver um limite entre elas.

Alguns de vocês podem ter rejeitado uma ou mais dessas afirmações, especialmente a parte sobre as regras de negócio não se importarem com o banco de dados. Muitos de nós aprenderam que o banco de dados está indissociavelmente conectado às regras de negócio. Alguns de nós foram convencidos de que o banco de dados é a incorporação das regras de negócio.

Mas, como veremos em outro capítulo, essa ideia está equivocada. O banco de dados é uma ferramenta que as regras de negócio podem usar *indiretamente*. As regras de negócio não precisam conhecer o esquema, a linguagem de consulta ou qualquer outro detalhe sobre o banco de dados. Tudo o que as regras de negócio precisam saber é que há um conjunto de funções que pode ser usado para buscar ou salvar dados. Isso nos permite colocar o banco de dados atrás de uma interface.

Você pode ver isso claramente na Figura 17.1. O `BusinessRules` usa a `DatabaseInterface` para carregar e salvar dados. O `DatabaseAccess` implementa a interface e direciona a operação para a `Database` real.

Quais Limites Você Deve Estabelecer e Quando?

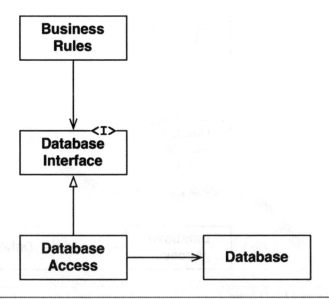

Figura 17.1 O banco de dados por trás de uma interface

As classes e interfaces neste diagrama são simbólicas. Em uma aplicação real, existiriam muitas classes de regras de negócio, muitas classes de interfaces de banco de dados e muitas implementações de acesso de banco de dados. Todas elas, no entanto, seguiriam basicamente o mesmo padrão.

Onde está o limite? O limite é estabelecido pelo relacionamento de herança, logo abaixo de DatabaseInterface (Figura 17.2).

Capítulo 17 Fronteiras: Estabelecendo Limites

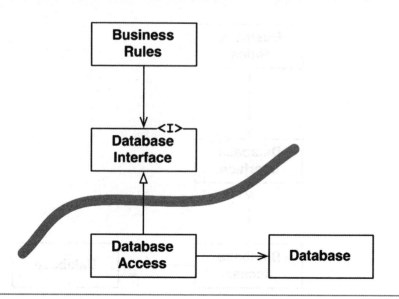

Figura 17.2 O limite

Observe as duas flechas saindo da classe DatabaseAccess. Elas apontam para longe da classe DatabaseAccess. Isso significa que nenhuma dessas classes sabe que a classe DatabaseAccess existe.

Agora vamos voltar um pouco. Observe o componente que contém muitas regras de negócio e o componente que contém o banco de dados e todas as suas classes de acesso (Figura 17.3).

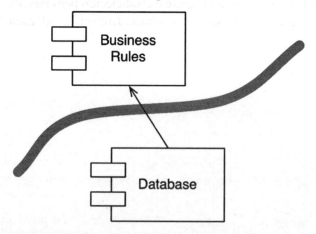

Figura 17.3 Os componentes Business Rules (regras de negócio) e Database (banco de dados)

Note a direção da flecha. `Database` sabe sobre `BusinessRules`. `BusinessRules` não sabe sobre `Database`. Isso implica que as classes de `DatabaseInterface` vivem no componente `BusinessRules`, enquanto as classes de `DatabaseAccess` vivem no componente `Database`.

A direção desse limite é importante. Ela indica que `Database` não importa para `BusinessRules`, mas `Database` não pode existir sem `BusinessRules`.

Se isso parece estranho para você, lembre-se apenas deste ponto: o componente `Database` contém o código que traduz as chamadas feitas por `BusinessRules` para a linguagem de consulta do banco de dados. É esse código de tradução que sabe sobre `BusinessRules`.

Depois de fixarmos esse limite entre os dois componentes e estabelecermos a direção da flecha para `BusinessRules`, podemos ver agora que `BusinessRules` poderia usar *qualquer* tipo de banco de dados. O componente `Database` poderia ser substituído por muitas implementações diferentes — `BusinessRules` não se importa.

O banco de dados poderia ser implementado com Oracle, MySQL, Couch, Datomic ou até mesmo arquivos simples. As regras de negócio não se importam nem um pouco. Ou seja, a decisão do banco de dados pode ser adiada, e você pode se concentrar em escrever e testar as regras de negócio antes de tomar essa decisão.

E Sobre Entrada e Saída?

Desenvolvedores e clientes frequentemente ficam confusos sobre o que é o sistema. Veem a GUI e pensam que a GUI é o sistema. Definem um sistema em termos de GUI, então acreditam que a GUI deve funcionar imediatamente. Não conseguem perceber um princípio criticamente importante: *IO[3] é irrelevante.*

Isso pode ser difícil de entender no início. Pensamos frequentemente sobre o comportamento do sistema em termos do comportamento de IO. Considere um vídeo game, por exemplo. Sua experiência é

---

3. Usamos IO (Input e Output) e não ES (Entrada e Saída)

Capítulo 17 Fronteiras: Estabelecendo Limites

dominada pela interface: a tela, o mouse, os botões e os sons. Você se esquece que por trás dessa interface há um modelo — um conjunto sofisticado de estruturas de dados e funções — que a coordena. Mais importante, esse modelo não precisa de interface. Ele executaria alegremente as suas tarefas e modelaria todos os eventos mesmo que o jogo nunca fosse exibido na tela. A interface não importa para o modelo — as regras de negócio.

Então, mais uma vez, vemos os componentes GUI e BusinessRules separados por um limite (Figura 17.4). Novamente, vemos que o componente menos relevante depende do componente mais relevante. As flechas mostram qual componente sabe sobre o outro e, portanto, qual componente se importa com o outro. A GUI se importa com BusinessRules.

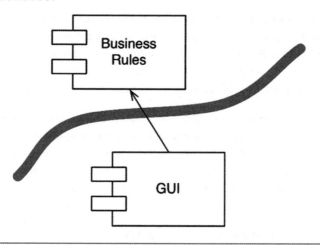

Figura 17.4 O limite entre os componentes GUI e BusinessRules

Depois de fixarmos esse limite e essa flecha, vemos que a GUI poderia ser substituída por qualquer tipo de interface — e BusinessRules não se importaria.

Arquitetura Plug-in

Analisadas em conjunto, essas duas decisões sobre o banco de dados e a GUI criam um tipo de padrão para a inclusão de outros componentes. Esse padrão é o mesmo usado por sistemas que permitem plug-ins de terceiros.

De fato, a história da tecnologia de desenvolvimento de software é a história de como criar plug-ins de maneira conveniente para estabelecer uma arquitetura de sistema escalonável e sustentável. As regras centrais de negócio são mantidas separadas e independentes desses componentes, que podem ser opcionais ou implementados de muitas formas diferentes (Figura 17.5).

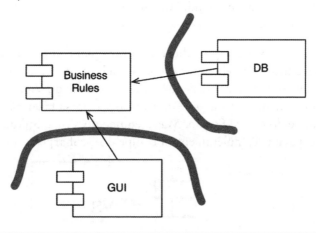

Figura 17.5 Colocando um plug-in nas regras de negócio

Como a interface do usuário nesse design é considerada como um plug-in, abrimos a possibilidade de inserir diferentes tipos de interfaces de usuário. Elas poderiam ser baseadas na web, cliente/servidor, SOA, Console ou qualquer outro tipo de tecnologia de interface de usuário.

O mesmo vale para o banco de dados. Já que escolhemos tratá-la como um plug-in, podemos substituí-la por qualquer um dos vários bancos de dados SQL, NOSQL ou baseadas em sistemas de arquivos ou qualquer outro tipo de tecnologia de banco de dados que venha a ser considerado como necessário no futuro.

Essas substituições podem não ser triviais. Se a implementação inicial do nosso sistema foi baseada na web, escrever o plug-in para uma UI cliente-servidor pode ser desafiador. É provável que algumas comunicações entre as regras de negócio e a nova UI tenham que ser retrabalhadas. Mesmo assim, ao partirmos da premissa de uma estrutura de plug-in, pelo menos atribuímos um caráter prático a essa mudança.

Capítulo 17   Fronteiras: Estabelecendo Limites

O Argumento sobre Plug-in

Considere o relacionamento entre ReSharper e Visual Studio. Esses componentes são produzidos por equipes de desenvolvimento totalmente diferentes em empresas completamente diferentes. De fato, a JetBrains, criadora do ReSharper, é sediada na Rússia. A Microsoft, é claro, fica em Redmond, Washington. É difícil imaginar duas equipes de desenvolvimento mais separadas.

Qual equipe pode prejudicar a outra? Qual equipe está imune à outra? A estrutura de dependência conta uma história (Figura 17.6). O código-fonte do ReSharper depende do código-fonte do Visual Studio. Logo, não há nada que a equipe do ReSharper possa fazer para atrapalhar a equipe do Visual Studio. Mas a equipe do Visual Studio poderia incapacitar completamente a equipe do ReSharper se quisesse.

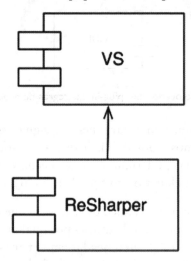

Figura 17.6 O ReSharper depende do Visual Studio

Desejamos ter um relacionamento profundamente assimétrico como esse em nossos próprios sistemas. Queremos que determinados módulos sejam imunes a outros. Por exemplo, não queremos que as regras de negócio sejam quebradas quando alguém mudar o formato de uma página web ou o esquema do banco de dados. Não queremos que mudanças em uma parte do sistema causem falhas em outras partes não relacionadas do sistema. Não queremos que os nossos sistemas tenham esse tipo de fragilidade.

Organizar os nossos sistemas em uma arquitetura de plug-ins cria firewalls que impedem a propagação das mudanças. Se a GUI estiver ligada às regras de negócio, as mudanças na GUI não podem afetar essas mesmas regras de negócio.

Os limites devem ser estabelecidos onde houver um eixo de mudanças. Os componentes de um lado do limite mudam em ritmos diferentes e por razões diferentes quando comparados aos componentes do outro lado do limite.

Como as GUIs mudam em momentos e ritmos diferentes em relação às regras de negócio, deve haver um limite entre elas. Como as regras de negócio mudam em momentos e por razões diferentes em relação aos frameworks de injeção de dependência, deve haver um limite entre eles.

Esse é simplesmente o Princípio da Responsabilidade Única de novo. O SRP nos diz onde devemos estabelecer limites.

Conclusão

Para estabelecer limites em uma arquitetura de software, primeiro particione o sistema em componentes. Alguns desses componentes são regras centrais de negócio; outros são plug-ins que contêm funções necessárias, mas sem relação direta com o negócio central. Em seguida, organize o código desses componentes para que as flechas entre eles apontem em uma única direção — na direção do negócio central.

Você deve ter reconhecido essa aplicação do Princípio da Inversão de Dependência e do Princípio de Abstrações Estáveis. As flechas de dependência devem ser organizadas de modo a apontarem dos detalhes de nível mais baixo para as abstrações de nível mais alto.

Anatomia do Limite
18

Capítulo 18   Anatomia do Limite

A arquitetura de um sistema é definida por um conjunto de componentes de software e pelos limites que os separam. Esses limites têm várias formas. Neste capítulo, observaremos alguns dos mais comuns.

CRUZANDO LIMITES

No momento da execução, um cruzamento de limites não é nada mais do que uma função de um lado do limite chamando uma função do outro lado e transmitindo alguns dados. O truque para criar um cruzamento de limites adequado é lidar com as dependências de código-fonte.

Por que código-fonte? Porque quando o módulo de código-fonte muda, outros módulos de código-fonte podem ter que mudar ou ser recompilados, e reimplantados. Gerenciar e construir firewalls contra essas mudanças é a função dos limites.

O TEMIDO MONOLITO

O limite arquitetural mais simples e mais comum não tem uma representação física restrita. É simplesmente uma segregação disciplinada de funções e dados dentro de um único processador e um único espaço de endereço. Em um capítulo anterior, chamei isso de modo de desacoplamento em nível de fonte.

Do ponto de vista da implantação, isso se expressa em um único arquivo executável — o chamado monolito. Esse arquivo pode ser um projeto C ou C++ estaticamente ligado, um conjunto de arquivos de classe Java reunidos em um arquivo jar executável, um conjunto de binários .NET ligados a um único arquivo .EXE e assim por diante.

O fato de que os limites não são visíveis durante o desenvolvimento de um monolito não significa que eles não estejam presentes ou não sejam significantes. Mesmo quando estaticamente ligados a um único executável, a sua capacidade de desenvolver independentemente e organizar os vários componentes para a montagem final é imensamente valiosa.

O Temido Monolito

Essas arquiteturas quase sempre dependem de algum tipo de polimorfismo dinâmico[1] para lidar com suas dependências internas. Essa é uma das razões pelas quais o desenvolvimento orientado a objetos se tornou um paradigma tão importante nas últimas décadas. Sem a OO ou uma forma equivalente de polimorfismo, os arquitetos podem acabar voltando à prática perigosa de usar ponteiros para funções a fim de realizar um desacoplamento adequado. A maioria dos arquitetos acha o uso prolífico de ponteiros para funções arriscado demais, então se vê forçada a abandonar qualquer tipo de particionamento de componentes.

O cruzamento de limites mais simples possível é uma chamada de função feita por um cliente de nível baixo para um serviço de nível alto. Ambas as dependências de tempo de execução e de tempo de compilação apontam para a mesma direção: em direção ao componente de nível mais alto.

Na Figura 18.1, o fluxo de controle cruza o limite da esquerda para a direita. O Client chama a função f() em Service. Transmite uma instância de Data. O marcador <DS> apenas indica uma estrutura de dados. O Data pode ser transmitido como um argumento de função ou por outro meio mais elaborado. Note que a definição de Data está do lado chamado do limite.

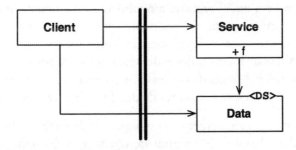

Figura 18.1 O fluxo de controle cruza o limite de um nível mais baixo para um nível mais alto

---

1. O *polimorfismo estático (por exemplo, genéricos ou templates) pode, às vezes, ser um meio viável para a gestão de dependências em sistemas monolíticos, especialmente em linguagens como C++. Contudo, o desacoplamento realizado por genéricos não irá protegê-lo da recompilação e reimplantação necessárias como faz o polimorfismo dinâmico.*

Capítulo 18 Anatomia do Limite

Quando um cliente de alto nível precisa invocar um serviço de nível mais baixo, o polimorfismo dinâmico é usado para inverter a dependência contra o fluxo de controle. A dependência de tempo de execução se opõe à dependência de tempo de compilação.

Na Figura 18.2, o fluxo de controle cruza o limite da esquerda para a direita como antes. O Client de alto nível chama a função f() do ServiceImpl de nível mais baixo através da interface Service. Observe, no entanto, que todas as dependências cruzam o limite da direita para a esquerda *na direção do componente de nível mais alto*. Note, também, que a definição da estrutura de dados está no lado que chama do limite.

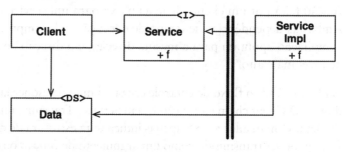

Figura 18.2 Cruzando o limite contra o fluxo de controle

Mesmo em um executável monolítico estaticamente ligado, esse tipo de particionamento disciplinado pode ajudar muito o trabalho de desenvolver, testar e implementar o projeto. As equipes podem trabalhar de forma independente em seus próprios componentes, sem pisar nos pés umas das outras. Os componentes de alto nível permanecem independentes de detalhes de nível mais baixo.

As comunicações entre os componentes de um monolito são muito rápidas e baratas. Normalmente são apenas chamadas de funções. Como resultado, as comunicações por limites desacoplados de nível de fonte podem ser bem concorridas.

Já que a implantação de monolitos normalmente requer compilação e ligação estática, os componentes desses sistemas normalmente são entregues como código-fonte.

Componentes de Implantação

A representação física mais simples de um limite arquitetural é uma biblioteca dinamicamente ligada, como uma DLL .Net, um arquivo jar Java, um Ruby Gem ou uma biblioteca compartilhada UNIX.
A implantação não envolve compilação. Em vez disso, os componentes são entregues em binário ou alguma forma implantável equivalente. Esse é o modo de desacoplamento no nível de implantação. O ato de implantar é simplesmente a reunião dessas unidades implantáveis em alguma forma conveniente, como um arquivo WAR ou até mesmo um diretório.

Com uma única exceção, os componentes do nível de implantação são o mesmo que monolitos. Todas as funções geralmente existem no mesmo processador e espaço de endereço. As estratégias para segregar os componentes e lidar com suas dependências são as mesmas.[2]

Como ocorre com os monolitos, as comunicações realizadas através de limites de componentes de implantação são apenas chamadas de funções e, portanto, muito baratas. Talvez haja uma falha eventual devido à ligação dinâmica ou carregamento no tempo de execução, mas as comunicações através desses limites ainda podem ser muito concorridas.

Threads

Ambos, monolitos e componentes de implantação, podem fazer uso de threads. Threads não são limites arquiteturais ou unidades de implementação, mas sim uma maneira de organizar o cronograma e a ordem de execução. Podem estar completamente contidas dentro de um componente ou espalhadas por muitos componentes.

Processos Locais

Um limite arquitetural físico muito mais forte é o processo local. Um processo local normalmente é criado a partir da linha de comando ou por uma chamada de sistema equivalente. Os processos locais são

---

2. Embora o polimorfismo estático não seja uma opção neste caso.

Capítulo 18   Anatomia do Limite

executados no mesmo processador ou no mesmo conjunto de processadores dentro de um multicore, mas em espaços de endereços diferentes. A proteção de memória geralmente evita que esses processos compartilhem memória, embora partições de memória compartilhada sejam frequentemente usadas.

Comumente, os processos locais se comunicam uns com os outros usando sockets ou outro tipo de instalação de comunicação do sistema operacional, como caixas de e-mail ou filas de mensagens.

Cada processo local pode ser um monolito estaticamente ligado ou composto de componentes de implantação dinamicamente ligados. No primeiro caso, vários processos monolíticos podem ter os mesmos componentes compilados e ligados neles. No segundo, eles podem compartilhar os mesmos componentes de implantação dinamicamente ligados.

Pense no processo local como um tipo de componente supremo: o processo consiste em componentes de nível mais baixo que lidam com suas dependências através do polimorfismo dinâmico.

A estratégia de segregação entre processos locais é a mesma aplicável a monolitos e componentes binários. As dependências de código-fonte apontam para a mesma direção através do limite: sempre em direção ao componente de nível mais alto.

Para processos locais, o código-fonte dos processos de nível mais alto não deve conter nomes, endereços físicos ou chaves de pesquisa de registro de processos de nível mais baixo. Lembre-se: segundo o objetivo arquitetural, os processos de nível mais baixo devem ser plug-ins para os processos de nível mais alto.

A comunicação através de limites de processos locais envolve chamadas de sistema operacional, organização de decodificação de dados e trocas de contexto entre processos, que são moderadamente caros. A comunicação deve ser cuidadosamente limitada.

Serviços

O limite mais forte é um serviço. Um serviço é um processo geralmente iniciado a partir de uma linha de comando ou através de uma chamada de sistema equivalente. Os serviços não dependem da sua localização física. Dois serviços em comunicação podem ou não operar no mesmo processador físico ou multicore. Os serviços supõem que todas as comunicações ocorrem pela rede.

As comunicações através de limites de serviços são muito lentas em comparação com as chamadas de funções. Os tempos de resposta podem variar de décimos de milissegundos a segundos. Deve-se tomar cuidado para evitar a comunicação onde for possível. As comunicações nesse nível devem lidar com níveis altos de latência.

No entanto, as mesmas regras se aplicam aos serviços e processos locais. Os serviços de nível mais baixo devem ser "plug-ins" para serviços de nível mais alto. O código-fonte dos serviços de nível mais alto não deve conter nenhum conhecimento físico específico (por exemplo, um URI) sobre qualquer serviço de nível mais baixo.

Conclusão

A maioria dos sistemas, exceto os monolitos, adota mais de uma estratégia de limite. Um sistema que faz uso de limites de serviço pode também estabelecer alguns limites de processo local. De fato, um serviço é frequentemente apenas uma fachada para um conjunto de processos locais em interação. Um serviço ou processo local quase certamente será um monolito composto de componentes de código-fonte ou um conjunto de componentes de implantação dinamicamente ligados.

Isso significa que os limites de um sistema geralmente serão uma mistura entre limites de comunicação agitada e limites mais interessados em latência.

POLÍTICA E NÍVEL

Sistemas de software são declarações de política. Em essência, isso expressa o que um programa de computador realmente é. Um programa de computador é uma descrição detalhada de uma política que coordena a transformação de entradas em saídas.

Capítulo 19   Política e Nível

Na maioria dos sistemas não triviais, essa política pode ser dividida em muitas declarações de política menores e diferentes. Algumas dessas declarações descreverão como regras de negócio específicas devem ser calculadas. Outras descreverão como certos relatórios devem ser formatados. Outras ainda descreverão como os dados de entrada devem ser validados.

Parte da arte de desenvolver uma arquitetura de software consiste em separar cuidadosamente cada uma dessas políticas e reagrupá-las com base na forma como mudam. As políticas que mudam pelas mesmas razões e nos mesmos momentos estão no mesmo nível e pertencem ao mesmo componente. As políticas que mudam por razões diferentes ou em momentos diferentes estão em níveis diferentes e devem ser separadas em componentes diferentes.

A arte da arquitetura geralmente envolve a organização dos componentes reagrupados em um grafo acíclico direcionado. Os nós do grafo são os componentes que contêm políticas do mesmo nível. Os vértices direcionados são as dependências entre esses componentes. Eles conectam componentes em níveis diferentes.

Essas dependências são dependências de tempo de compilação de código-fonte. Em Java, são declarações `import`. Em C#, declarações `using`. Em Ruby, declarações `require`. São dependências necessárias para que o compilador funcione.

Em uma boa arquitetura, a direção dessas dependências é baseada no nível dos componentes aos quais se conectam. Em todo caso, os componentes de nível mais baixo são projetados para que dependam dos componentes de nível mais alto.

Nível

A palavra "nível" pode ser definida de forma restrita como "distância das entradas e saídas". Quanto mais longe uma política está das entradas e saídas do sistema, maior é o seu nível. As políticas que lidam com entradas e saídas são as políticas de nível mais baixo no sistema.

O diagrama de fluxo de dados na Figura 19.1 retrata um simples programa de criptografia que lê caracteres de um dispositivo de

entrada, traduz os caracteres usando uma tabela e, então, escreve os caracteres traduzidos em um dispositivo de saída. Os fluxos de dados são representados por flechas curvas sólidas. Já as dependências adequadamente projetadas de
código-fonte são representadas por linhas retas pontilhadas.

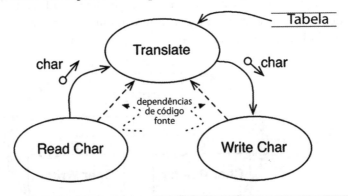

Figura 19.1 Um programa de criptografia simples

O componente `Translate` é o componente de nível mais alto nesse sistema porque está mais longe das entradas e saídas.[1]

Observe que os fluxos de dados e as dependências de código-fonte nem sempre apontam na mesma direção. Novamente, isso faz parte da arte da arquitetura de software. Queremos que as dependências de código-fonte sejam desacopladas do fluxo de dados e *acopladas ao nível*.

Seria fácil criar uma arquitetura incorreta ao escrever o programa de criptografia da seguinte forma:

```
function encrypt() {
  while(true)
    writeChar(translate(readChar()));
}
```

---

1. Meilir Page-Jones chamou esse componente de "Central Transform" em seu livro The Practical Guide to Structured Systems Design, 2ª ed. (Yourdon Press, 1988).

Capítulo 19 Política e Nível

Essa arquitetura está incorreta porque a função de alto nível `encrypt` depende das funções de baixo nível `readChar` e `writeChar`.

Uma arquitetura melhor para esse sistema é a indicada no diagrama de classe da Figura 19.2. Observe a borda pontilhada cercando a classe `Encrypt` e as interfaces `CharWriter` e `CharReader`. Todas as dependências que cruzam esse limite apontam para dentro. Essa unidade é o elemento de maior nível no sistema.

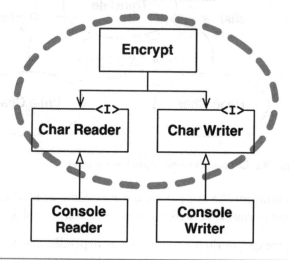

Figura 19.2 Diagrama de classe mostrando uma arquitetura melhor para o sistema

`ConsoleReader` e `ConsoleWriter` são representadas aqui como classes. São de baixo nível porque estão próximas das entradas e saídas.

Note como essa estrutura desacopla a política de criptografia de alto nível das políticas de entrada/saída de nível mais baixo. Isso torna a política de criptografia utilizável em uma ampla variedade de contextos. Quando mudanças são feitas nas políticas de entrada e saída, elas provavelmente não influenciarão a política de criptografia.

Lembre-se que as políticas são agrupadas em componentes com base na forma como mudam. As políticas que mudam pelas mesmas razões e ao mesmo tempo são agrupadas de acordo com os princípios SRP e CCP. As políticas de nível mais alto — as que estão mais longe das entradas e saídas — tendem a mudar com menos frequência e por razões mais

Conclusão

importantes do que as políticas de nível mais baixo. As políticas de nível mais baixo — as que estão mais próximas das entradas e saídas — tendem a mudar com frequência e com mais urgência, mas por razões menos importantes.

Por exemplo, mesmo no caso trivial do programa de criptografia, é muito mais provável que os dispositivos de IO mudem do que o algoritmo de criptografia. Se o algoritmo de criptografia mudar, provavelmente será por uma razão mais substancial do que uma mudança em um dos dispositivos de IO.

Manter essas políticas separadas, com todas as dependências de código-fonte apontando na direção das políticas de nível mais alto, reduz o impacto da mudança. Mudanças triviais, mas urgentes, nos níveis mais baixos do sistema devem causar pouco ou nenhum impacto sobre os níveis mais altos e mais importantes.

Outra maneira de observar esse problema é notar que os componentes de nível mais baixo devem ser plug-ins dos componentes de nível mais alto. O diagrama de componentes na Figura 19.3 mostra essa organização. O componente `Encryption` não sabe nada do componente `IODevices`; já o componente `IODevices` depende do componente `Encryption`.

Figura 19.3 Os componentes de nível mais baixo devem ser plug-ins de componentes de nível mais alto

Conclusão

Aqui, nossa discussão sobre políticas abordou uma mistura do Princípio de Responsabilidade Única, do Princípio do Aberto/Fechado, do Princípio do Fechamento Comum, do Princípio da Inversão de Dependências, do Princípio de Dependências Estáveis e do Princípio de Abstrações Estáveis. Releia o texto e veja se você consegue identificar onde cada princípio foi usado e por quê.

20 REGRAS DE NEGÓCIO

Capítulo 20   Regras de Negócio

Se vamos dividir nossa aplicação em regras de negócio e plug-ins, é melhor termos uma boa noção do que realmente são as regras de negócio. Há vários tipos diferentes.

Estritamente, regras de negócio são regras ou procedimentos que geram ou economizam o dinheiro da empresa. Mais estritamente, essas regras podem gerar ou economizar o dinheiro da empresa mesmo que não sejam implementadas em um computador. Podem gerar ou economizar dinheiro mesmo se forem executadas manualmente.

O fato de um banco cobrar $N\%$ de juros por um empréstimo é uma regra de negócios que gera dinheiro para o banco. Não importa se um programa de computador calcula os juros ou se eles são calculados por um caixa com um ábaco.

Vamos chamar essas regras de *Regras Cruciais de Negócios*, porque são cruciais para o próprio negócio e existiriam mesmo se não houvesse um sistema para automatizá-las.

As Regras Cruciais de Negócios normalmente exigem alguns dados para trabalhar. Por exemplo, nosso empréstimo requer um saldo de empréstimo, uma taxa de juros e um cronograma de pagamento.

Vamos chamar essas informações de *Dados Cruciais de Negócios*. Esses dados existiriam mesmo se o sistema não fosse automatizado.

Como as regras e dados cruciais estão indissociavelmente ligados, são bons candidatos para serem um objeto. Vamos chamar esse tipo de objeto de Entidade.[1]

ENTIDADES

Uma Entidade é um objeto contido em nosso sistema de computador. Ela incorpora um pequeno conjunto de regras cruciais de negócios que operam com base nos Dados Cruciais de Negócios. O objeto Entidade contém os Dados Cruciais de Negócios ou tem acesso muito fácil a esses dados. A interface da Entidade consiste em funções que implementam as Regras Cruciais de Negócios que operam com base nesses dados.

---

1. Este é o nome de Ivar Jacobson para este conceito (I. Jacobson et al., *Object Oriented Software Engineering*, Addison-Wesley, 1992).

Por exemplo, a Figura 20.1 representa como a entidade Empréstimo seria se fosse uma classe de UML. Ela contém três elementos dos Dados Cruciais de Negócios e estabelece três Regras Cruciais de Negócio na sua interface.

Figura 20.1 Entidade Empréstimo como uma classe em UML

Quando criamos esse tipo de classe, estamos reunindo o software que implementa um conceito crucial para o negócio e separando esse software de todas as outras questões do sistema automatizado que estamos construindo. Essa classe é independente como representante do negócio. Ela não está sujeita a questões relacionadas ao banco de dados, interfaces de usuários ou frameworks de terceiros. Poderia servir à empresa em qualquer sistema, sem restrições quanto à apresentação do sistema, ao armazenamento dos dados ou à organização dos computadores no sistema. A Entidade é puro negócio e nada mais.

Alguns de vocês podem ter ficado preocupados quando eu falei em classe. Não fiquem. Vocês não precisam usar uma linguagem orientada a objetos para criar uma Entidade. Só é necessário que você reúna os Dados Cruciais de Negócios e as Regras Cruciais de Negócios em um módulo único e separado de software.

Casos de Uso

Nem todas as regras de negócio são tão puras quanto as Entidades. Algumas regras de negócio geram ou economizam dinheiro para a empresa ao definirem e restringirem a forma como um sistema *automatizado* opera. Essas regras não seriam usadas em um ambiente manual, pois só fazem sentido como parte de um sistema automatizado.

Capítulo 20 Regras de Negócio

Por exemplo, imagine uma aplicação usada por bancários para criar um novo empréstimo. Por determinação do banco, os agentes de crédito não devem oferecer estimativas de pagamento de empréstimo até reunirem e validarem as informações do contato de modo a confirmar que a pontuação de crédito do candidato soma 500 pontos ou mais. Por isso, o banco pode determinar que o sistema não proceda com a tela de estimativa de pagamento até que a tela de informações do contato seja preenchida e verificada e a pontuação de crédito seja confirmada como igual ou maior do que a linha de corte.

Isso é um *caso de uso*.[2] Um caso de uso é uma descrição da maneira como um sistema automatizado é usado. Ele especifica a entrada a ser fornecida pelo usuário, a saída a ser retornada para o usuário e os passos de processamento envolvidos na produção dessa saída. Um caso de uso descreve as regras de negócio *específicas da aplicação*, diferentes das Regras Cruciais de Negócios contidas nas Entidades.

A Figura 20.2 indica um exemplo de um caso de uso. Note que na última linha ela menciona o Cliente. Essa é uma referência à entidade Cliente, que contém as Regras Cruciais de Negócios que regem o relacionamento entre o banco e seus clientes.

Reunir Informações de Contato para Novo Empréstimo

Input: Nome, Endereço, Data de Nascimento, CNH, CPF, etc.
Output: Mesmas informações para leitura + pontuação de crédito

Curso Primário:
1. Aceitar e validar nome.
2. Validar endereço, data de nascimento, CNH, CPF, etc.
3. Obter pontuação de crédito.
4. Se a pontuação de crédito for <500 ativar Negação.
5. Caso contrário criar Cliente e ativar Estimativa de Empréstimo.

Figura 20.2 Exemplo de caso de uso

Os casos de uso contêm as regras que especificam como e quando as Regras Cruciais de Negócios dentro das Entidades serão invocadas. Os casos de uso controlam a dança das Entidades.

---

2. *Ibid.*

Modelos de Requisição e Resposta

Observe também que o caso de uso não descreve a interface do usuário, exceto quando especifica informalmente os dados que vêm dessa interface e os dados que vão através dessa interface. Com base no caso de uso, é impossível dizer se a aplicação foi disponibilizada na web, em um thick client ou em um console ou se é um serviço puro.

Isso é muito importante. Os casos de uso não descrevem como o sistema aparece para o usuário. Em vez disso, descrevem regras específicas da aplicação que regem a interação entre os usuários e as Entidades. O modo como os dados entram e saem do sistema é irrelevante para os casos de uso.

Um caso de uso é um objeto. Ele tem uma ou mais funções que implementam as regras de negócio específicas da aplicação. Também tem elementos de dados que incluem os dados de entrada, os dados de saída e as referências para as devidas Entidades com as quais interage.

As entidades não conhecem os casos de uso que as controlam. Esse é outro exemplo da direção das dependências de acordo com o Princípio de Inversão de Dependência. Os conceitos de alto nível, como as Entidades, não sabem nada sobre os conceitos de nível mais baixo, como os casos de uso. Mas os casos de uso de nível mais baixo sabem sobre as Entidades de nível mais alto.

Por que as Entidades são de alto nível e os casos de uso são de nível mais baixo? Porque os casos de uso são específicos para uma única aplicação e, portanto, estão mais perto das entradas e saídas desse sistema. As Entidades são generalizações que podem ser usadas em muitas aplicações diferentes e, portanto, estão mais distantes das entradas e saídas do sistema. Os casos de uso dependem das Entidades, mas as Entidades não dependem dos casos de uso.

MODELOS DE REQUISIÇÃO E RESPOSTA

Os casos de uso recebem dados de entrada e produzem dados de saída. Contudo, um objeto de caso de uso bem-formado não deve ter nenhum conhecimento sobre a forma como os dados são comunicados aos usuários ou a qualquer outro componente. Nós certamente não queremos que o código da classe de caso de uso saiba sobre HTML ou SQL!

Capítulo 20 Regras de Negócio

A classe de caso de uso aceita estruturas de dados de aquisição (request) simples como entrada e retorna estruturas de dados de resposta (response) simples como saída. Essas estruturas de dados não são dependentes de nada. Elas não derivam de interfaces de framework padrão como HttpRequest e HttpResponse. Elas não sabem nada sobre a web nem compartilham nenhuma das armadilhas encontradas nas interfaces de usuários.

Essa falta de dependências é crucial. Se os modelos de request e response não forem dependentes, os casos de uso que dependem deles serão indiretamente ligados a qualquer dependência que os modelos tiverem.

Você pode ficar tentado a fazer com que essas estruturas de dados contenham referências a objetos Entidade. Talvez ache que isso faz sentido porque as Entidades e os modelos requisição/resposta compartilham muitos dados. Evite essa tentação! O propósito desses dois objetos é muito diferente. Com o tempo eles mudarão por razões muito diferentes, então ligá-los de qualquer maneira pode violar os Princípios de Fechamento Comum e Responsabilidade Única. O resultado seria um monte de tramp data e muitas condicionais no código.

Conclusão

As regras de negócio são a razão da existência de um sistema de software. Elas são a funcionalidade central. Elas carregam o código que gera ou economiza dinheiro. Elas são as joias da família.

As regras de negócio devem permanecer puras, imaculadas por preocupações mais básicas como a interface do usuário ou o banco de dados usado. Em tese, o código que representa as regras de negócio deve ser o coração do sistema, contendo as preocupações menores como plug-ins. As regras de negócio devem ser o código mais independente e reutilizável do sistema.

21 ARQUITETURA GRITANTE

Capítulo 21   Arquitetura Gritante

Imagine que você esteja olhando a planta de um prédio. Esse documento, preparado por um arquiteto, estabelece os planos para a construção do prédio. O que dizem esses planos?

Se esses planos forem para uma residência familiar, você provavelmente verá uma entrada frontal, um foyer levando à sala e, talvez, uma sala de jantar. Provavelmente haverá uma cozinha a uma curta distância, perto da sala de jantar. Talvez haja uma pequena área para fazer refeições próxima à cozinha e, provavelmente, um quarto perto dela. Quando você observa esses planos, sem dúvida está vendo uma residência familiar. A arquitetura grita: "CASA".

Agora suponha que você esteja olhando a arquitetura de uma biblioteca. Você provavelmente verá uma grande entrada, uma área para empréstimo/devolução de livros, áreas de leitura, pequenas salas de conferência e uma sequência de galerias, com capacidade para reunir estantes com todos os livros da biblioteca. Essa arquitetura grita: "BIBLIOTECA".

Então, o que grita a arquitetura da sua aplicação? Quando você olha a estrutura de diretórios de nível mais alto e os arquivos-fonte no pacote de nível mais alto, eles gritam "Sistema de Saúde", "Sistema de Contabilidade" ou "Sistema de Gestão de Inventário"? Ou gritam "Rails", "Spring/Hibernate" ou "ASP"?

O TEMA DE UMA ARQUITETURA

Tire um tempo para ler o trabalho seminal de Ivar Jacobson sobre arquitetura de software: *Object Oriented Software Engineering*. Preste atenção ao subtítulo do livro: A *Use Case Driven Approach*. Nesse livro, Jacobson argumenta que arquiteturas de software são estruturas que suportam os casos de uso do sistema. Da mesma forma que os planos para uma casa ou biblioteca gritam sobre os casos de uso desses prédios, a arquitetura de software deve gritar sobre os casos de uso da aplicação.

As arquiteturas não se resumem (e nem devem se resumir) a frameworks. As arquiteturas não devem ser estabelecidas por frameworks. Os frameworks são ferramentas à nossa disposição e não arquiteturas a que devemos nos resignar. Se a sua arquitetura é baseada em frameworks, ela não pode ser baseada nos seus casos de uso.

O Propósito de uma Arquitetura

As boas arquiteturas devem ser centradas em casos de uso para que os arquitetos possam descrever com segurança as estruturas que suportam esses casos de uso, sem se comprometerem com frameworks, ferramentas e ambientes. Novamente, considere os planos de uma casa. A primeira preocupação de um arquiteto é garantir que a casa seja usável — e não garantir que a casa seja feita de tijolos. De fato, o arquiteto se esforça para garantir que o dono da casa possa tomar decisões sobre o material externo (tijolos, pedras ou cedro) mais tarde, depois que os planos certificarem-se de que os casos de uso sejam atendidos.

Uma boa arquitetura de software permite o adiamento de decisões sobre frameworks, banco de dados, servidores web e outros problemas de ambientes e ferramentas. *Os frameworks são opções que devem ser deixadas abertas.* Uma boa arquitetura elimina a necessidade de se decidir sobre Rails, Spring, Hibernate, Tomcat ou MySQL até um ponto muito posterior no projeto. Uma boa arquitetura também facilita que se mude de ideia sobre essas decisões. Uma boa arquitetura enfatiza os casos de uso e os desacopla das preocupações periféricas.

E a Web?

A web é uma arquitetura? O fato de o seu sistema ser entregue pela web impõe a sua arquitetura? É claro que não! A web é um mecanismo de entrega — um dispositivo IO — e a sua arquitetura de aplicação deve tratá-la como tal. O fato de a sua aplicação ser entregue pela web é um detalhe e não deve dominar a estrutura do seu sistema. De fato, você deve adiar a decisão de entregar a sua aplicação pela web. No que for possível, a sua arquitetura de sistema

Capítulo 21   Arquitetura Gritante

deve ignorar o modo como será entregue. Você deve ser capaz de entregá-la como uma aplicação de console, uma aplicação web, uma aplicação de thick client ou um app de serviço web, sem que haja complicações imprevistas ou mudanças na arquitetura básica.

Frameworks São Ferramentas, Não Modos de Vida

Os frameworks podem ser muito poderosos e úteis. Os autores da área geralmente acreditam com muito fervor nos seus frameworks. Quando escrevem sobre como usar os frameworks, utilizam exemplos contados a partir do ponto de vista de um verdadeiro crente. Também há autores que escrevem sobre frameworks e tendem a se apresentar como discípulos da verdadeira fé, apontando o caminho correto para usar o framework. Quase sempre são partidários de uma opinião abrangente e generalizante, onde sustentam que o framework pode fazer tudo.

Não se junte a essa opinião.

Fique sempre com um pé atrás quando avaliar um framework. Veja-o ceticamente. Sim, ele pode ajudar, mas a que custo? Pergunte-se como você pode usá-lo e como pode se proteger dele. Pense em como você pode preservar a ênfase sobre os casos de uso na sua arquitetura. Desenvolva uma estratégia para evitar que o framework tome conta dessa arquitetura.

Arquiteturas Testáveis

Quando a arquitetura do seu sistema for baseada integralmente nos casos de uso e os seus frameworks estiverem sob rédeas curtas, você poderá fazer testes unitários em todos os casos de uso sem estabelecer nenhum framework. Você não deveria precisar que o seu servidor web esteja sendo executado para realizar testes. Não é necessário que a base de dados esteja conectada para realizar testes. Seus objetos Entidade devem ser objetos simples e sem dependências de frameworks ou bases de dados ou outras complicações. Finalmente, todos os elementos devem ser testáveis no local, sem nenhuma das complicações relacionadas aos frameworks.

Conclusão

A sua arquitetura deve informar os leitores sobre o sistema e não sobre os frameworks que você usou no sistema. Se você estiver criando um sistema de assistência médica, quando novos programadores examinarem o repositório-fonte, a primeira impressão deverá ser: "Ah, esse é um sistema de assistência médica". Esses novos programadores devem aprender facilmente todos os casos de uso do sistema, sem conhecer o modo de entrega do sistema. Eles podem chegar a você e dizer:

"Vimos algumas coisas que se parecem com modelos — mas onde estão as visualizações e os controladores?"

E você deve responder:

"Ah, esses são detalhes sobre os quais não precisamos nos preocupar no momento. Decidiremos sobre eles mais tarde."

22 ARQUITETURA LIMPA

Capítulo 22   Arquitetura Limpa

Nas últimas décadas, vimos toda uma gama de ideias relacionadas à arquitetura de sistemas. Algumas delas foram:

- A Arquitetura Hexagonal (também conhecida como Ports and Adapters), desenvolvida por Alistair Cockburn e abordada por Steve Freeman e Nat Pryce no maravilhoso livro *Growing Object Oriented Software with Tests*
- A DCI de James Coplien e Trygve Reenskaug
- A BCE, introduzida por Ivar Jacobson em seu livro *Object Oriented Software Engineering: A Use-Case Driven Approach*

Embora todas essas arquiteturas variem de alguma forma em seus detalhes, elas são muito similares. Todas têm o mesmo objetivo: a separação das preocupações. Todas realizam essa separação ao dividirem o software em camadas. Cada uma tem, pelo menos, uma camada para regras de negócio e uma camada para interfaces de usuário e sistema.

Cada uma dessas arquiteturas produz sistemas com as seguintes características:

- *Independência de frameworks*. A arquitetura não depende da existência de nenhuma biblioteca de software carregada de recursos. Isso permite que você use esses frameworks como ferramentas em vez de ser obrigado a adaptar o seu sistema às restrições limitadas dos frameworks.
- *Testabilidade*. As regras de negócio podem ser testadas sem a UI, banco de dados, o servidor web ou qualquer outro elemento externo.
- *Independência da UI*. A UI pode mudar facilmente, sem alterar o resto do sistema. Uma UI web pode ser substituída por uma UI console, por exemplo, sem alterar as regras de negócio.
- *Independência do banco de dados*. Você pode trocar Oracle ou SDL Server por um Mongo, BigTable ou CouchDB, entre outros, pois as suas regras de negócio não estão ligadas à base de dados.
- *Independência de qualquer agência externa*. Na verdade, as suas regras de negócio não sabem nada sobre as interfaces do mundo externo.

A Regra da Dependência

O diagrama na Figura 22.1 é uma tentativa de integrar todas essas arquiteturas em uma única ideia acionável.

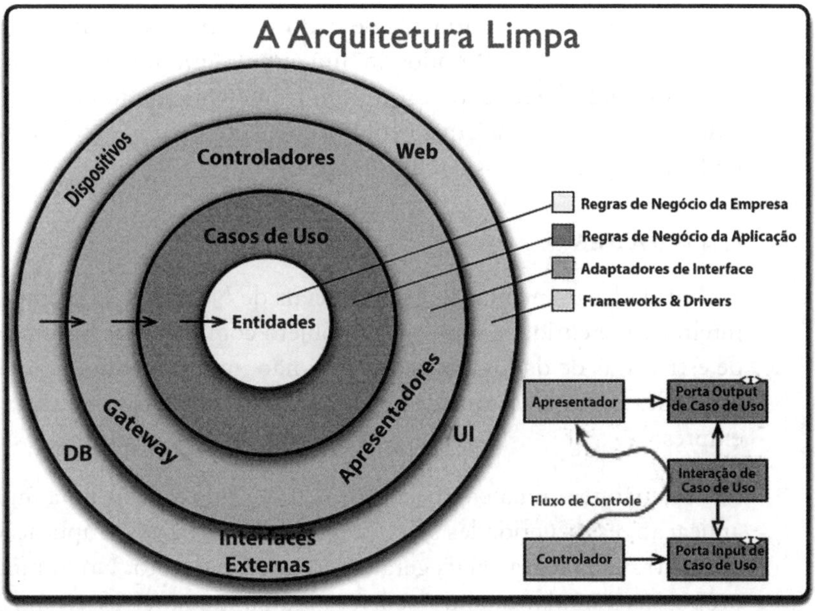

Figura 22.1 A arquitetura limpa

A REGRA DA DEPENDÊNCIA

Os círculos concêntricos na Figura 22.1 representam as diferentes áreas do software. Em geral, quanto mais interno, maior é o nível do software. Os círculos mais externos são mecanismos. Os círculos mais internos são políticas.

A regra primordial para o funcionamento dessa arquitetura é a *Regra da Dependência*:

> As dependências de código-fonte devem apontar apenas para dentro, na direção das políticas de nível mais alto.

Os elementos de um círculo interno não podem saber nada sobre os elementos de um círculo externo. Em particular, o nome de algo declarado em um círculo externo não deve ser mencionado pelo código em um círculo interno. Isso inclui funções, classes, variáveis e qualquer outra entidade de software nomeada.

Pela mesma razão, os formatos de dados declarados em um círculo externo não devem ser usados em um círculo interno, especialmente se esses formatos forem gerados por um framework em um círculo externo. Não queremos que nenhum elemento de um círculo externo tenha impacto sobre os círculos internos.

ENTIDADES

As Entidades reúnem as Regras Cruciais de Negócios da empresa inteira. Uma entidade pode ser um objeto com métodos ou um conjunto de estruturas de dados e funções. Isso não importa, contanto que as entidades possam ser usadas por muitas aplicações diferentes na empresa.

Se você não tem uma empresa e está escrevendo apenas uma única aplicação, essas entidades são os objetos de negócios da aplicação. Elas concentram as regras mais gerais e de nível mais alto. No mínimo, são propensas a mudar quando ocorrer alguma mudança externa. Por exemplo, você não gostaria que esses objetos fossem impactados por uma mudança na navegação de página ou na segurança. Nenhuma mudança operacional em qualquer aplicação específica deve influenciar a camada da entidade.

CASOS DE USO

O software da camada de casos de uso contém as regras de negócio *específicas da aplicação*. Ele reúne e implementa todos os casos de uso do sistema. Esses casos de uso orquestram o fluxo de dados para e a partir das entidades e orientam essas entidades na aplicação das Regras Cruciais de Negócios a fim de atingir os objetivos do caso de uso.

Não queremos que as mudanças nessa camada afetem as entidades. Também não queremos que essa camada seja afetada por mudanças em externalidades como a base de dados, a UI ou qualquer framework comum. A camada de casos de uso deve ser isolada dessas preocupações.

Contudo, esperamos que mudanças na operação da aplicação afetem os casos de uso e, portanto, o software dessa camada. Se os detalhes de um caso de uso mudarem, uma parte do código dessa camada certamente será afetada.

Adaptadores de Interface

O software da camada de adaptadores de interface consiste em um conjunto de adaptadores que convertem dados no formato que é mais conveniente para os casos de uso e entidades, para o formato mais conveniente para algum agente externo como a base de dados ou a web. É essa camada, por exemplo, que contém completamente a arquitetura MVC para a GUI. Os apresentadores, visualizações e controladores pertencem à camada de adaptadores de interface. Os modelos provavelmente são apenas estruturas de dados transmitidas dos controladores para os casos de uso e, então, dos casos de uso para os apresentadores e visualizações.

De maneira similar, os dados dessa camada são convertidos da forma mais conveniente para entidades e casos de uso para a forma mais conveniente para o framework de persistência em uso (por exemplo, a base de dados).Nenhum código interno desse círculo deve saber nada sobre a base de dados. Se a base de dados for SQL, todo o SQL deverá ser restrito a essa camada — e, em particular, às partes dessa camada que têm a ver com a base de dados.

Também deve haver outro adaptador nessa camada para converter dados de forma externa, como um serviço externo, para a forma interna usada pelos casos de uso e entidades.

Frameworks e Drivers

A camada mais externa do modelo na Figura 22.1 é geralmente composta de frameworks e ferramentas como a base de dados e o framework web. Em geral, você não programa muita coisa nessa camada além do código de associação que estabelece uma comunicação com o círculo interno seguinte.

Capítulo 22 Arquitetura Limpa

Todos os detalhes ficam na camada de frameworks e drivers. A web é um detalhe. A base de dados é um detalhe. Mantemos essas coisas do lado de fora, onde não podem fazer mal nenhum.

Só Quatro Círculos?

Os círculos na Figura 22.1 são projetados para serem esquemáticos: talvez você conclua que precisa de mais círculos. Não há nenhuma regra que diga que você deve sempre ter só esses quatro. Contudo, a Regra da Dependência sempre se aplica. As dependências de código-fonte sempre apontam para dentro. À medida que você se move para dentro, o nível de abstração e das políticas aumenta. O círculo mais externo consiste de detalhes concretos de baixo nível. À medida que você se move para dentro, o software fica mais abstrato e abrange políticas de nível mais alto. O círculo mais interno é o mais geral e de nível mais alto.

Cruzando Limites

No canto inferior direito do diagrama na Figura 22.1 há um exemplo de como cruzar os limites do círculo. Ele mostra a comunicação dos controladores e apresentadores com os casos de uso da próxima camada. Observe o fluxo do controle: ele começa no controlador, passa pelo caso de uso e, então, acaba sendo executado no apresentador. Note também as dependências de código-fonte: cada uma delas aponta para dentro, em direção aos casos de uso.

Normalmente, resolvemos essa contradição aparente com o Princípio de Inversão de Dependência. Em uma linguagem como Java, por exemplo, podemos organizar as interfaces e os relacionamentos de herança de modo que as dependências de código-fonte se oponham ao fluxo do controle nos pontos certos, do outro lado do limite.

Por exemplo, suponha que o caso de uso precise chamar o apresentador. Essa chamada não deve ser direta, pois violaria a Regra da Dependência: nenhum nome em um círculo externo pode ser mencionado por um círculo interno. Então, o caso de uso chama uma interface (indicada na Figura 22.1 como "porta de output do caso de uso") do círculo interno e o apresentador no círculo externo promove a implementação.

A mesma técnica pode ser usada para cruzar todos os limites das arquiteturas. Aproveitamos o polimorfismo dinâmico para criar uma dependência de código-fonte que se oponha ao fluxo de controle de modo que possamos cumprir a Regra da Dependência, seja qual for a direção em que o fluxo de controle esteja viajando.

Quais Dados Cruzam os Limites

Normalmente, os dados que cruzam os limites consistem em estruturas de dados simples. Você pode usar estruturas básicas ou objetos de transferência de dados simples se quiser. Por outro lado, os dados podem ser apenas argumentos em chamadas de função. O importante é que estruturas de dados simples e isoladas sejam transmitidas de um lado para o outro dos limites. Não queremos trapacear nem transmitir objetos Entidade ou registros das bases de dados. Não queremos que as estruturas de dados tenham qualquer tipo de dependência que viole a Regra da Dependência.

Por exemplo, muitos frameworks de base de dados retornam um formato de dados conveniente em resposta a uma consulta. Podemos chamar isso de "estrutura de linha". Não queremos que essa estrutura atravesse o limite para dentro. Isso violaria a Regra da Dependência porque forçaria um círculo interno a saber algo sobre um círculo externo.

Portanto, quando passamos os dados por um limite, eles devem sempre estar na forma mais conveniente para o círculo interno.

Um Cenário Típico

O diagrama na Figura 22.2 mostra um cenário típico para um sistema Java baseado em web usando uma base de dados. O servidor web reúne dados de entrada do usuário e os entrega para o `Controller`, no canto superior esquerdo. O `Controller` empacota os dados em um objeto Java simples e passa esse objeto pelo `InputBoundary` para o `UseCaseInteractor`. O `UseCaseInteractor` interpreta os dados e os utiliza para controlar a dança de `Entities`. Também usa `DataAccessInterface` para levar os dados usados pelas `Entities` para a memória de `Database`. Após a conclusão, o `UseCaseInteractor` reúne os dados de `Entities` e constrói o

Capítulo 22 Arquitetura Limpa

OutputData como outro objeto Java simples. O OutputData é, então, transmitido pela interface OutputBoundary para o Presenter.

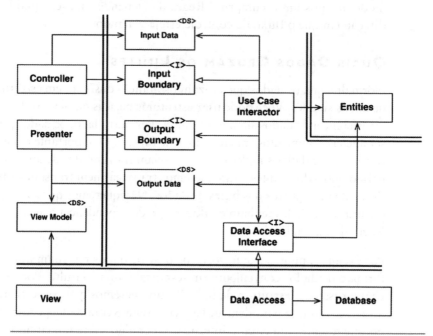

Figura 22.2 Um cenário típico para um sistema Java baseado em web utilizando uma base de dados

O trabalho do Presenter é reempacotar o OutputData em uma forma de ViewModel visível, outro objeto Java simples. O ViewModel contém principalmente Strings e flags que o View usa para exibir os dados. O OutputData pode conter objetos Date, mas o Presenter carregará o ViewModel com as Strings correspondentes já formatadas adequadamente para o usuário. O mesmo vale para objetos Currency ou outros dados relacionados a negócios. Os nomes Button e MenuItem são inseridos em ViewModel, assim como flags que dizem à View se esses Buttons e MenuItems devem ser cinzas.

Isso deixa a `View` sem quase nada para fazer além de mover os dados de `ViewModel` para a página `HTML`.

Observe as direções das dependências. Todas as dependências cruzam os limites apontando para dentro, em cumprimento à Regra da Dependência.

Conclusão

Não é difícil cumprir essas regras simples, e isso pode poupá-lo de muitas dores de cabeça no futuro. Ao separar o software em camadas e obedecer a Regra da Dependência, você criará um sistema intrinsecamente testável, com todos os benefícios inerentes. Quando uma das partes externas do sistema se tornar obsoleta, como a base de dados ou o framework web, você poderá substituir o elemento obsoleto com um esforço mínimo.

Apresentadores e Objetos Humble

Capítulo 23   Apresentadores e Objetos Humble

No Capítulo 22, introduzimos a noção de apresentadores. Os apresentadores são uma forma de padrão de Objeto Humble que ajuda a identificar e proteger os limites arquiteturais. Na verdade, a Arquitetura Limpa no capítulo anterior estava cheia de implementações de Objetos Humble.

O Padrão de Objeto Humble

O padrão de *Objeto Humble*[1] é um padrão de projeto originalmente identificado como uma maneira de ajudar os testadores de unidade a separar os comportamentos difíceis de testar dos comportamentos fáceis de testar. A ideia é muito simples: separe os comportamentos em dois módulos ou classes. Um desses módulos é o humble: ele contém todos os comportamentos difíceis de testar retirados do objeto humble.

Por exemplo, é difícil aplicar testes de unidade nas GUIs porque é muito complicado escrever testes que possam ver a tela e verificar se os elementos adequados estão sendo exibidos nela. Contudo, a maior parte do comportamento de uma GUI é, de fato, fácil de testar. Usando o padrão do *Objeto Humble*, podemos separar esses dois tipos de comportamentos em duas classes diferentes chamadas Apresentador e Visualização.

Apresentadores e Visualizações

A Visualização é um objeto humble difícil de testar. O código desse objeto é sempre o mais simples possível. Ele move os dados para a GUI, mas não processa esses dados.

O Apresentador é o objeto testável. Seu trabalho é aceitar os dados da aplicação e formatá-los para apresentação de modo que a Visualização possa simplesmente movê-los para a tela. Por exemplo, se a aplicação quer que uma data seja exibida em um campo, ela dará um objeto `Date` para o Apresentador. O Apresentador formatará esses dados em uma string adequada e a colocará em uma estrutura de dados simples chamada Modelo de Visualização, onde a Visualização poderá encontrá-la.

---

1. xUnit Patterns, Meszaros, Addison-Wesley, 2007, p. 695.

Se a aplicação quiser exibir moeda na tela, poderá passar um objeto Currency ao Apresentador. O Apresentador formatará esse objeto com as casas decimais adequadas e os marcadores de moeda, criando uma string que poderá colocar no Modelo da Visualização. Se o valor dessa moeda, sendo negativo, tiver que ser transformado em vermelho, então uma flag booleana simples no modelo de Visualização será configurada adequadamente.

Todo botão na tela terá um nome. Esse nome será uma string colocada pelo Apresentador no Modelo de Visualização. Se esses botões tiverem que ser acinzentados, o Apresentador configurará uma flag booleana no modelo de Visualização. Cada nome de item do menu será uma string carregada pelo Apresentador no modelo de Visualização. Os nomes de cada botão de rádio, caixa de verificação e campo de texto serão carregados, pelo Apresentador, em strings e booleanos apropriados no modelo de Visualização. As tabelas de números que devem ser exibidas na tela serão carregadas, pelo Apresentador, em tabelas de strings adequadamente formatada no modelo de Visualização.

Qualquer coisa que apareça na tela, sobre a qual a aplicação tenha algum tipo de controle, será representada no Modelo de Visualização como uma string, boolean ou enum. A Visualização não terá que fazer nada além de carregar os dados do Modelo de Visualização na tela. Assim, a Visualização será humble (humilde).

TESTES E ARQUITETURA

Há tempos se sabe que a testabilidade é um atributo das boas arquiteturas. O padrão de *Objeto Humble é um bom exemplo, pois a separação dos comportamentos em partes testáveis e não testáveis muitas vezes define um limite arquitetural. O limite Apresentador/ Visualização é um desses limites, mas há muitos outros.*

Capítulo 23   Apresentadores e Objetos Humble

GATEWAYS DE BANCO DE DADOS

Entre os interagentes dos casos de uso e o banco de dados, ficam os gateways do banco de dados.2 Esses gateways são interfaces polimórficas que contêm métodos para cada operação de criar, ler, atualizar ou deletar, que possa ser realizada pela aplicação na base de dados. Por exemplo, se a aplicação precisa saber os sobrenomes de todos os usuários que logaram ontem, a interface UserGateway terá um método chamado getLastNamesOfUsersWhoLoggedInAfter para receber uma Date como seu argumento e retornar uma lista de sobrenomes.

Lembre-se que não permitimos a presença do SQL na camada de casos de uso; em vez disso, usamos interfaces de gateways com métodos adequados. Esses gateways são implementados por classes na camada da base de dados. Essa implementação é o objeto humble. Ele simplesmente usa o SQL ou qualquer interface da base de dados para acessar os dados exigidos por cada um dos métodos. As interações, por outro lado, não são humble porque reúnem regras de negócio específicas da aplicação. Porém, embora não sejam humble, essas interações são *testáveis*, pois os gateways podem ser substituídos por stubs e test-doubles apropriados.

MAPEADORES DE DADOS

Voltando ao tópico das bases de dados, a qual camada você acha que pertencem os ORMs como o Hibernate?

Primeiro, vamos esclarecer esse ponto: não existe esse negócio de mapeamento ou objeto relacional (ORM). Por um motivo simples: os objetos não são estruturas de dados. Ou, pelo menos, não são estruturas de dados do ponto de vista dos usuários. Os usuários de um objeto não podem ver os dados, já que são todos privados. Esses usuários veem apenas os métodos públicos desse objeto. Então, do ponto de vista do usuário, um objeto é simplesmente um conjunto de operações.

Uma estrutura de dados, por outro lado, é um conjunto de variáveis de dados públicos sem comportamento implícito. Seria melhor chamar os

---

2. *Patterns of Enterprise Application Architecture*, Martin Fowler, et. al., Addison-Wesley, 2003, p. 466.

ORMs de "mapeadores de dados", pois carregam dados em estruturas de dados a partir de tabelas de base de dados relacionais.

Onde devem residir esses sistemas ORM? Na camada de base de dados, é claro. De fato, os ORMs formam outro tipo de limite de *Objeto Humble* entre as interfaces de gateway e a base de dados.

SERVICE LISTENERS

E os serviços? Se a sua aplicação tiver que se comunicar com outros serviços ou fornecer um conjunto de serviços, podemos encontrar o padrão de *Objeto Humble* criando um limite de serviço?

É claro! A aplicação carregará os dados em estruturas de dados simples e, então, passará essas estruturas pelos limites até os respectivos módulos, que formatarão adequadamente esses dados e os enviarão aos serviços externos. Do lado da entrada, os ouvintes de serviço (service listeners) receberão os dados da interface de serviço e os formatarão em uma estrutura de dados simples que poderá ser usada pela aplicação. Essa estrutura de dados será, então, passada pelo limite do serviço.

CONCLUSÃO

Provavelmente, podemos encontrar um padrão de Objeto Humble escondido perto de cada limite arquitetural. A comunicação por esse limite quase sempre envolve algum tipo de estrutura de dados simples, e o limite geralmente separa algo difícil de testar de algo fácil de testar. O uso desse padrão em limites arquiteturais aumenta muito a testabilidade do sistema inteiro.

24 LIMITES PARCIAIS

Capítulo 24   Limites Parciais

Os limites arquiteturais completamente desenvolvidos são caros. Eles exigem interfaces Boundary polimórficas recíprocas, estruturas de dados Input e Output e toda a gestão de dependência necessária para isolar os dois lados em componentes independentemente compiláveis e implementáveis. Isso requer muito trabalho. Também exige muito trabalho para manter.

Em muitas situações, um bom arquiteto pode julgar que o custo desse limite é alto demais — mas pode ainda querer deixar um lugar guardado para o limite caso ele seja necessário mais tarde.

Esse tipo de design antecipatório é quase sempre rejeitado por muitos integrantes da comunidade Agile como uma violação do YAGNI: "You Aren't Going to Need It" (Você Não Precisará Disso). Mas, apesar disso, os arquitetos às vezes olham o problema e pensam: "É, mas talvez sim". Nesse caso, eles podem implementar um limite parcial.

PULE O ÚLTIMO PASSO

Uma maneira de construir um limite parcial é realizar todo o trabalho necessário para criar componentes independentemente compiláveis e implantáveis para, então, simplesmente mantê-los reunidos no mesmo componente. As interfaces recíprocas e as estruturas de dados de entrada/saída estão lá, e tudo está configurado — mas nós compilamos e implantamos todos eles como um único componente.

Obviamente, esse tipo de limite parcial requer a mesma quantidade de código e trabalho de design preparatório que um limite completo. Contudo, ele não exige a administração de vários componentes. Não há rastreamento de número de versão ou o fardo da gestão de release. Essa diferença não deve ser levada na brincadeira.

Essa era a estratégia inicial por trás de FitNesse. O componente de servidor web do FitNesse foi projetado para ser separável da parte de wiki e testes do FitNesse. A ideia era ter a opção de criar outras aplicações baseadas na web usando esse componente web. Ao mesmo tempo, não queríamos que os usuários tivessem que baixar dois componentes. Lembre-se que um de nossos objetivos de design era "*baixar e usar*". Era nossa intenção que os usuários fizessem o download de um arquivo jar e o executassem sem ter que caçar outros arquivos jar, verificar compatibilidades de versão e assim por diante.

A história do `FitNesse` também aponta um dos perigos dessa abordagem. Com o tempo, como ficou claro que nunca seria necessário dispor de um componente web separado, a separação entre o componente web e o componente wiki começou a enfraquecer. As dependências começaram a cruzar o limite na direção errada. Atualmente, seria uma tarefa incômoda separar esses componentes.

LIMITES UNIDIMENSIONAIS

Um limite arquitetural totalmente desenvolvido usa interfaces recíprocas de limites para manter o isolamento em ambas as direções. Manter a separação em ambas as direções é caro tanto na configuração inicial quanto na manutenção contínua.

Uma estrutura mais simples, que guarda o lugar para uma futura extensão de um limite completamente desenvolvido, é indicada na Figura 24.1. Ela exemplifica o padrão strategy tradicional. Uma interface `ServiceBoundary` é usada por clientes e implementada por classes `ServiceImpl`.

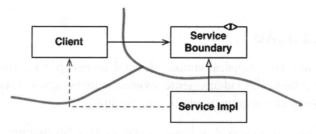

Figura 24.1 O padrão de Estratégia

Está claro que isso prepara o terreno para um futuro limite arquitetural. A inversão de dependência necessária foi realizada para tentar isolar o Client do ServiceImpl. Também está claro que a separação pode se degradar bem rapidamente, como indica a terrível flecha pontilhada no diagrama. Sem interfaces recíprocas, nada pode evitar esse tipo de backchannel além da diligência e da disciplina dos desenvolvedores e arquitetos.

FACHADAS (FACADES)

Um limite ainda mais simples é o padrão *Facade (Fachada)*, ilustrado na Figura 24.2. Nesse caso, até a inversão de dependência é sacrificada. O limite é simplesmente definido pela classe `Facade`, que lista todos os serviços como métodos e implementa as chamadas de serviço em classes que o cliente não deve acessar.

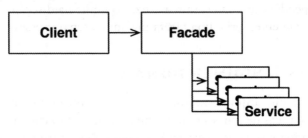

Figura 24.2 O padrão Facade (Fachada)

Observe, contudo, que o `Client` tem uma dependência transitiva em todas essas classes de serviço. Em linguagens estáticas, uma mudança no código-fonte de uma das classes `Service` forçará o `Client` a recompilar. Além disso, você pode imaginar como é fácil criar backchannels com essa estrutura.

CONCLUSÃO

Vimos três maneiras simples de implementar parcialmente um limite arquitetural. Evidentemente, existem muitas outras, mas essas três estratégias servem apenas como exemplos.

Cada uma dessas abordagens tem o seu próprio conjunto de custos e benefícios. Cada uma delas pode servir, em certos contextos, como um marcador de lugar para um eventual limite completamente desenvolvido. Cada uma delas pode também degradar se esse limite nunca se materializar.

É uma das funções do arquiteto definir o local em que pode haver um limite arquitetural no futuro e se é necessário implementar total ou parcialmente esse limite.

25
Camadas e Limites

Capítulo 25 Camadas e Limites

É fácil pensar nos sistemas como sendo compostos de três componentes: UI, regras de negócio e banco de dados. Para alguns sistemas simples, isso é suficiente. Mas a maioria dos sistemas utiliza um número de componentes bem maior.

Considere, por exemplo, um jogo simples de computador. É fácil imaginar os três componentes. A UI lida com todas as mensagens do jogador para as regras do jogo. As regras do jogo armazenam o estado do jogo em algum tipo de estrutura de dados persistente. Mas isso é tudo?

Hunt the Wumpus

Vamos jogar um pouco de vida nesse exemplo. Imagine que estamos falando do venerável game de aventura Hunt the Wumpus, de 1972. Esse jogo era baseado em texto e usava comandos muito simples como GO EAST e SHOOT WEST. O jogador insere um comando e o computador responde com o que o jogador vê, cheira, escuta e experimenta. O jogador está caçando um Wumpus em um sistema de cavernas e deve evitar armadilhas, fossos e outros perigos à sua espreita. Se você estiver interessado, as regras do jogo são fáceis de achar na web.

Vamos supor que manteremos a UI baseada em texto, mas a desacoplaremos das regras do jogo para que a nossa versão possa utilizar idiomas diferentes em mercados diferentes. As regras do jogo se comunicarão com o componente UI usando uma API independente do idioma, e a UI traduzirá a API para o idioma adequado.

Se as dependências de código-fonte forem controladas adequadamente, como indicado na Figura 25.1, todos os componentes da UI poderão reutilizar as mesmas regras do jogo. As regras do jogo não sabem ou não se importam com o idioma em uso.

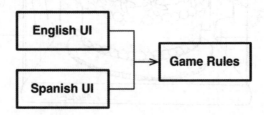

Figura 25.1 Todos os componentes da UI podem reutilizar as regras do jogo

Arquitetura Limpa?

Vamos supor também que o estado do jogo seja mantido em algum armazenamento persistente — talvez em flash, na nuvem ou só na RAM. Em qualquer desses casos, não queremos que as regras do jogo conheçam os detalhes. Então, novamente, criaremos uma API para que as regras do jogo possam se comunicar com o componente de armazenamento de dados.

Não queremos que as regras do jogo saibam nada sobre os diferentes tipos de armazenamento de dados. Logo, as dependências devem ser direcionadas adequadamente, de acordo com a Regra da Dependência, como indicado na Figura 25.2.

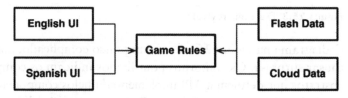

Figura 25.2 Seguindo a Regra da Dependência

ARQUITETURA LIMPA?

Deveria estar claro que podemos aplicar facilmente a abordagem da arquitetura limpa nesse contexto,[1] com todos os casos de uso, limites, entidades e estruturas de dados correspondentes. Mas será que nós realmente encontramos todos os limites arquiteturais significantes?

Por exemplo, o idioma não é o único eixo de mudança para a UI. Também podemos querer variar o mecanismo pelo qual comunicamos o texto. Por exemplo, podemos usar uma janela normal, mensagens de texto ou uma aplicação de chat. Há muitas possibilidades diferentes.

Isso significa que há um limite arquitetural em potencial definido por esse eixo de mudança. Talvez seja necessário criar um API que cruze

---

1. *Deveria estar claro também que não deveríamos aplicar a abordagem de arquitetura limpa em algo tão trivial quanto esse jogo. Afinal de contas, o programa inteiro provavelmente pode ser escrito em 200 linhas de código ou menos. Nesse caso, estamos usando um programa simples como um modelo para um sistema muito maior e com limites arquiteturais significantes.*

Capítulo 25   Camadas e Limites

esse limite e isole o idioma do mecanismo de comunicação; essa ideia é ilustrada na Figura 25.3.

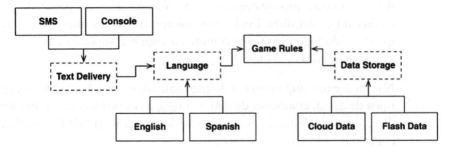

Figura 25.3 Diagrama revisado

O diagrama na Figura 25.3 ficou um pouco complicado, mas não deve causar surpresa. Os contornos pontilhados indicam os componentes abstratos que definem a API implementada pelos componentes acima ou abaixo deles. Por exemplo, a API Language é implementada por English e Spanish.

O GameRules se comunica com Language por uma API que GameRules define e Language implementa. O Language se comunica com TextDelivery usando uma API que Language define, mas TextDelivery implementa. A API é definida e pertencente ao usuário e não ao implementador.

Basta olhar dentro de GameRules para encontrar as interfaces Boundary polimórficas usadas pelo código dentro de GameRules e implementadas pelo código dentro do componente Language. Também encontramos as interfaces Boundary polimórficas usadas por Language e implementadas pelo código dentro de GameRules.

Se olhássemos dentro de Language, encontraríamos a mesma coisa: interfaces Boundary polimórficas implementadas pelo código dentro de TextDelivery e interfaces Boundary polimórficas usadas por TextDelivery e implementadas por Language.

Em todos esses casos, a API definida por essas interfaces Boundary pertence ao componente acima.

Arquitetura Limpa?

As variações, como English, SMS e CloudData, são fornecidas pelas interfaces polimórficas definidas no componente API abstrato e implementadas pelos componentes concretos que as servem. Por exemplo, queremos que as interfaces polimórficas definidas em Language sejam implementadas por English e Spanish.

Para simplificar esse diagrama, podemos eliminar todas as variações e focar apenas nos componentes da API. A Figura 25.4 apresenta esse diagrama.

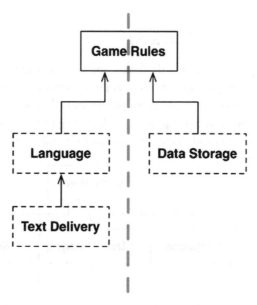

Figura 25.4 Diagrama simplificado

Observe que o diagrama é orientado na Figura 25.4, então todas as flechas apontam para cima. Isso coloca GameRules no topo. Essa orientação faz sentido porque GameRules é o componente que contém as políticas de nível mais alto.

Considere a direção do fluxo de informação. Todas as entradas vêm do usuário, através do componente TextDelivery no canto inferior esquerdo. Essas informações sobem pelo componente Language e são traduzidas em comandos para GameRules. O GameRules processa as entradas do usuário e envia os dados adequados para DataStorage, no canto inferior direito.

O `GameRules` então envia a saída de volta para `Language`, que traduz a API novamente para o idioma adequado e, em seguida, entrega esse idioma para o usuário através do `TextDelivery`.

Essa organização divide o fluxo de dados em dois de forma eficaz.[2] O fluxo da esquerda está preocupado em se comunicar com o usuário, enquanto o fluxo da direita está preocupado com a persistência dos dados. Ambos os fluxos se encontram no topo[3] em `GameRules`, o processador final dos dados que passam por ambos os fluxos.

CRUZANDO OS FLUXOS

Há sempre dois fluxos de dados como nesse exemplo? Não, de jeito nenhum. Imagine que queremos jogar Hunt the Wumpus na net com vários jogadores. Nesse caso, precisamos de um componente de rede, como o indicado na Figura 25.5. Essa organização divide o fluxo de dados em três, todos controlados por `GameRules`.

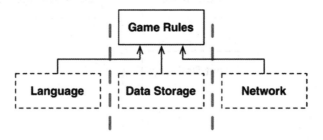

Figura 25.5 Adicionando um componente network (rede)

Então, à medida que os sistemas ficam mais complexos, a estrutura de componentes pode se dividir em muitos fluxos.

---

2. *Se você está confuso com a direção das flechas, lembre-se de que elas apontam na direção das dependências de código-fonte, não na direção do fluxo de dados.*
3. *No passado, teríamos chamado esse componente do topo de Central Transform. Veja Practical Guide to Structured Systems Design, 2ª ed., Meilir Page-Jones, 1988.*

Dividindo os Fluxos

A essa altura, você deve estar pensando que todos os fluxos acabam se encontrando no topo, em um único componente. Ah, se a vida fosse simples assim! A realidade, evidentemente, é muito mais complexa.

Considere o componente `GameRules` de Hunt the Wumpus. Parte das regras do jogo lida com o aspecto mecânico do mapa. Elas sabem como as cavernas estão conectadas e quais objetos estão em cada caverna. Elas sabem como mover o jogador de caverna em caverna e como determinar os eventos com os quais esse jogador deve lidar.

Mas há outro conjunto de políticas em um nível ainda mais alto — políticas que conhecem a vida do jogador e o custo-benefício de um evento específico. Essas políticas podem fazer com que o jogador perca a saúde gradualmente ou ganhe saúde ao encontrar comida. As políticas mecânicas de nível mais baixo declaram eventos para essa política de nível mais alto, como `FoundFood` ou `FellInPit`. A política de nível mais alta gerência, então, com o estado do jogador (como indicado na Figura 25.6). Em última análise, essa política decide se o jogador deve ganhar ou perder.

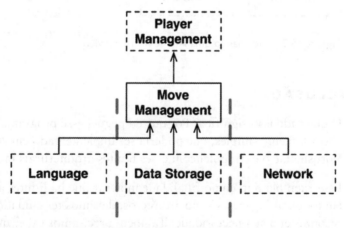

Figura 25.6 A política de nível mais alto gerencia o jogador

Isso é um limite arquitetural? Precisamos de uma API que separe `MoveManagement` de `PlayerManagement`? Bem, vamos adicionar microsserviços e deixar isso um pouco mais interessante.

Capítulo 25 Camadas e Limites

Vamos supor que temos uma versão multiplayer massiva de Hunt the Wumpus. O `MoveManagement` é gerenciado localmente dentro do computador do jogador, mas o `PlayerManagement` é gerenciado por um servidor. O `PlayerManagement` oferece uma API de microsserviço a todos os componentes `MoveManagement` conectados.

O diagrama na Figura 25.7 apresenta uma descrição resumida desse cenário. Os elementos `Network` são um pouco mais complexos do que o retratado na imagem — mas você provavelmente vai entender a ideia. Existe um limite arquitetural completamente desenvolvido entre `MoveManagement` e `PlayerManagement` nesse caso.

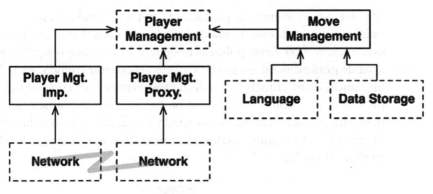

Figura 25.7 Adicionando uma API de microsserviço

Conclusão

O que tudo isso significa? Por que eu peguei esse programa absurdamente simples, que poderia ser implementado em 200 linhas de Kornshell, e o extrapolei com esses limites arquiteturais malucos?

Esse exemplo tem como finalidade mostrar que há limites arquiteturais em todos os lugares. Como arquitetos, devemos ter cuidado ao reconhecer a sua necessidade. Também precisamos saber que esses limites, quando completamente implementados, são caros. Ao mesmo tempo, devemos reconhecer que, quando ignorados, custa muito caro adicionar esses limites mais tarde — mesmo na presença de conjuntos de testes abrangentes e da disciplina de refatoração.

Conclusão

Então, o que devemos fazer como arquitetos? A resposta não é satisfatória. Por um lado, algumas pessoas muito inteligentes nos disseram, ao longo dos anos, que não devemos antecipar a necessidade de abstração. Essa é a filosofia do YAGNI: "You aren't goint to need it" (Você não precisará disso). Há sabedoria nessa mensagem, já que o excesso de engenharia geralmente é muito pior do que a falta dela. Por outro lado, há vezes em que você só descobre que realmente precisa de um limite arquitetural onde não existe nenhum quando os custos e riscos dessa inclusão já estão muito altos.

Então, é isso. Preveja o futuro, ó, Arquiteto de Software. Você precisa adivinhar — com inteligência. Avalie os custos e determine onde estão os limites arquiteturais, e quais deles precisam ser completamente implementados, e quais devem ser parcialmente implementados e quais merecem ser ignorados.

Mas essa não é uma decisão para ser tomada uma única vez. Você não pode simplesmente definir no começo de um projeto os limites que irá implementar ou ignorar. Em vez disso, você deve *observar*. Preste atenção à medida que o sistema evolui. Observe onde os limites podem ser necessários e fique atento aos indícios de qualquer atrito decorrente da inexistência desses limites.

Nesse ponto, você avalia os custos de implementar esses limites em comparação com os custos de ignorá-los — e você revisa essa decisão frequentemente. Seu objetivo é implementar os limites certos no ponto de inflexão onde o custo de implementar se torna menor do que o custo de ignorar.

Isso requer uma boa percepção.

26
O Componente Main

Capítulo 26 O Componente Main

Em todo sistema, há pelo menos um componente que cria, coordena e supervisiona os outros. Eu chamo esse componente de `Main`.

O Detalhe Final

O componente `Main` é o detalhe final — a política de nível mais baixo. É o ponto de entrada inicial do sistema. Nada, além do sistema operacional, depende dele. Seu trabalho é criar todas as Factories, strategies e outros utilitários globais e, então, entregar o controle para as porções abstratas de alto nível do sistema.

É nesse componente `Main` que as dependências devem ser injetadas por um framework de Injeção de Dependência. Uma vez injetadas em `Main`, o `Main` distribui essas dependências normalmente, sem usar o framework.

Pense em `Main` como o mais sujo dos componentes sujos.

Considere o seguinte componente `Main` de uma versão recente de Hunt the Wumpus. Observe como ele carrega todas as strings que não queremos que o corpo principal do código conheça.

```
public class Main implements HtwMessageReceiver {
  private static HuntTheWumpus game;
  private static int hitPoints = 10;
  private static final List<String> caverns = new ArrayList<>();
  private static final String[] environments = new String[]{
    "bright",
    "humid",
    "dry",
    "creepy",
    "ugly",
    "foggy",
    "hot",
    "cold",
    "drafty",
    "dreadful"
```

O Detalhe Final

```java
    };

    private static final String[] shapes = new String[] {
      "round",
      "square",
      "oval",
      "irregular",
      "long",
      "craggy",
      "rough",
      "tall",
      "narrow"
    };

    private static final String[] cavernTypes = new String[] {
      "cavern",
      "room",
      "chamber",
      "catacomb",
      "crevasse",
      "cell",
      "tunnel",
      "passageway",
      "hall",
      "expanse"
    };

    private static final String[] adornments = new String[] {
     "smelling of sulfur",
      "with engravings on the walls",
      "with a bumpy floor",
      "",
```

Capítulo 26   O Componente Main

```
            "littered with garbage",
            "spattered with guano",
            "with piles of Wumpus droppings",
            "with bones scattered around",
            "with a corpse on the floor",
            "that seems to vibrate",
            "that feels stuffy",
            "that fills you with dread"
    };
```

Aqui está a função main. Observe como ela usa HtwFactory para criar o jogo. Ela passa o nome da classe, htw.game.HuntTheWumpusFacade, porque essa classe é ainda mais suja que Main. Isso evita que as mudanças na classe causem a recompilação/reimplementação de Main.

```
public static void main(String[] args) throws IOException {
    game = HtwFactory.makeGame("htw.game.HuntTheWumpusFacade",
                                                new Main());
    createMap();
    BufferedReader br =
      new BufferedReader(new InputStreamReader(System.in));
    game.makeRestCommand().execute();
    while (true) {
      System.out.println(game.getPlayerCavern());
      System.out.println("Health: " + hitPoints + " arrows: "
                               + game.getQuiver());
      HuntTheWumpus.Command c = game.makeRestCommand();
      System.out.println(">");
      String command = br.readLine();
      if (command.equalsIgnoreCase("e"))
        c = game.makeMoveCommand(EAST);
```

O Detalhe Final

```
            else if (command.equalsIgnoreCase("w"))
              c = game.makeMoveCommand(WEST);
            else if (command.equalsIgnoreCase("n"))
              c = game.makeMoveCommand(NORTH);
            else if (command.equalsIgnoreCase("s"))
              c = game.makeMoveCommand(SOUTH);
            else if (command.equalsIgnoreCase("r"))
              c = game.makeRestCommand();
            else if (command.equalsIgnoreCase("sw"))
              c = game.makeShootCommand(WEST);
            else if (command.equalsIgnoreCase("se"))
              c = game.makeShootCommand(EAST);
            else if (command.equalsIgnoreCase("sn"))
              c = game.makeShootCommand(NORTH);
            else if (command.equalsIgnoreCase("ss"))
              c = game.makeShootCommand(SOUTH);
            else if (command.equalsIgnoreCase("q"))
              return;

            c.execute();
        }
    }
```

Observe também que main cria o fluxo de entrada e contém o laço principal do jogo, interpretando os comandos de entrada simples, mas transfere todo o processamento para outros componentes de nível mais alto.

Capítulo 26   O Componente Main

Finalmente, note que `main` cria o mapa.

```
private static void createMap() {
   int nCaverns = (int) (Math.random() * 30.0 + 10.0);
   while (nCaverns-- > 0)
     caverns.add(makeName());

   for (String cavern : caverns) {
     maybeConnectCavern(cavern, NORTH);
     maybeConnectCavern(cavern, SOUTH);
     maybeConnectCavern(cavern, EAST);
     maybeConnectCavern(cavern, WEST);
   }

   String playerCavern = anyCavern();
   game.setPlayerCavern(playerCavern);
   game.setWumpusCavern(anyOther(playerCavern));
   game.addBatCavern(anyOther(playerCavern));
   game.addBatCavern(anyOther(playerCavern));
   game.addBatCavern(anyOther(playerCavern));

   game.addPitCavern(anyOther(playerCavern));
   game.addPitCavern(anyOther(playerCavern));
   game.addPitCavern(anyOther(playerCavern));

   game.setQuiver(5);
  }

  // muito código removido...
}
```

Aqui, o ponto é que Main representa um módulo sujo de baixo nível no círculo mais externo da arquitetura limpa. Ele carrega tudo para o sistema de alto nível e, então, entrega o controle para ele.

Conclusão

Pense em Main como um plug-in da aplicação — um plug-in que configura as condições e configurações iniciais, reúne todos os recursos externos e, então, entrega o controle para a política de alto nível da aplicação. Por serem plug-ins, é possível ter muitos componentes Main, um para cada configuração da sua aplicação.

Por exemplo, você poderia ter um plug-in Main para *Dev*, outro para *Teste* e outro para *Produção*. Também poderia ter um plug-in Main para cada país, local ou cliente no qual implanta.

Quando você pensa em Main como um componente plug-in por trás de um limite arquitetural, o problema da configuração fica muito mais fácil de resolver.

Serviços: Grandes e Pequenos

As "arquiteturas" orientadas a serviços e "arquiteturas" de microsserviços ganharam muita popularidade nos últimos tempos. Entre outros fatores, esse sucesso se deve:

- Aos serviços parecerem estar fortemente desacoplados uns dos outros. Como veremos, isso é apenas parcialmente verdadeiro.
- Aos serviços parecerem apoiar a independência de desenvolvimento e implantação. Novamente, como veremos, isso é apenas parcialmente verdadeiro.

Capítulo 27   Serviços: Grandes e Pequenos

Arquitetura de Serviço?

Primeiro, vamos considerar a noção de que usar serviços, por sua natureza, é uma arquitetura. Isso é obviamente falso. A arquitetura de um sistema é definida por limites que separam a política de alto nível dos detalhes de baixo nível e observam a Regra da Dependência. Os serviços que simplesmente separam comportamentos de aplicação são pouco mais do que chamadas de função caras e não têm uma importância essencial para a arquitetura.

Isso não quer dizer que todos os serviços *devem* ser arquiteturalmente significantes. É comum haver benefícios substanciais em criar serviços que separam funcionalidades em processos e plataformas — obedecendo ou não à Regra da Dependência. Mas os serviços, por si só, não definem uma arquitetura.

Uma analogia útil é a organização das funções. A arquitetura de um sistema monolítico ou baseado em componentes é definida por certas chamadas de função que cruzam limites arquiteturais e seguem a Regra da Dependência. Muitas outras funções nesses sistemas, no entanto, simplesmente separam um comportamento do outro e não são arquiteturalmente significantes.

Isso também vale para os serviços. Afinal de contas, serviços são apenas chamadas de função realizadas entre processos e/ou limites de plataformas. Alguns desses serviços são arquiteturalmente significantes e outros não. Neste capítulo, vamos abordar os que são.

Benefícios dos Serviços?

A interrogação no título acima indica que esta seção pretende desafiar a sabedoria popular corrente na arquitetura de serviços de hoje. Vamos atacar um benefício de cada vez.

A Falácia do Desacoplamento

Supostamente, um dos grandes benefícios de dividir um sistema em serviços é o forte desacoplamento entre esses serviços. Afinal de contas, como cada serviço roda em um processo ou processador diferente, os serviços não têm acesso às variáveis uns dos outros. Além disso, a interface de cada serviço deve ser bem definida.

Certamente há alguma verdade nisso — mas não muita. Sim, os serviços são desacoplados no nível das variáveis individuais. Contudo, eles ainda podem ser acoplados por recursos compartilhados dentro de um processador ou na rede. Além do mais, são fortemente acoplados pelos dados que compartilham.

Por exemplo, quando um novo campo for adicionado a um registro de dados transmitido entre os serviços, cada serviço que opera no novo campo deve ser mudado. Os serviços também devem concordar sobre a interpretação dos dados nesse campo. Assim, esses serviços são fortemente acoplados ao registro de dados e, portanto, indiretamente acoplados uns aos outros.

Quanto às interfaces serem bem definidas, isso certamente é verdadeiro — mas não é menos verdadeiro para as funções. As interfaces de serviços não são mais formais, mais rigorosas e mais bem definidas do que as interfaces de funções. Claramente, então, esse benefício é, em parte, uma ilusão.

A Falácia do Desenvolvimento e da Implantação Independentes

Outro suposto benefício dos serviços é a sua capacidade de pertencerem e serem operados por uma equipe dedicada. Essa equipe pode ser responsável por escrever, manter e operar o serviço como parte de uma estratégia de dev-ops. Essa independência de desenvolvimento e implantação é presumida como sendo *escalonável*. Acredita-se que grandes sistemas empresariais possam ser criados a partir de dezenas, centenas ou milhares de serviços independentemente desenvolvíveis e implantáveis. O desenvolvimento, a manutenção e a operação do sistema podem ser particionados entre um número similar de equipes independentes.

Há um pouco de verdade nessa afirmação — mas só um pouco. Primeiro, a história mostra que grandes sistemas corporativos podem ser criados a partir tanto de sistemas monolíticos e baseados em componentes quanto de sistemas baseados em serviços. Logo, os serviços não são a única opção para criar sistemas escalonáveis.

Capítulo 27   Serviços: Grandes e Pequenos

Segundo, de acordo com a falácia do desacoplamento, os serviços nem sempre podem ser independentemente desenvolvidos, implantados e operados. Na medida em que forem acoplados por dados ou comportamento, o desenvolvimento, a implantação e a operação devem ser coordenados.

O Problema do Gato

Como exemplo dessas duas falácias, vamos voltar ao nosso sistema agregador de táxis. Lembre-se que esse sistema conhece muitos motoristas de táxi de uma determinada cidade e permite que os clientes peçam carros. Vamos supor que os clientes selecionem táxis com base em alguns critérios, como hora da chegada, custo, luxo e experiência do motorista.

Queremos que o nosso sistema seja escalonável, então decidimos criá-lo com vários microsserviços. Subdividimos a nossa equipe de desenvolvimento em várias equipes menores, cada uma responsável por desenvolver, manter e operar um número também pequeno de serviços.[1]

O diagrama na Figura 27.1 mostra como os nossos arquitetos fictícios organizaram os serviços para implementar essa aplicação. O serviço `TaxiUI` lida com os clientes, que usam dispositivos móveis para pedir táxis. O serviço `TaxiFinder` examina os inventários de vários `TaxiSuppliers` e determina quais táxis são possíveis candidatos para o usuário. Ele os deposita em um registro de dados de curto prazo anexado a esse usuário. O serviço `TaxiSelector` analisa os critérios de custo, tempo e luxo, entre outros indicados pelo usuário, e escolhe um táxi apropriado entre os candidatos. Em seguida, ele entrega o táxi para o serviço `TaxiDispatcher`, que chama o táxi adequado.

---

1. Portanto, o número de microsserviços será praticamente igual ao número de programadores.

O Problema do Gato

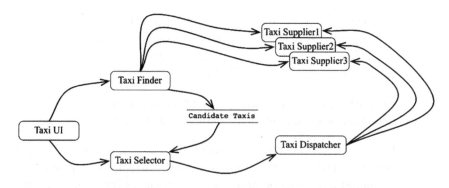

Figura 27.1 Serviços organizados para implementar o sistema agregador de táxis

Agora, vamos supor que esse sistema esteja em operação há mais de um ano. Cheia de entusiasmo, nossa equipe de desenvolvedores tem criado novos recursos enquanto mantém e opera todos esses serviços.

Até que, um belo dia, o departamento de marketing faz uma reunião com a equipe de desenvolvimento. Nessa reunião, os diretores anunciam seus planos para oferecer um serviço de entrega de gatos na cidade. Os usuários desse serviço poderão pedir que os gatos sejam entregues em casa ou no local de trabalho.

A empresa estabelecerá vários pontos de coleta de gatos pela cidade. Quando um pedido de gato for feito, um táxi próximo será selecionado para coletar o gato em um desses pontos de coleta e entregá-lo no endereço indicado.

Um dos motoristas de táxi concordou em participar desse programa. Outros possivelmente irão aceitar. Outros provavelmente irão recusar.

Evidentemente, por terem alergia a gatos, alguns motoristas nunca deverão ser selecionados para esse serviço. Além disso, alguns clientes sem dúvida terão alergias similares, então um veículo usado para entregar gatos nos 3 dias anteriores não será selecionado para os clientes que declararem essas alergias.

243

Capítulo 27   Serviços: Grandes e Pequenos

Observe o diagrama de serviços. Quantos serviços deverão mudar para que esse recurso seja implementado? *Todos eles.* Claramente, o desenvolvimento e a implantação do recurso dos gatos deverão ser coordenados com muito cuidado.

Em outras palavras, os serviços são todos acoplados e não podem ser desenvolvidos, implantados e mantidos de forma independente.

Esse é o problema com as preocupações transversais (Cross-cutting concern). Todo sistema de software deve enfrentar esse problema, seja orientado a serviços ou não. As decomposições funcionais, do tipo descrito no diagrama de serviços da Figura 27.1, são muito vulneráveis a novos recursos que atravessem todos esses comportamentos funcionais.

Objetos ao Resgate

Como podemos resolver esse problema em uma arquitetura baseada em componentes? Uma análise cuidadosa dos princípios SOLID de design talvez oriente a criação de um conjunto de classes que possa ser polimorficamente ampliado a fim de lidar com os novos recursos.

O diagrama na Figura 27.2 mostra a estratégia. As classes desse diagrama correspondem aproximadamente aos serviços indicados na Figura 27.1. Contudo, observe os limites. Note também que as dependências seguem a Regra da Dependência.

Grande parte da lógica dos serviços originais está preservada nas classes base do modelo de objeto. Contudo, essa porção da lógica específica para as *corridas* foi extraída para o componente `Rides`. O novo recurso para gatos foi colocado no componente `Kittens`. Esses dois componentes substituem (override) as classes base abstratas nos componentes originais usando um padrão como o *Template Method ou Strategy*.

Observe novamente que os dois novos componentes, Rides e Kittens, seguem a Regra da Dependência. Note também que as classes que implementam esses recursos foram criadas por factories sob o controle da UI.

Objetos ao Resgate

Claramente, nesse esquema, quando o recurso dos gatos for implementado, a TaxiUI deve mudar. Mas nada mais precisa ser mudado. Em vez disso, um novo arquivo jar, Gem ou DLL é adicionado ao sistema e dinamicamente carregado no momento da execução.

Assim, o recurso dos gatos é desacoplado para ser desenvolvido e implantado de forma independente.

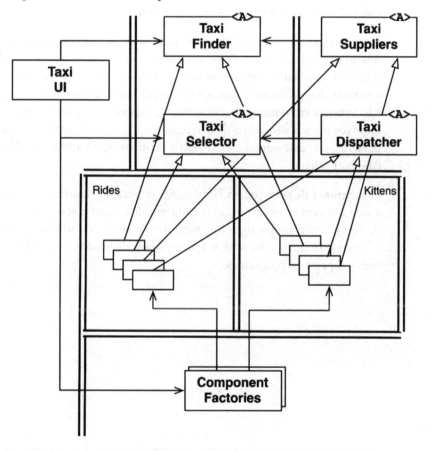

Figura 27.2 Usando uma abordagem orientada a objetos para lidar com preocupações transversais

Serviços Baseados em Componentes

A pergunta óbvia é: podemos fazer isso quando trabalhamos com serviços? Evidentemente, a resposta é: sim! Os serviços não têm que ser pequenos monolitos. Em vez disso, podem ser projetados com base nos princípios SOLID, recebendo uma estrutura de componentes que suporte a inclusão de novos componentes sem que se alterem os componentes já existentes dentro do serviço.

Pense em um serviço em Java como um conjunto de classes abstratas em um ou mais arquivos jar. Pense em cada novo recurso ou extensão de recurso como outro arquivo jar com classes que ampliam as classes abstratas dos primeiros arquivos jar. Implantar um novo recurso, então, não consiste em reimplantar os serviços, mas em adicionar os novos arquivos jar aos caminhos de carregamento desses serviços. Em outras palavras, consiste em adicionar novos recursos de acordo com o Princípio Aberto/Fechado.

O diagrama de serviços na Figura 27.3 mostra a estrutura. Os serviços ainda existem como antes, mas cada um deles tem o seu próprio design de componentes interno, o que permite a inclusão de novos recursos como novas classes derivadas. Essas classes derivadas vivem dentro dos seus próprios componentes.

Preocupações Transversais

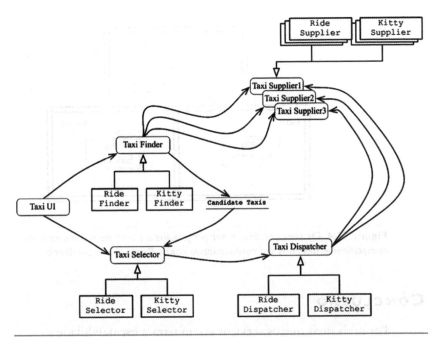

Figura 27.3 Cada serviço tem o seu próprio design de componente interno, o que permite a inclusão de novos recursos como novas classes derivadas

Preocupações Transversais

Aprendemos que os limites arquiteturais não caem entre os serviços. Em vez disso, os limites passam através dos serviços, dividindo-os em componentes.

Para lidar com as preocupações transversais que surgem em qualquer sistema significativo, os serviços devem ser projetados a partir de arquiteturas de componentes internos em conformidade com a Regra da Dependência, como indicado no diagrama da Figura 27.4. Esses serviços não definem os limites arquiteturais do sistema, mas os componentes dos sistemas o fazem.

Capítulo 27 Serviços: Grandes e Pequenos

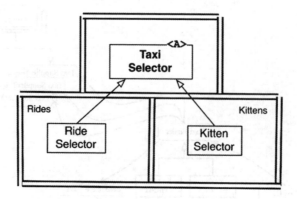

Figura 27.4 Os serviços devem ser projetados a partir de arquiteturas de componentes internos em conformidade com a Regra da Dependência

Conclusão

Por mais úteis que os serviços sejam para a escalabilidade e desenvolvimento de um sistema, eles não são, em si mesmos, elementos arquiteturalmente significantes. A arquitetura de um sistema é definida pelos limites especificados dentro desse sistema e pelas dependências que cruzam esses limites. A arquitetura não é definida pelos mecanismos físicos pelos quais os elementos se comunicam e são executados.

Um serviço pode ser um componente único, completamente cercado por um limite arquitetural. Por outro lado, um serviço pode ser composto de vários componentes separados por limites arquiteturais. Em casos raros,2 os clientes e serviços são tão acoplados que não têm nenhuma significância arquitetural.

---

2. *Esperamos que sejam raros. Infelizmente, a experiência sugere o contrário.*

28 O Limite Teste

Capítulo 28 O Limite Teste

Sim, é isso mesmo: *os testes são parte do sistema* e participam da arquitetura como todas as outras partes do sistema. Por um lado, essa participação é bem normal. Por outro, pode ser bastante singular.

TESTES COMO COMPONENTES DO SISTEMA

Há muita confusão em torno dos testes. Eles são parte do sistema? São separados do sistema? Quais tipos de teste existem? Testes de unidade e de integração são coisas diferentes? E os testes de aceitação, testes funcionais, testes Cucumber, testes TDD, testes BDD, testes de componente, e assim por diante?

Este livro não pretende se envolver nesse debate específico, e felizmente isso não é necessário. Do ponto de vista arquitetural, todos os testes são iguais. Dos pequenos testes criados por TDD aos testes grandes de FitNesse, Cucumber, SpecFlow ou JBehave, todos são arquiteturalmente equivalentes.

Os testes, por natureza, seguem a Regra da Dependência. Além disso, são muito detalhados e concretos e sempre dependem internamente do código que está sendo testado. De fato, você pode pensar nos testes como o círculo mais externo na arquitetura. Nada dentro do sistema depende dos testes, e os testes sempre dependem internamente dos componentes do sistema.

Os testes também são independentemente implementáveis. De fato, na maior parte do tempo, são implementados em sistemas de teste em vez de sistemas de produção. Então, mesmo em sistemas onde a implementação independente não for necessária, os testes ainda serão independentemente implementáveis.

Os testes são o componente de sistema mais isolado. Não são necessários para a operação do sistema. Nenhum usuário depende deles. Sua função é apoiar o desenvolvimento, não a operação. No entanto, têm tanto valor como componente de sistema quanto qualquer outro. Na verdade, de certo modo, os testes representam o modelo que todos os outros componentes do sistema deveriam seguir.

TESTABILIDADE NO DESIGN

Somado ao fato de que normalmente não são implementados, o isolamento extremo dos testes muitas vezes faz com que os desenvolvedores achem que os testes estão fora do design do sistema. Esse é um ponto de vista catastrófico. Os testes mal integrados ao design do sistema tendem a ser frágeis e tornam o sistema rígido e difícil de mudar.

Obviamente, o problema é o acoplamento. Testes fortemente acoplados ao sistema devem mudar junto com o sistema. Mesmo uma mudança muito trivial em um componente do sistema pode fazer com que muitos testes acoplados sejam danificados ou exijam mudanças.

Essa situação pode ficar difícil. Mudanças em componentes comuns do sistema podem fazer com que centenas ou até milhares de testes sejam danificados. Isso é conhecido como o *Problema dos Testes Frágeis*.

Não é difícil entender como isso acontece. Imagine, por exemplo, um conjunto de testes que usem a GUI para verificar regras de negócio. Esses testes devem começar na tela de login e, então, navegar pela estrutura da página para verificar regras de negócio específicas. Qualquer mudança nessa página de login ou na estrutura de navegação pode fazer com que um número enorme de testes seja danificado.

Testes frágeis frequentemente têm o efeito perverso de tornar o sistema rígido. Ao perceberem que mudanças simples no sistema talvez causem falhas massivas em testes, os desenvolvedores podem hesitar em fazer essas mudanças. Por exemplo, imagine uma conversa entre a equipe de desenvolvimento e a equipe de marketing, que exige uma simples mudança na estrutura de navegação da página que fará com que 1000 testes sejam danificados.

A solução é incluir a testabilidade no design. A primeira regra do design de software — aplicável a tudo, inclusive à testabilidade — é sempre a mesma: *não dependa de coisas voláteis*. GUIs são voláteis. Os conjuntos de testes que operam o sistema através da GUI *devem ser frágeis*. Portanto, projete o sistema e os testes de modo que as regras de negócio possam ser testadas sem a utilização da GUI.

Capítulo 28 O Limite Teste

API de Teste

Para alcançar este objetivo, crie uma API específica que possa ser utilizada pelos testes na verificação de todas as regras de negócio. Essa API deve ter superpoderes que permitam que os testes evitem as restrições de segurança, contornem recursos caros (como as bases de dados) e forcem o sistema a entrar em estados testáveis específicos. Essa API será um superconjunto do conjunto de interações e adaptadores de interface usados pela interface do usuário.

O propósito da API de teste é desacoplar os testes da aplicação. Esse desacoplamento envolve mais do que apenas extrair os testes da UI: o objetivo é desacoplar a e*strutura* dos testes da *estrutura* da aplicação.

Acoplamento Estrutural

O acoplamento estrutural é uma das formas mais fortes e traiçoeiras de acoplamento de teste. Imagine um conjunto de testes que tenha uma classe de teste para cada classe de produção e um conjunto de métodos de teste para cada método de produção. Esse conjunto de teste é profundamente acoplado à estrutura da aplicação.

Quando ocorre uma mudança em alguma dessas classes ou métodos de produção, um grande número de testes também deve mudar. Consequentemente, os testes são frágeis e tornam o código de produção rígido.

A função da API de teste é esconder a estrutura da aplicação dos testes. Isso permite que o código de produção seja refatorado e evolua de modo a não afetar os testes. Isso também permite que os testes sejam refatorados e evoluam de modo a não afetarem o código de produção.

Essa separação da evolução é necessária porque, com o passar do tempo, os testes tendem a ficar cada vez mais concretos e específicos. Em contraste, o código de produção tende a ficar cada vez mais abstrato e geral. Um acoplamento estrutural forte evita — ou pelo menos impede — que essa evolução necessária ocorra e que o código de produção se torne tão geral e flexível quanto poderia ser.

Segurança

Os superpoderes da API de teste poderiam ser perigosos se fossem implementados em sistemas de produção. Se essa for uma preocupação, a API de teste e as partes perigosas da sua implementação devem ser mantidas em um componente separado e independentemente implementável.

Conclusão

Os testes não estão fora do sistema. Na verdade, são partes do sistema que devem ser bem projetadas para que viabilizem os benefícios desejados de estabilidade e regressão. Os testes que não são projetados como parte do sistema tendem a ser frágeis e difíceis de manter. Esses testes geralmente acabam sendo eliminados na manutenção — descartados por serem difíceis demais de manter.

ARQUITETURA LIMPA EMBARCADA

Capítulo 29   Arquitetura Limpa Embarcada

Há algum tempo, li um artigo intitulado "The Growing Importance of Sustaining Software for the DoD"[1] (A Importância Crescente do Software de Sustentação para o DoD — em tradução livre) no blog do Doug Schmidt. No texto, Doug faz a seguinte afirmação:

> *"Embora o software não sofra desgastes, o firmware e o hardware se tornam obsoletos, o que exige modificações no software."*

Esse foi um momento esclarecedor para mim. Doug mencionou dois termos que eu achava óbvios — mas que talvez não sejam. O software pode ter uma longa vida útil, mas o firmware se torna obsoleto à medida que o hardware evolui. Se você já passou algum tempo trabalhando no desenvolvimento de sistemas embarcados, sabe que o hardware está em um processo de contínua evolução e aperfeiçoamento. Ao mesmo tempo, mais recursos são adicionados ao novo "software", que cresce constantemente em complexidade.

Gostaria de incluir o trecho a seguir na afirmação de Doug:

> *Embora o software não sofra desgastes, ele pode ser destruído internamente por dependências não gerenciadas de firmware e hardware.*

Não é incomum que os softwares embarcados não tenham uma vida potencialmente longa por terem sido infectados com dependências de hardware.

Eu gosto da definição de Doug para firmware, mas vamos conferir outras definições em circulação. Encontrei estas alternativas:

- "Firmware is held in non-volatile memory devices such as ROM, EPROM, or flash memory." (https://en.wikipedia.org/wiki/Firmware) — "O firmware é armazenado em dispositivos de memória não voláteis, como ROM, EPROM ou memória flash." (em tradução livre)
- "Firmware is a software program or set of instructions programmed on a hardware device." (https://techterms.com/definition/firmware) — "O firmware é um programa de software

---

1. *https://insights.sei.cmu.edu/sei_blog/2011/08/the-growing-importance-of-sustaining-software-for-the-dod.html*

Arquitetura Limpa Embarcada

ou conjunto de instruções programadas em um dispositivo de hardware." (em tradução livre)
- "Firmware is software that is embedded in a piece of hardware." (https://www.lifewire.com/what-is-firmware-2625881) — "O firmware é um software embarcado em uma unidade de hardware." (em tradução livre)
- Firmware is "Software (programs or data) that has been written onto read-only memory (ROM)." (http://www.webopedia.com/TERM/F/firmware.html) — "O firmware é um 'software (programas ou dados) escrito em uma memória somente para leitura (ROM)'." (em tradução livre)

A afirmação de Doug me fez perceber que essas definições correntes de firmware estão erradas ou, pelo menos, obsoletas. O termo firmware não indica que o código vive na ROM. O conceito de firmware não tem relação com o seu local de armazenamento. Na verdade, o conceito expressa a sua dependência e o nível de dificuldade para mudanças diante da evolução do hardware. Como o hardware evolui (como prova disso, pare e olhe para o seu telefone), devemos estruturar o nosso código embarcado com essa realidade em mente.

Não tenho nada contra o firmware nem contra engenheiros de firmware (eu mesmo já escrevi firmwares). Mas realmente precisamos de menos firmware e mais software. Na verdade, fico decepcionado quando vejo que os engenheiros de firmware andam escrevendo tanto firmware!

Os engenheiros de softwares não embarcados também escrevem firmware! Os desenvolvedores de softwares não embarcados essencialmente escrevem firmware sempre que enterram o SQL no código ou quando espalham dependências de plataforma pelo código. Os desenvolvedores de apps Android escrevem firmware quando não separam a sua lógica de negócios da API Android.

Já trabalhei em muitos projetos onde o limite entre o código do produto (o software) e o código que interage com o hardware do produto (o firmware) era tão difuso que beirava a inexistência. Por exemplo, no final da década de 90, eu me diverti ajudando a reprojetar um subsistema de comunicações que estava fazendo a transição entre a multiplexação por

257

Capítulo 29   Arquitetura Limpa Embarcada

divisão de tempo (TDM — Time-Division Multiplexing) e a voz sobre IP (VOIP). A VOIP é predominante hoje, mas a TDM era considerada uma tecnologia de ponta nas décadas de 50 e 60 e foi amplamente implementada nas décadas de 80 e 90.

A cada pergunta que fazíamos para o engenheiro de sistemas sobre como uma chamada deveria reagir a uma determinada situação, ele desaparecia e um pouco mais tarde surgia com uma resposta detalhada. "Onde ele conseguiu essa resposta?", perguntávamos. "No código do produto atual", ele respondia. Aquele emaranhado de código herdado era a especificação do novo produto! A implementação existente não tinha uma separação entre a TDM e a lógica de negócios da realização de chamadas. O produto inteiro era dependente do hardware/tecnologia, de cima a baixo, e não podia ser desemaranhado. Todo o produto havia se tornado essencialmente um firmware.

Considere outro exemplo: mensagens de comando chegam a esse sistema via porta serial. Como já era esperado, há um processador/despachador de mensagens. Como o processador de mensagem sabe o formato das mensagens e é capaz de analisá-las, pode então despachar a mensagem para o código que deve lidar com o pedido. Nada disso é surpreendente, exceto que o processador/despachador de mensagens reside no mesmo arquivo do código que interage com um hardware UART.[2] O processador de mensagens poderia ter sido um software com uma longa vida útil, mas em vez disso é um firmware. É negada a oportunidade do processador de mensagens se tornar um software — e isso simplesmente não está certo!

Conheço e entendo a necessidade de separar o software do hardware há bastante tempo, mas as palavras de Doug esclareceram o modo como devemos utilizar os termos software e firmware em relação um com o outro.

Para engenheiros e programadores, a mensagem é clara: pare de escrever tanto firmware e dê uma oportunidade para que o seu código tenha uma longa vida útil. No entanto, as coisas nem sempre caminham da forma que queremos. Então, vamos ver como podemos manter limpa a sua arquitetura embarcada para dar ao software uma excelente chance de ter uma vida longa e útil.

---

2. Dispositivo de hardware que controla a porta serial.

Teste de App-tidão

Por que grande parte dos softwares embarcados em potencial se torna firmware? Parece que o destaque maior está em fazer o código embarcado funcionar, e quase não se fala em estruturá-lo para uma longa vida útil. Kent Beck descreve três atividades pertinentes à criação de software (o texto entre aspas foi escrito por Kent; meus comentários estão em itálico):

1. "Primeiro faça funcionar." *Se não funcionar, prepare-se para falir.*
2. "Depois arrume." *Refatore o código para que você e outras pessoas possam entendê-lo e desenvolvê-lo à medida que ele exija mudanças ou uma melhor compreensão.*
3. "Depois aumente a velocidade." *Refatore o código de acordo com a meta de desempenho "necessária".*

Muitos dos sistemas de software embarcados que eu vejo por aí parecem ter sido escritos com "faça funcionar" em mente — e talvez com uma obsessão pelo objetivo de "aumentar a velocidade", concretizado pela inclusão de micro-otimizações sempre que possível. Em *The Mythical Man-Month*, Fred Brooks sugere um "planeje para jogar fora a primeira versão". Kent e Fred dão praticamente o mesmo conselho: aprenda o que funciona para, depois, desenvolver uma solução melhor.

O software embarcado não é uma exceção quando se trata desses problemas. A maioria dos apps não embarcados é criada apenas para funcionar, quase sem preocupação com a adequação do código a uma longa vida útil.

Fazer um app funcionar é o que chamo de teste de App-tidão para um programador. Atuando com softwares embarcados ou não, os programadores que se preocupam apenas em fazer os seus apps funcionarem estão prestando um desserviço para os seus produtos e empregadores. Há muito mais na programação do que apenas fazer um app funcionar.

Como exemplo de código produzido durante a realização do teste de App-tidão, confira essas funções localizadas em um arquivo de um pequeno sistema embarcado:

Capítulo 29 Arquitetura Limpa Embarcada

```
ISR(TIMER1_vect) { ... }
ISR(INT2_vect) { ... }
void btn_Handler(void) { ... }
float calc_RPM(void) { ... }
static char Read_RawData(void) { ... }
void Do_Average(void) { ... }
void Get_Next_Measurement(void) { ... }
void Zero_Sensor_1(void) { ... }
void Zero_Sensor_2(void) { ... }
void Dev_Control(char Activation) { ... }
char Load_FLASH_Setup(void) { ... }
void Save_FLASH_Setup(void) { ... }
void Store_DataSet(void) { ... }
float bytes2float(char bytes[4]) { ... }
void Recall_DataSet(void) { ... }
void Sensor_init(void) { ... }
void uC_Sleep(void) { ... }
```

Essa lista de funções está na ordem que encontrei no código-fonte. A seguir, separo e agrupo as funções por preocupação:

- Funções que têm lógica de domínio

    ```
    float calc_RPM(void) { ... }
    void Do_Average(void) { ... }
    void Get_Next_Measurement(void) { ... }
    void Zero_Sensor_1(void) { ... }
    void Zero_Sensor_2(void) { ... }
    ```

- Funções que configuram a plataforma de hardware

    ```
    ISR(TIMER1_vect) { ... }*
    ISR(INT2_vect) { ... }
    void uC_Sleep(void) { ... }
    Funções que reagem quando o botão On OFF é pressionado
    ```

O Gargalo de Hardware-alvo

```
void btn_Handler(void) { ... }
void Dev_Control(char Activation) { ... }
```
Um função que pode Ativar/Desativar as entradas lidas a partir do hardware.
```
static char Read_RawData(void) { ... }
```

- Funções que persistem valores no armazenamento persistente
```
char Load_FLASH_Setup(void) { ... }
void Save_FLASH_Setup(void) { ... }
void Store_DataSet(void) { ... }
float bytes2float(char bytes[4]) { ... }
void Recall_DataSet(void) { ... }
```

- Função que não faz o que o nome implica
```
void Sensor_init(void) { ... }
```

Analisando outros arquivos da aplicação, descobri muitos impedimentos para a compreensão do código. Também encontrei uma estrutura de arquivos que sugeria o alvo desse embarque como a única forma de testar qualquer parte do código. Praticamente todas as partes do código sabem que ele está em uma arquitetura especial de microprocessador, usando construções C "estendidas"[3] que ligam o código a uma determinada cadeia de ferramentas e microprocessador. Para que esse código tenha uma longa vida útil, o produto nunca deverá ser movido para um ambiente de hardware diferente.

Essa aplicação funciona: o engenheiro passou no teste de App-tidão. Mas não se pode dizer que a aplicação tenha uma arquitetura limpa embarcada.

O GARGALO DE HARDWARE-ALVO

Os desenvolvedores de softwares embarcados têm que lidar com várias preocupações especiais que não afetam os desenvolvedores de softwares não embarcados — como, por exemplo, espaço de memória limitado,

---

3. Alguns fabricantes de chips adicionam palavras-chave à linguagem C para simplificar o acesso aos registros e portas IO em C. Infelizmente, depois disso, o código já não é mais C.

Capítulo 29   Arquitetura Limpa Embarcada

restrições em tempo real e prazos, IO limitados, interfaces de usuário não convencionais e sensores e conexões com o mundo real. Quase sempre, o desenvolvimento do hardware ocorre simultaneamente com o do software e do firmware. Contudo, ao desenvolver o código desse tipo de sistema, o engenheiro talvez não tenha um lugar para executar esse código. E como se isso não fosse ruim o bastante, mesmo que você por acaso tenha acesso ao hardware, talvez ele apresente seus próprios defeitos, o que reduzirá ainda mais a velocidade do desenvolvimento do software em relação a um nível normal.

Sim, o software embarcado é especial. Os engenheiros de softwares embarcados são especiais. Mas o desenvolvimento de softwares embarcados não é *tão* especial a ponto de impedir a aplicação dos princípios indicados neste livro nos sistemas embarcados.

Um dos problemas especiais dos embarcados é o gargalo do hardware-alvo. Quando o código embarcado for estruturado sem a aplicação dos princípios e práticas da arquitetura limpa, você geralmente terá que encarar um cenário onde o seu código poderá ser testado apenas no alvo. Se o alvo for o único lugar onde o teste é possível, o gargalo do hardware-alvo causará atrasos.

UMA ARQUITETURA LIMPA EMBARCADA É UMA ARQUITETURA EMBARCADA TESTÁVEL

Vamos ver como aplicar alguns dos princípios arquiteturais ao software e ao firmware embarcados para ajudar a eliminar o gargalo do hardware-alvo.

Camadas

Você pode fazer camadas de vários modos. Vamos começar com três camadas, como indicado na Figura 29.1. Na parte de baixo, está o hardware. Como Doug disse, devido aos avanços tecnológicos e à lei de Moore, o hardware mudará. Algumas peças se tornarão obsoletas. Novas peças exigirão menos energia, terão um desempenho melhor ou serão mais baratas. Qualquer que seja a razão, um engenheiro de sistemas embarcados não quer trabalhar mais do que o necessário quando a inevitável mudança de hardware finalmente acontecer.

O Gargalo de Hardware-alvo

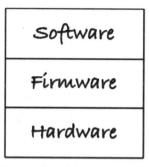

Figura 29.1 Três camadas

A separação entre hardware e o resto do sistema é um fato consumado — pelo menos depois da definição do hardware (Figura 29.2). Os problemas muitas vezes começam nesse ponto, em que você está tentando passar no teste de App-tidão. Não há como evitar que o conhecimento de hardware polua todo o código. Se você não tiver cuidado com o local onde coloca as coisas e com o que um módulo pode saber sobre outro módulo, o código ficará muito difícil de mudar. Não estou falando apenas de quando o hardware muda, mas de quando o usuário pede uma mudança ou um bug precisa ser corrigido.

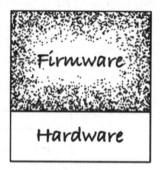

Figura 29.2 O hardware deve ser separado do resto do sistema

A mistura entre software e firmware é um antipadrão. Um código que exibe esse antipadrão resistirá a mudanças. Além disso, as mudanças serão perigosas e muitas vezes resultarão em consequências não intencionais. Será necessário realizar testes de regressão total do sistema inteiro para mudanças pequenas. Se você não criou testes instrumentados externamente, com certeza vai ficar entediado com os testes manuais — e com certeza vai receber relatórios de novos bugs.

Capítulo 29   Arquitetura Limpa Embarcada

O Hardware é um Detalhe

O limite entre software e firmware normalmente não é tão bem definido quanto o limite entre código e hardware, como indicado na Figura 29.3.

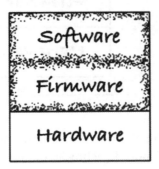

Figura 29.3 O limite entre software e firmware é um pouco mais difuso do que o limite entre código e hardware.

Um dos seus trabalhos como desenvolvedor de software embarcado é consolidar esse limite. O nome do limite entre software e firmware é camada de abstração de hardware (HAL — Hardware Abstraction Layer) (Figura 294). Essa ideia não é nova: ela está nos PCs desde muito antes do Windows.

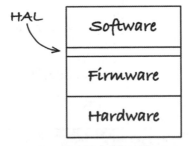

Figura 29.4 A camada de abstração de hardware

A HAL existe para o software que fica no topo dela, e a sua API deve ser feita sob medida para atender as necessidades do software. Por exemplo, o firmware pode armazenar bytes e arrays de bytes em memória flash. Por outro lado, a aplicação precisa armazenar e ler pares de nome/valor armazenados em algum mecanismo de persistência. O software não deve se preocupar com o fato de que os pares nome/valor estão armazenados em memória flash, em um disco giratório, na nuvem ou na memória central. A HAL presta um serviço sem revelar ao software como o faz. A implementação flash é um detalhe que deve ficar escondido do software.

Em mais um exemplo, um LED é ligado a um bit GPIO. O firmware pode dar acesso aos bits GPIO, onde a HAL pode fornecer `Led_TurnOn(5)`. Essa é uma camada de abstração de hardware de nível bem baixo. Vamos considerar se devemos aumentar o nível de abstração de uma perspectiva de hardware para a perspectiva de software/produto. O que o LED está indicando? Suponha que esteja indicando bateria baixa. Em algum nível, o firmware (ou um pacote de suporte de placa) pode fornecer `Led_TurnOn(5)`, enquanto HAL fornece `Indicate_LowBattery()`. Você pode ver a HAL expressando os serviços necessários para a aplicação. Observe também que as camadas podem conter camadas. Parece mais um padrão de repetição fractal do que um conjunto limitado de camadas predefinidas. As atribuições do GPIO são detalhes que devem ficar escondidos do software.

Não Revele Detalhes de Hardware para o Usuário da HAL

Um software de arquitetura limpa embarcada deve ser testável *fora* do hardware-alvo. Uma HAL de sucesso fornece linha de junção ou conjunto de pontos de substituição que facilitam a realização do teste fora do alvo.

O Processador é um Detalhe

Quando a sua aplicação embarcada usar uma cadeia de ferramentas especializadas, ela frequentemente fornecerá arquivos header para <i>ajudá-lo</i>.[4] Esses compiladores muitas vezes fazem mudanças significativas na linguagem C, adicionando novas palavras-chave para acessar seus recursos de processador. O código parecerá com C, mas já não será C.

Às vezes, os compiladores C adquiridos de fornecedores externos oferecem algo parecido com variáveis globais, que dão acesso direto aos registros do processador, portas IO, temporizadores, bits IO, controladores de interrupção e outras funções do processador. É útil ter um acesso fácil a

---

[4]. *Essa afirmação usa HTML intencionalmente.*

Capítulo 29   Arquitetura Limpa Embarcada

esses itens, mas saiba que qualquer parte do seu código que use esses recursos úteis não está mais em C. Não compilará para outro processador ou com um compilador diferente para o mesmo processador.

Eu odiaria chegar à conclusão de que fornecedores de silício e ferramentas são cínicos e atrelam o seu produto ao compilador. Vamos dar o benefício da dúvida para o fornecedor e supor que ele está só tentando ajudar. Mas é você quem tem que decidir se vai usar essa ajuda de forma não prejudicial no futuro. Você deve limitar o número de arquivos que terão permissão de saber sobre as extensões do C.

Vamos ver um arquivo header projetado para a família ACME de DSPs — você sabe: aqueles usados por Willy Coiote:

```
#ifndef _ACME_STD_TYPES
#define _ACME_STD_TYPES

#if defined(_ACME_X42)
    typedef unsigned int        Uint_32;
    typedef unsigned short      Uint_16;
    typedef unsigned char       Uint_8;

    typedef int                 Int_32;
    typedef short               Int_16;
    typedef char                Int_8;
#elif defined(_ACME_A42)
    typedef unsigned long       Uint_32;
    typedef unsigned int        Uint_16;
    typedef unsigned char       Uint_8;

    typedef long                Int_32;
    typedef int                 Int_16;
    typedef char                Int_8;
#else
    #error <acmetypes.h> is not supported for this environment
#endif

#endif
```

O Gargalo de Hardware-alvo

O arquivo header `acmetypes.h` não deve ser usado diretamente. Se você fizer isso, o seu código será ligado a um dos DSPs ACME. Mas você diz que está usando um DSP ACME. Então, qual é o problema? Você não pode compilar o seu código a não ser que inclua esse header. Se você usar o header e definir _ACME_X42 ou _ACME_A42, seus inteiros estarão do tamanho errado se você tentar testar o código fora do alvo. E como se isso já não fosse ruim o bastante, um dia, quando resolver transportar a sua aplicação para outro processador, você verá como transformou essa tarefa em algo muito mais difícil ao não escolher a portabilidade e por não limitar o número de arquivos que sabem sobre ACME.

Em vez de usar `acmetypes.h`, tente seguir um caminho mais padronizado e use `stdint.h`. Mas o que acontece quando o compilador-alvo não fornece `stdint.h`? Você pode escrever isso no arquivo header. O `stdint.h` que você escreve para construções-alvo usa o `acmetypes.h` para compilações-alvo como essa:

```
#ifndef _STDINT_H_
#define _STDINT_H_

#include <acmetypes.h>

typedef Uint_32  uint32_t;
typedef Uint_16  uint16_t;
typedef Uint_8   uint8_t;

typedef Int_32   int32_t;
typedef Int_16   int16_t;
typedef Int_8    int8_t;

#endif
```

Fazer com que o seu software embarcado e firmware usem `stdint.h` ajuda a manter seu código limpo e portável. Certamente, todo o *software* deve ser independente do processador, mas nem todo o

Capítulo 29   Arquitetura Limpa Embarcada

firmware pode ser. Esse pedaço de código se beneficia das extensões especiais para C que dão ao seu código acesso aos periféricos no microcontrolador. É provável que o seu produto use esse microcontrolador para que você possa usar seus periféricos integrados. Essa função resulta em uma linha que diz "hi" para a porta de saída serial. (O exemplo a seguir é baseado em um código real já disponível no mercado.)

```
void say_hi()
{
  IE = 0b11000000;
  SBUF0 = (0x68);
  while(TI_0 == 0);
  TI_0 = 0;
  SBUF0 = (0x69);
  while(TI_0 == 0);
  TI_0 = 0;
  SBUF0 = (0x0a);
  while(TI_0 == 0);
  TI_0 = 0;
  SBUF0 = (0x0d);
  while(TI_0 == 0);
  TI_0 = 0;
  IE = 0b11010000;
}
```

Há vários problemas nessa pequena função. Talvez chame a sua atenção a presença de `0b11000000`. Essa notação binária é legal; C pode fazer isso? Infelizmente não. Alguns dos problemas desse código estão relacionados ao uso direto de extensões C customizadas:

`IE`: bit de habilitação de interrupção.

`SBUF0`: buffer de saída serial.

`TI_0`: buffer de transmissão serial esvazia a interrupção. O 1 indica que o buffer está vazio.

O Gargalo de Hardware-alvo

Na verdade, as variáveis em letras maiúsculas acessam os periféricos embutidos do microcontrolador. Para controlar as interrupções e caracteres de saída, você deve usar esses periféricos. Sim, isso é conveniente — mas não é C.

Uma arquitetura limpa embarcada usa diretamente esses registros de acesso de dispositivo em pouquíssimos lugares, confinando todos integralmente no *firmware*. Qualquer item que saiba sobre esses registros se torna um *firmware* e, consequentemente, fica ligado ao silício. Ligar o código ao processador prejudica a obtenção de um código funcional antes de um hardware estável e a transferência da sua aplicação embarcada para um novo processador.

Se você estiver usando um microcontrolador como esse, o seu firmware poderá isolar essas funções de baixo nível com algum tipo de *camada de abstração de processador* (PAL — Processor Abstraction Layer). O firmware acima da PAL pode ser testado fora do alvo, o que o torna um pouco menos firme.

O Sistema Operacional é um Detalhe

Uma HAL é necessária, mas é suficiente? Em sistemas embarcados bare-metal, uma HAL pode ser tudo o que você precisa para evitar que o seu código fique muito viciado no ambiente operacional. Mas e os sistemas embarcados que usam um sistema operacional em tempo real (RTOS — Real Time Operating System) ou alguma versão embarcada de Linux ou Windows?

Para dar ao seu código embarcado uma boa chance de ter uma vida longa, você precisa tratar o sistema operacional como um detalhe e protegê-lo contra dependências de SO — Sistema Operacional.

O software acessa os serviços do ambiente operacional através do SO. O SO é uma camada que separa o software do firmware (Figura 29.5). Usar uma OS diretamente pode causar problemas. Por exemplo, e se o seu fornecedor de RTOS for comprado por outra empresa e o valor dos royalties aumentar ou a qualidade cair? E se as suas necessidades mudarem e o seu RTOS não tiver as capacidades que você exige agora? Você terá que mudar grande parte do código. Essas não serão apenas mudanças sintáticas simples devido ao novo API do SO. Na verdade, provavelmente terão que se adaptar semanticamente às novas capacidades e primitivas do SO.

Capítulo 29 Arquitetura Limpa Embarcada

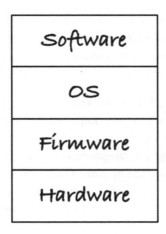

Figura 29.5 Adicionando um sistema operacional

Uma arquitetura limpa embarcada isola o software do sistema operacional com uma *camada de abstração de sistema operacional* (OSAL — Operating System Abstraction Layer) (Figura 29.6). Em alguns casos, implementar essa camada pode ser tão simples quanto mudar o nome de uma função. Em outros, pode envolver a utilização de várias funções.

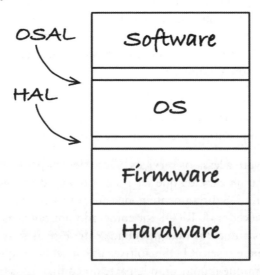

Figura 29.6 Camada de abstração de um sistema operacional

O Gargalo de Hardware-alvo

Se você alguma vez já moveu seu software de um RTOS para outro, sabe como é difícil. Se o seu software depende de um OSAL em vez do SO diretamente, você basicamente iria escrever um novo OSAL compatível com o OSAL anterior. O que você prefere: modificar diversas partes de um complexo código existente ou escrever um código novo para uma interface e um comportamento definidos? Essa não é uma pegadinha. Eu escolho a última opção.

Você talvez fique preocupado com a possibilidade de inchaço do código. Na verdade, a camada se torna o local onde se isola grande parte da duplicação relacionada ao uso de um SO. Essa duplicação não tem que impor uma grande sobrecarga. Se você definir um OSAL, também pode orientar as suas aplicações a terem uma estrutura em comum. Pode fornecer mecanismos de transmissão de mensagens em vez de cada thread ter que criar manualmente seu modelo de concorrência.

O OSAL pode ajudar a fornecer pontos de teste para que o valioso código de aplicação na camada de software possa ser testado fora do alvo e fora do SO. Um software de arquitetura limpa embarcada deve ser testável fora do sistema operacional-alvo. Um OSAL de sucesso fornece essa linha de junção ou conjunto de pontos de substituição que facilitam o teste fora do alvo.

PROGRAMANDO PARA INTERFACES E SUBSTITUIBILIDADE

Além de adicionar uma HAL e possivelmente uma OSAL em cada uma das camadas principais (software, SO, firmware e hardware), você pode — e deve — aplicar os princípios descritos neste livro. Esses princípios orientam a separação de preocupações, a programação para interfaces e a substituibilidade.

A arquitetura em camadas surge da ideia de programar em interfaces. Quando um módulo interage com outro por uma interface, você pode substituir um fornecedor de serviço por outro. Muitos leitores já devem ter escrito pequenas versões de `printf` para implantação no alvo. Desde que a interface do seu `printf` seja igual à da versão padrão do `printf`, você poderá substituir um serviço pelo outro.

271

Capítulo 29   Arquitetura Limpa Embarcada

Uma regra geral básica aqui é usar arquivos header como definições de interface. No entanto, ao fazer isso, você precisa ter cuidado com o que será incluído no arquivo header. Limite o conteúdo de um arquivo header a declarações de função, nomes de constantes e estruturas necessárias para as funções.

Não encha os arquivos header de interfaces com estruturas de dados, constantes e typedefs necessários apenas para a implementação. Isso não apenas causa confusão, como pode levar a dependências indesejadas. Limite a visibilidade dos detalhes da implementação. Suponha que os detalhes da implementação mudarão. Se o código conhecer os detalhes de poucos lugares, haverá menos lugares para rastrear e modificar o código.

Uma arquitetura limpa embarcada é testável dentro das camadas porque os módulos interagem através de interfaces. Cada interface fornece essa linha de junção ou ponto de substituição que facilita o teste fora do alvo.

Diretivas de Compilação Condicional DRY

Um uso muito ignorado da substituibilidade está relacionado ao modo como programas C e C++ embarcados lidam com diferentes alvos ou sistemas operacionais. Há uma tendência de usar a compilação condicional para ligar e desligar segmentos de código. Lembro de um caso especialmente problemático onde a declaração `#ifdef BOARD_V2` foi mencionada milhares de vezes em uma aplicação de telecom.

Essa repetição de código viola o princípio DRY (Don't Repeat Yourself).[5] Ver `#ifdef BOARD_V2` uma vez não é um problema. Mas ver isso *seis mil vezes* é um grave problema. A compilação condicional que identifica o tipo de hardware-alvo geralmente é repetida em sistemas embarcados. Mas o que podemos fazer nesse caso?

E se houvesse uma camada de abstração de hardware? Nessa situação, o tipo de hardware se tornaria um detalhe escondido sob a HAL. Se a HAL fornecer um conjunto de interfaces em vez de usar uma compilação condicional, poderemos usar o linkador ou alguma forma de vinculação em tempo de execução para conectar o software ao hardware.

---

5. Hunt e Thomas, *The Pragmatic Programmer*.

Conclusão

As pessoas que desenvolvem software embarcado têm muito a aprender com as experiências fora dessa área. Se o leitor for um desenvolvedor de softwares embarcados, encontrará uma vasta sabedoria sobre desenvolvimento de software nas palavras e ideias deste livro.

Deixar que todo o código se torne firmware não é bom para a saúde do seu produto a longo prazo. Ser capaz de testar apenas no hardware-alvo não é bom para a saúde do seu produto a longo prazo. Uma arquitetura limpa embarcada é boa para a saúde do seu produto a longo prazo.

VI DETALHES

30 A Base de Dados é um Detalhe

Capítulo 30   A Base de Dados é um Detalhe

Do ponto de vista arquitetural, a base de dados é uma não entidade, ou seja, um detalhe que não chega ao nível de um elemento arquitetural. Seu relacionamento com a arquitetura de um sistema de software é como o de uma maçaneta com a arquitetura da sua casa.

Sei que essas palavras são difíceis de aceitar. Eu mesmo já vivenciei esse conflito. Então, vou direto ao ponto: não estou falando do modelo de dados. A estrutura dos dados na sua aplicação é altamente significante para a arquitetura do seu sistema. Mas a base de dados não é o modelo de dados. A base de dados é um pedaço de software, uma utilidade que fornece acesso aos dados. Do ponto de vista da arquitetura, essa utilidade é irrelevante porque é um detalhe de baixo nível, um mecanismo. E uma arquitetura boa não permite que mecanismos de baixo nível poluam a arquitetura do sistema.

BANCO DE DADOS RELACIONAIS

Em 1970, Edgar Codd definiu os princípios dos bancos de dados relacionais. Em meados da década de 80, o modelo relacional já havia se tornado a forma dominante de armazenamento de dados. Havia uma boa razão para essa popularidade: o modelo relacional é elegante, disciplinado e robusto. Além disso, é excelente como armazenamento de dados e tecnologia de acesso.

Mas por mais que uma tecnologia seja brilhante, útil e matematicamente sólida, ela ainda é só uma tecnologia. Em outras palavras, é só um detalhe.

Embora tabelas relacionais sejam convenientes para certas formas de acesso de dados, não há nada arquiteturalmente significante em organizar dados em linhas dentro de tabelas. Os casos de uso da sua aplicação não devem nem saber nem se preocupar com esse tipo de coisa. Na verdade, o conhecimento da estrutura tabular dos dados deve ser restrito às funções utilitárias de nível mais baixo nos círculos mais externos da arquitetura.

Muitos frameworks de acesso de dados permitem que linhas e tabelas da base de dados sejam transferidas para o sistema como objetos. Esse é um erro arquitetural, pois acopla os casos de uso, as regras de negócio e, em alguns casos, até mesmo a UI à estrutura relacional dos dados.

Por que os Sistemas de Bancos de Dados são tão Predominantes?

Por que os sistemas e empresas de software são dominados por sistemas de bancos de dados? O que explica a preeminência de Oracle, MySQL e SQL Server? Em uma palavra: discos.

O disco magnético giratório foi o principal suporte de armazenamento de dados por cinco décadas. Várias gerações de programadores não conheceram outra forma de armazenamento de dados. A tecnologia do disco foi de grandes pilhas de pratos maciços de 48 polegadas de diâmetro, que pesavam milhares de quilos e armazenavam 20 megabytes, para círculos finos individuais de 3 polegadas de diâmetro, que pesam apenas alguns gramas e armazenam um terabyte ou mais. *Foi uma viagem alucinante.* E no decorrer desse passeio, os programadores foram atormentados por um traço fatal dessa tecnologia: discos são *lentos*.

Em um disco, os dados são armazenados dentro de faixas circulares. Essas faixas se dividem em setores que armazenam um número conveniente de bytes, normalmente 4K. Cada prato pode ter centenas de faixas, e pode haver mais ou menos uma dúzia de pratos. Se você quiser ler um byte específico do disco, precisa mover a cabeça para a faixa adequada, esperar que o disco gire para o setor adequado, ler todos os 4K desse setor para a RAM e indexar no buffer dessa RAM para obter o byte desejado. E tudo isso leva tempo — alguns milissegundos.

Isso pode não parecer muito, mas cada milissegundo é um milhão de vezes superior ao tempo do ciclo da maioria dos processadores. Se esses dados não estivessem em um disco, poderiam ser acessados em nanossegundos em vez de milissegundos.

Para mitigar o delay imposto pelos discos, você precisa de índices, caches e esquemas de consulta otimizados e de algum tipo de meio

Capítulo 30   A Base de Dados é um Detalhe

regular para representar os dados, de modo que esses índices, caches e esquemas de consulta saibam com o que estão trabalhando. Resumindo, você precisa de um acesso de dados e um sistema de gestão. Ao longo dos anos esses sistemas se dividiram em dois tipos distintos: sistemas de arquivos e sistemas de gestão de banco de dados relacional (RDBMS — Relational Database Management System).

Sistemas de arquivos são baseados em documentos. Eles fornecem uma maneira natural e conveniente de armazenar documentos inteiros. Funcionam bem quando você precisa salvar e recuperar um conjunto de documentos pelo nome, mas não são de muita ajuda quando se procura o conteúdo desses documentos. É fácil encontrar um arquivo chamado `login.c`, mas é difícil e demorado encontrar cada arquivo `.c` que contenha uma variável x.

Sistemas de banco de dados são baseados em conteúdo. Eles fornecem uma maneira natural e conveniente de encontrar registros pelo conteúdo. São muito bons em associar vários registros com base em uma parte do conteúdo que todos compartilham. Mas, infelizmente, são muito ruins para armazenar e resgatar documentos opacos.

Ambos os sistemas organizam os dados no disco para que possam ser armazenados e resgatados da maneira mais eficaz possível, dadas as necessidades particulares de acesso. Cada um tem seu próprio esquema para indexar e organizar os dados. Além disso, cada um leva dados relevantes para a RAM, onde podem ser rapidamente manipulados.

E SE NÃO HOUVESSE UM DISCO?

Por mais predominantes que os discos tenham sido, agora são uma raça em extinção. Logo irão pelo mesmo caminho que drives de fita, drives de disquete e CDs. Estão sendo substituídos pela RAM.

Faça essa pergunta: quando não existirem mais discos, e todos os seus dados forem armazenados na RAM, como você organizará esses dados? Organizará em tabelas e acessará com SQL? Em arquivos acessíveis por meio de diretórios?

É claro que não. Você organizará os dados em listas encadeadas, árvores, tabelas hash, pilhas, filas ou qualquer outra das inúmeras estruturas de dados, que acessará usando ponteiros ou referências — porque *é isso que os programadores fazem.*

Na verdade, se você parar para pensar, perceberá que já faz isso. Embora sejam mantidos em uma base de dados ou em um sistema de arquivos, você lê os dados na RAM e os reorganiza, como desejar, em listas, conjuntos, pilhas, filas, árvores ou qualquer estrutura de dados que satisfaça seus caprichos.

Detalhes

Por isso digo que a base de dados é um detalhe. Ela é apenas um mecanismo que usamos para mover dados de lá pra cá, entre a superfície do disco e a RAM. A base de dados não é nada mais do que apenas um grande balde de bits onde armazenamos dados por um longo prazo. Mas raramente usamos os dados dessa forma.

Assim, de um ponto de vista arquitetural, não devemos nos preocupar com a forma dos dados na superfície de um disco magnético giratório. Na verdade, nem mesmo precisamos reconhecer a existência do disco.

Mas e o Desempenho?

O desempenho não é uma preocupação arquitetural? É claro que é — mas quando se trata de armazenamento de dados, é uma preocupação que pode ser totalmente encapsulada e separada das regras de negócio. Sim, precisamos colocar e tirar dados do armazenamento rapidamente, mas essa é uma preocupação de baixo nível. Podemos lidar com isso com mecanismos de acesso de dados de baixo nível, o que não tem nada a ver com a arquitetura geral dos nossos sistemas.

Capítulo 30 A Base de Dados é um Detalhe

ANEDOTA

No fim da década de 80, eu liderava uma equipe de engenheiros de software em uma empresa startup. Estávamos tentando criar e comercializar um sistema de gestão de rede que media a integridade de comunicação em linhas de telecomunicação T1. O sistema recuperava dados dos dispositivos nas extremidades dessas linhas e executava uma série de algoritmos de previsão para detectar e relatar problemas.

Usávamos plataformas UNIX e armazenávamos nossos dados em arquivos de acesso aleatório simples. Não precisávamos de uma base de dados relacional porque nossos dados tinham poucos relacionamentos baseados em conteúdo. Era melhor mantê-los em árvores e listas encadeadas nesses arquivos de acesso aleatório. Resumindo, mantivemos os dados em
uma forma que era mais conveniente para carregar na RAM onde podiam ser manipulados.

Contratamos um gestor de marketing para essa startup — um cara legal e inteligente. Mas ele me disse imediatamente que tínhamos que ter uma base de dados relacional no sistema. Não era uma opção nem uma questão de engenharia — era uma questão de marketing.

Isso não fazia sentido para mim. Por que eu devia reorganizar minhas listas encadeadas e árvores em um monte de linhas e tabelas acessadas por SQL? Por que eu devia introduzir todas as despesas de um RDBMS massivo quando um simples sistema de arquivos de acesso aleatório era mais do que o suficiente? Acabamos partindo para a briga.

Na empresa havia um engenheiro de hardware que ficou do lado do RDBMS. Ele se convenceu de que nosso sistema de software precisava de um RDBMS por razões técnicas. Sem que eu soubesse, ele fez reuniões com os executivos da empresa, onde desenhava na lousa uma casa equilibrada em um mastro e perguntava a les: "Vocês construiriam uma casa em um mastro?" Sua mensagem implícita dizia que o RDBMS, que mantinha suas tabelas em arquivos de acesso aleatório, era de alguma forma mais confiável do que os arquivos de acesso aleatório que estávamos usando.

Lutei contra ele. Lutei contra o cara do marketing. Mantive meus princípios de engenharia em face de uma ignorância incrível. Lutei, lutei e lutei.

No final das contas, o desenvolvedor de hardware foi promovido a um cargo acima do meu, para gerente de software. No final das contas, eles acabaram colocando um RDBMS naquele pobre sistema. No final das contas, eles estavam absolutamente certos e eu estava errado.

A questão não tinha nada a ver com engenharia. Na verdade, eu estava certo sobre isso. Tinha razão em lutar contra colocar um RDBMS no centro arquitetural do sistema. Se eu estava errado, era porque nossos clientes esperavam que tivéssemos uma base de dados relacional. Eles não sabiam o que fazer com ela. Eles não tinham nenhuma forma realista de usar os dados relacionais em nosso sistema. Mas isso não importava: nossos clientes esperavam um RDBMS. Esse era um item que todos os compradores de software tinham em suas listas. Ninguém pensava na engenharia — a racionalidade não tinha nada a ver com isso. Era uma necessidade irracional, externa e totalmente sem base, mas não era menos real por isso.

De onde veio essa necessidade? Ela se originou nas campanhas de marketing altamente eficazes promovidas pelos vendedores de base de dados da época. Eles tinham conseguido convencer executivos de alto nível que seus "ativos de dados" corporativos precisavam de proteção e que os sistemas de base de dados que ofereciam eram a proteção ideal.

Vemos o mesmo tipo de campanha de marketing atualmente. A palavra "empresa" e a noção de "Arquitetura Orientada a Serviço" têm muito mais a ver com o marketing do que com a realidade.

O que eu *deveria* ter feito naquela situação? Deveria ter incluído um RDBMS à parte do sistema, dedicado a ele um canal de acesso de

Capítulo 30   A Base de Dados é um Detalhe

dados limitado e seguro e mantido os arquivos de acesso aleatório no centro do sistema. O que eu *fiz*? Pedi demissão e me tornei um consultor.

Conclusão

A estrutura de dados organizacional, ou modelo de dados, é arquiteturalmente significante. As tecnologias e sistemas que movem os dados para dentro e para fora de uma superfície magnética giratória não são. Sistemas de banco de dados relacionais que forçam os dados a serem organizados em tabelas e acessados com SQL têm muito mais a ver com tabelas do que com SQL. Os dados são significantes. A base de dados é um detalhe.

31 A Web é um Detalhe

Capítulo 31   A Web é um Detalhe

Você atuou como desenvolvedor na década de 90? Lembra como a web mudou tudo? Lembra como olhamos para nossas velhas arquiteturas cliente–servidor com desdém diante da nova e brilhante tecnologia da Web?

Na verdade, a web não mudou nada. Ou, pelo menos, não deveria ter mudado. A web é só a última de uma série de oscilações na nossa indústria desde a década de 60. Essas oscilações vão e voltam em torno de colocar o poder computacional em servidores centrais ou colocá-lo todo em terminais.

Vimos várias dessas oscilações na última década, desde que a web se tornou proeminente. Primeiro, pensamos que todo o poder computacional ficaria em fazendas de servidores e os navegadores seriam burros. Então começamos a colocar applets nos navegadores. Mas não gostamos disso, então movemos o conteúdo dinâmico de volta para os servidores. Mas não gostamos disso, então inventamos a Web 2.0 e movemos muito do processamento de volta para o navegador com Ajax e JavaScript. Fomos tão longe que criamos aplicações enormes para serem executadas nos navegadores. E agora estamos muito animados para colocar esse JavaScript de volta no servidor com Node.

(Suspiro.)

O Pêndulo Infinito

É claro, seria incorreto pensar que essas oscilações começaram com a web. Antes da web, havia a arquitetura cliente–servidor. Antes disso, havia os microcomputadores centrais com uma série de terminais burros. Antes disso, havia os mainframes com terminais inteligentes de tela verde (que eram muito análogos aos navegadores modernos). Antes disso, havia salas de computadores e cartões perfurados...

E assim por diante. Parece que não conseguimos entender onde queremos colocar o poder computacional. Vamos e voltamos entre centralizá-lo e distribuí-lo. E eu imagino que essas oscilações continuarão por algum tempo.

Quando você analisa o escopo geral da história da TI, vê que a web não mudou nada. A web foi simplesmente uma das muitas oscilações em uma luta que começou antes de muitos de nós terem nascido e continuará até muito depois que tivermos nos aposentado.

Como arquitetos, no entanto, precisamos considerar o longo prazo. Essas oscilações são apenas questões de curto prazo que queremos afastar do núcleo central de nossas regras de negócio.

Vou contar a história da empresa Q. A empresa Q criou um sistema de finanças pessoais muito popular: uma aplicação de desktop com uma GUI muito útil. Eu adorava usá-lo.

Então veio a web. Em seu próximo release, a empresa Q mudou a GUI para parecer e se comportar como um navegador. Eu fiquei chocado! Que gênio do marketing decidiu que um software de finanças pessoais, executado em um desktop, deveria ter a aparência e a sensação de um navegador web?

É claro que eu odiei a nova interface. Aparentemente todo mundo também odiou — porque depois de alguns releases, a empresa Q removeu gradualmente a sensação de navegador e alterou o visual do sistema de finanças pessoais de volta para o de uma GUI regular de desktop.

Agora imagine-se atuando como um arquiteto de software da Q. Imagine que algum gênio do marketing convenceu a alta gerência de que toda a UI deve mudar para parecer mais como a web. O que você deve fazer? Ou melhor, o que você deveria ter feito antes deste ponto para proteger sua aplicação contra o gênio do marketing?

Você deveria ter desacoplado suas regras de negócio da sua UI. Eu não sei se os arquitetos de Q fizeram isso. Adoraria ouvir a história deles algum dia. Se eu estivesse lá na época, certamente teria pressionado muito para isolar as regras de negócio da GUI, porque você nunca sabe o que os gênios do marketing farão em seguida.

Agora considere a empresa A, que produz um lindo smartphone. Recentemente ela lançou uma versão atualizada de seu "sistema operacional" (é tão estranho falar sobre sistemas operacionais dentro de um telefone). Dentre outras coisas, essa atualização do "sistema operacional" mudou a aparência e a sensação de todos os aplicativos.

Capítulo 31   A Web é um Detalhe

Por quê? Porque algum gênio do marketing disse que era pra ser assim, eu suponho.

Não sou especialista no software executado nesse dispositivo, então não sei se essa mudança causou alguma dificuldade significante para os programadores dos apps que são executados no telefone da empresa A. Espero que os arquitetos de A e os arquitetos dos apps mantenham suas UI e regras de negócio isoladas umas das outras, porque há sempre gênios do marketing por aí, só esperando para agarrar o próximo pedacinho de acoplamento que você criar.

O Desfecho

O desfecho é simplesmente este: a GUI é um detalhe. A web é uma GUI. Então a web é um detalhe. E, como arquiteto, você deve colocar detalhes como esses atrás de limites que os mantenham separados da sua lógica de negócios central.

Pense nisso desta forma: *a WEB é um dispositivo IO*. Na década de 1960, aprendemos o valor de escrever aplicações independentes de dispositivos. A motivação para essa independência não mudou. A web não é uma exceção a essa regra.

Ou é? Pode-se argumentar que uma GUI como a web é tão única e rica que chega a ser absurdo buscar uma arquitetura independente do dispositivo. Quando você pensa nas complexidades da validação de JavaScript, em chamadas AJAX de drag-and-drop ou em qualquer um dos excessos de outros widgets e gadgets que você pode colocar em uma página web, é fácil definir a independência de dispositivo como impraticável.

Até certo ponto isso é verdade. A interação entre a aplicação e a GUI é "comunicativa" de maneiras bem específicas, de acordo com o tipo de GUI que você tem. A dança entre um navegador e uma aplicação web é diferente da dança entre uma GUI de desktop e sua aplicação. Tentar abstrair essa dança, como os dispositivos são abstraídos da UNIX, parece praticamente impossível.

Mas há outro limite entre a UI e a aplicação que *pode* ser abstraído. A lógica de negócios pode ser pensada como um conjunto de casos de uso, em que cada um realiza alguma função em nome de um usuário. Cada caso de uso pode ser descrito com base nos dados de entrada, no processamento realizado e nos dados de saída.

Em algum ponto da dança entre a UI e a aplicação, os dados de entrada podem ser definidos como completos, permitindo que o caso de uso seja executado. Após a conclusão, os dados resultantes podem ser realimentados na dança entre a UI e a aplicação.

Os dados de entrada completos e os dados de saída resultantes podem ser colocados em estruturas de dados e usados como valores de entrada e valores de saída no processo que executa o caso de uso. Nessa abordagem, podemos considerar que cada caso de uso opera o dispositivo de entrada e saída da UI de forma independente do dispositivo.

Conclusão

Esse tipo de abstração não é fácil e provavelmente exigirá várias iterações até que você consiga acertá-la. Mas é possível. E já que o mundo está cheio de gênios do marketing, não é difícil entender como isso frequentemente é muito necessário.

Frameworks são Detalhes

32

Capítulo 32   Frameworks são Detalhes

Os frameworks ficaram bem populares. Em termos gerais, essa é uma coisa boa. Há muitos frameworks gratuitos, poderosos e úteis por aí.

Contudo, frameworks não são arquiteturas — embora alguns tentem ser.

Autores de Framework

A maioria dos autores de framework oferece seu serviço de graça porque querem ser úteis à comunidade. Querem retribuir. Isso é louvável. No entanto, apesar desses nobres motivos, esses autores não têm os *seus* melhores interesses em mente. E nem podem ter, porque não lhe conhecem e não conhecem os seus problemas.

Os autores de framework conhecem seus próprios problemas e os problemas dos seus colegas de trabalho e amigos. E eles escrevem esses frameworks para resolver *esses* problemas — não os seus.

É claro, seus problemas provavelmente coincidirão um pouco com os problemas deles. Se esse não fosse o caso, frameworks não seriam tão populares. Na medida em que essas coincidências ocorrem, os frameworks podem realmente ser bem úteis.

Casamento Assimétrico

O relacionamento entre você e o autor do framework é extraordinariamente assimétrico. Você se compromete muito com o framework, mas o autor do framework não estabelece nenhum compromisso com você.

Pense nisso com cuidado. Quando você usa um framework, lê a documentação que o autor desse framework fornece. Nessa documentação, o autor e os outros usuários do framework orientam você a integrar seu software com o framework. Normalmente, isso significa estruturar sua arquitetura em torno desse framework. O autor recomenda que você derive das classes de base do framework e importe os utilitários do framework para seus objetos de negócio. O autor encoraja você a *acoplar* sua aplicação ao framework com a maior proximidade possível.

Para o autor do framework, acoplar ao próprio framework dele não é um risco. O autor *quer* acoplar àquele framework, porque o autor tem controle absoluto sobre aquele framework.

E mais, o autor quer que *você* acople ao framework, porque uma vez acoplado dessa maneira, é muito difícil desacoplar. Nada parece mais validador para o autor do framework do que um monte de usuários desejando derivar indissociavelmente das suas classes de base.

Na verdade, o autor está pedindo que você case com o framework — que firme um compromisso enorme e de longo prazo com esse framework. Mas o autor nunca irá firmar um compromisso correspondente com você. É um casamento unidirecional. Você assume todo o risco e o fardo, mas o autor do framework não assume nada.

Os Riscos

Quais são os riscos? Indico aqui apenas alguns deles.

- A arquitetura do framework muitas vezes não é muito limpa. Frameworks tendem a violar a Regra de Dependência. Eles pedem que você herde o código deles em seus objetos de negócios — suas Entidades! Eles querem seus frameworks acoplados naquele círculo mais interno. Depois que entra, esse framework não sai mais. A aliança está no seu dedo e vai continuar lá.
- O framework pode ajudá-lo com alguns recursos iniciais da sua aplicação. Contudo, à medida que seu produto amadurece, ele pode superar as instalações do framework. Se você colocou aquela aliança, verá o framework lutando cada vez mais com você com o passar do tempo.
- O framework pode evoluir em uma direção que você não acha útil. Você pode ficar preso a atualizar para novas versões que não o ajudam. Pode até descobrir que os recursos antigos que usava estão desaparecendo ou mudando de maneiras difíceis de acompanhar.
- Pode surgir um framework novo e melhor para o qual você gostaria de mudar.

Capítulo 32 Frameworks são Detalhes

A Solução

Qual é a solução?

Não case com o framework!

Ah, você pode *usar* o framework — só não se acople a ele. Mantenha uma certa distância. Trate o framework como um detalhe que pertence aos círculos mais externos da arquitetura. Não deixe que ele entre nos círculos mais internos.

Se o framework quiser que você derive seus objetos de negócios das classes de base dele, diga não! Em vez disso, derive proxies e os mantenha em componentes que sejam *plug-ins* das suas regras de negócio.

Não deixe os frameworks entrarem em seu código central. Em vez disso, integre-os em componentes que operem como plug-ins no código central, de acordo com a Regra da Dependência.

Por exemplo, talvez você goste do Spring. Spring é um bom framework de injeção de dependência. Talvez você use o Spring para ligar automaticamente suas dependências. Tudo bem, mas você não deve espalhar anotações `@Autowired` em todos os seus objetos de negócios. Seus objetos de negócios não devem saber do Spring.

Em vez disso, você pode usar o Spring para injetar dependências em seu componente `Main`. Tudo bem que `Main` saiba sobre Spring, já que `Main` é o componente mais sujo e de nível mais baixo da arquitetura.

Eu os Declaro...

Há alguns frameworks com os quais você simplesmente deve casar. Se você estiver usando C++, por exemplo, provavelmente terá que casar com STL — é difícil evitar. Se você estiver usando Java, quase certamente terá que casar com a biblioteca padrão.

Isso é normal — mas também deve ser uma *decisão*. Você precisa entender que quando casa um framework com a sua aplicação, ficará preso a esse framework pelo resto do ciclo de vida da sua aplicação. Na alegria e na tristeza, na saúde e na doença, na riqueza e na pobreza, sem ligar para mais nenhum outro, você *usará* esse framework. Esse não é um compromisso a se fazer levianamente.

Conclusão

Quando confrontado com um framework, tente não casar com ele tão rápido. Veja se não há maneiras de namorar com ele por um tempo antes de mergulhar de cabeça. Mantenha o framework atrás de um limite arquitetural se possível, pelo máximo de tempo possível. Talvez você possa encontrar uma maneira de conseguir o leite sem comprar a vaca.

Estudo de Caso: Vendas de Vídeo

Capítulo 33 Estudo de Caso: Vendas de Vídeo

Agora é hora de abordar essas regras e pensamentos sobre arquitetura em um estudo de caso. Esse estudo de caso será curto e simples, e ainda assim descreverá tanto o processo que um bom arquiteto usa quanto as decisões que ele toma.

O Produto

Para este estudo de caso, escolhi um produto com o qual sou intimamente familiarizado: o software de um site que vende vídeos. Evidentemente, ele é um remanescente do `cleancoders.com`, o site onde vendo meus vídeos de tutoriais de software.

A ideia básica é trivial. Temos um lote de vídeos que queremos vender. Vendemos na web, para indivíduos e empresas. Os indivíduos podem pagar um preço para fazer stream dos vídeos e outro, mais alto, para baixar esses vídeos e possuí-los permanentemente. Licenças para empresas são apenas para streaming e devem ser compradas em lotes que permitem descontos por quantidade.

Em geral, os indivíduos agem como espectadores e compradores. Por outro lado, as empresas frequentemente dispõem de pessoas que compram os vídeos para que outras pessoas possam assisti-los.

Os autores dos vídeos precisam fornecer seus arquivos de vídeo, descrições escritas e arquivos auxiliares com exames, problemas, soluções,
código-fonte e outros materiais.

Os administradores precisam adicionar novas séries de vídeos, adicionar e deletar vídeos das séries e estabelecer preços para as várias licenças.

Nosso primeiro passo para determinar a arquitetura inicial do sistema é identificar os atores e os casos de uso.

Análise do Caso de Uso

A Figura 33.1 mostra uma análise típica de caso de uso.

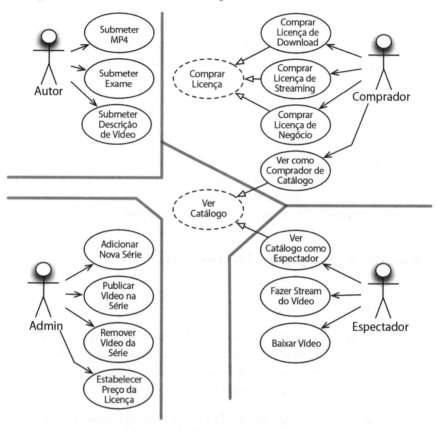

Figura 33.1 Uma análise típica de caso de uso

Os quatro atores principais são óbvios. De acordo com o Princípio da Responsabilidade Única, esses quatro atores serão as quatro fontes primárias de mudança para o sistema. Sempre que algum novo recurso for adicionado ou algum recurso existente for mudado, esse passo será realizado para servir a um desses atores. Portanto, queremos particionar o sistema de modo que uma mudança de um ator não afete nenhum dos outros atores.

Os casos de uso mostrados na Figura 33.1 não são uma lista exaustiva. Por exemplo, você não encontrará casos de uso de log-in ou log-out. O objetivo

Capítulo 33   Estudo de Caso: Vendas de Vídeo

dessa omissão é simplesmente gerenciar o tamanho do problema neste livro. Se eu incluísse todos os diferentes casos de uso possíveis, este capítulo teria que ser transformado em um livro separado.

Observe os casos de uso pontilhados no centro da Figura 33.1. Eles são casos de uso *abstratos*.[1] Um caso de uso abstrato é aquele que estabelece uma política geral que outro caso de uso irá elaborar. Como você pode ver, os casos de uso *Ver Catálogo como Espectador* e *Ver Catálogo como Comprador* herdam do caso de uso abstrato *Ver Catálogo*.

Por um lado, não era realmente necessário criar essa abstração. Eu poderia ter deixado o caso de uso abstrato fora do diagrama sem comprometer nenhum dos recursos no produto final. Por outro lado, esses dois casos de uso são *tão parecidos* que achei melhor reconhecer essa similaridade e encontrar uma maneira de unificá-los na análise inicial.

Arquitetura de Componente

Agora que conhecemos os atores e os casos de uso, podemos criar uma arquitetura de componente preliminar (Figura 33.2).

As linhas duplas no desenho representam limites arquiteturais, como sempre. Você pode ver o particionamento típico das visualizações, apresentadores, interações e controladores. Observe também que eu dividi cada uma dessas categorias de acordo com seus respectivos atores.

Cada um dos componentes da Figura 33.2 representa um arquivo .jar ou .dll em potencial. Cada um desses componentes irá conter as visualizações, apresentadores, interações e controladores que eu aloquei para eles.

Observe os componentes especiais para `Catalog View` e `Catalog Presenter`. Foi assim que eu lidei com o caso de uso abstrato *Ver Catálogo*. Parti da suposição de que essas visualizações e apresentadores serão codificados em classes abstratas dentro desses

---

1. *Essa é minha própria notação para casos de uso "abstratos". Teria sido mais de acordo com o padrão usar um estereótipo UML como <<abstrato>>, mas eu não acho muito útil aderir a esses padrões hoje em dia.*

Arquitetura de Componente

componentes e que os componentes herdados irão conter classes de visualização e apresentador que herdarão dessas classes abstratas.

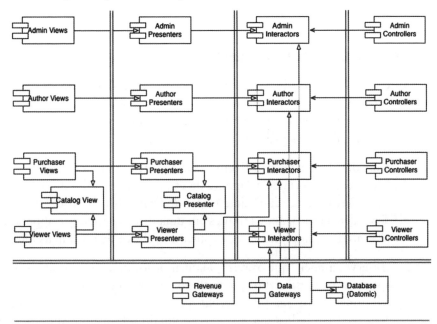

Figura 33.2 Uma arquitetura de componente preliminar

Eu deveria realmente dividir o sistema em todos esses componentes e entregá-los em arquivos .jar ou .dll? Sim e não. Eu certamente dividiria a compilação e criaria um ambiente dessa maneira para que *pudesse* criar produtos independentes como esses. Eu também me reservaria o direito de combinar todos esses produtos em um número menor de produtos se necessário. Por exemplo, dado o particionamento na Figura 33.2, seria fácil combiná-los em cinco arquivos .jar — um para visualizações, apresentadores, interações, controladores e utilidades, respectivamente. Eu poderia, então, implementar independentemente os componentes com maior propensão a mudar independentemente um do outro.

Outro agrupamento possível seria colocar as visualizações e apresentadores juntos no mesmo arquivo .jar e as interações, controladores e utilidades em seu próprio arquivo .jar. Outro agrupamento, ainda mais primitivo, seria criar dois arquivos .jar, com visualizações e apresentadores em um arquivo e os demais componentes em outro.

Capítulo 33   Estudo de Caso: Vendas de Vídeo

Manter essas opções abertas nos permite adaptar a forma de implementação do sistema com base nas mudanças do sistema ao longo do tempo.

Gestão de Dependência

O fluxo de controle na Figura 33.2 ocorre da direita para a esquerda. A entrada acontece nos controladores e é processada em um resultado pelas interações. Em seguida, os apresentadores formatam os resultados e as visualizações exibem essas apresentações.

Note que as flechas não fluem todas da direita para a esquerda. Na verdade, a maioria delas aponta da esquerda para a direita. Isso porque a arquitetura está seguindo a *Regra de Dependência*. Todas as dependências cruzam os limites em uma direção e sempre apontam na direção dos componentes que contêm a política de nível mais alto.

Observe também que os relacionamentos *usando* (flechas abertas) apontam *na mesma direção* do fluxo de controle e que os relacionamentos *herança* (flechas fechadas) apontam *contra* o fluxo de controle. Isso indica que estamos adotando o Princípio Aberto/Fechado para garantir que o fluxo de dependências esteja na direção certa e impedir que as mudanças em detalhes de baixo nível subam e afetem políticas de alto nível.

Conclusão

O diagrama de arquitetura da Figura 33.2 inclui duas dimensões de separação. A primeira é a separação dos atores com base no Princípio da Responsabilidade Única; a segunda é a Regra da Dependência. O objetivo de ambos é separar os componentes que mudam por razões diferentes e em ritmos diferentes. As razões diferentes correspondem aos atores; os ritmos diferentes correspondem aos diferentes níveis de políticas.

Depois de estruturar o código dessa maneira, você pode misturar e combinar da forma que quiser para implementar o sistema. Pode agrupar os componentes em produtos implementáveis de qualquer forma que faça sentido e mudar facilmente esse agrupamento quando as condições mudarem.

O Capítulo 34 Perdido

Por Simon Brown

Capítulo 34   O Capítulo Perdido

Todas as orientações que você leu até agora certamente o ajudarão a projetar softwares melhores, compostos de classes e componentes com limites bem definidos, responsabilidades claras e dependências controladas. Mas acontece que o diabo está nos detalhes da implementação, e é realmente muito fácil cair no último obstáculo se você não pensar nisso um pouco também.

Vamos imaginar que estamos criando uma loja de livros online e nos pediram para implementar um caso de uso que permita aos clientes a visualização do status dos seus pedidos. Embora esse exemplo seja em Java, os princípios se aplicam igualmente a outras linguagens de programação. Vamos deixar a Arquitetura Limpa de lado por um momento e ver o número de abordagens ao design e organização de código.

Pacote por Camada

A primeira e talvez mais simples abordagem de design é a tradicional arquitetura em camadas horizontais, onde separamos nosso código com base no que ele faz a partir de uma perspectiva técnica. Isso é comumente chamado de "pacote por camada". A Figura 34.1 mostra como isso pode parecer como um diagrama de classe UML.

Nessa típica arquitetura em camadas, temos uma camada para o código web, uma para nossa "lógica de negócios" e uma para a persistência. Em outras palavras, o código é cortado horizontalmente em camadas, usadas para agrupar itens similares. Em uma "arquitetura em camadas estrita", as camadas devem depender apenas da próxima camada adjacente mais baixa. Em Java, as camadas são normalmente implementadas como pacotes. Como você pode ver na Figura 34.1, todas as dependências entre camadas (pacotes) apontam para baixo. Neste exemplo, temos os seguintes tipos de Java:

- `OrdersController`: um controlador web, algo como um controlador Spring MVC, que lida com pedidos da web.
- `OrdersService`: uma interface que define a "lógica de negócios" relacionada aos pedidos.

- `OrdersServiceImpl`: a implementação das ordens de serviço.[1]
- `OrdersRepository`: uma interface que define como obter acesso à informação de ordem persistente.
- `JdbcOrdersRepository`: uma implementação da interface de repositório.

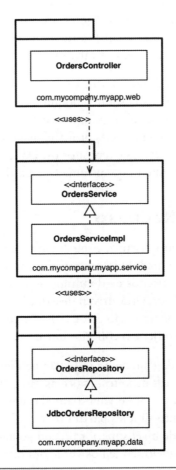

Figura 34.1 Pacote por camada

---

1. Esta é, indiscutivelmente, uma maneira horrível de nomear uma classe, mas como veremos mais tarde, talvez não importe.

Capítulo 34 O Capítulo Perdido

Em "Presentation Domain Data Layering"[2], Martin Fowler diz que adotar essa arquitetura em camadas é uma boa maneira de começar. Ele não está sozinho. Muitos dos livros, tutoriais, cursos de treinamento e amostra de código que você encontrará também irão sugerir a arquitetura em camadas. É uma maneira bem rápida de fazer algo funcionar sem muita complexidade. Mas, como Martin aponta, o problema é que, quando seu software aumentar em escala e complexidade, você descobrirá rapidamente que ter três grandes baldes de código não é suficiente e talvez precise modularizar ainda mais.

Outro problema é que, como o Uncle Bob já disse, uma arquitetura em camadas não fala nada sobre o domínio do negócio. Se você colocar lado a lado o código de duas arquiteturas em camadas, de dois domínios de negócios bem diferentes, eles provavelmente serão sinistramente similares: web, serviços e repositórios. Há também outro problema enorme com arquiteturas em camadas, mas falaremos sobre ele depois.

Pacote por Recurso

Outra opção para organizar seu código é adotar um estilo "pacote por recurso". Essa é uma divisão vertical, com base em recursos relacionados, conceitos de domínios ou raízes agregadas (para usar a terminologia de domain-driven design). Nas implementações típicas que eu já vi, todos os tipos são colocados em um único pacote Java, que é nomeado para refletir o conceito que está sendo agrupado.

Com essa abordagem, como indicado na Figura 34.2, temos as mesmas interfaces e classes de antes, mas elas são todas colocadas em um único pacote Java em vez de serem espalhadas em três pacotes. Essa é uma refatoração muito simples partindo do estilo "pacote por camada", mas a organização de nível superior do código agora grita algo sobre o domínio do negócio. Podemos ver agora que essa base de código tem algo a ver com pedidos em vez de web, serviços e repositórios. Outro benefício é que fica potencialmente mais fácil encontrar todo o código que você precisa para modificar se o caso de uso "ver pedidos" mudar. Está tudo em um único pacote Java e não espalhado.[3]

---

2. *https://martinfowler.com/bliki/PresentationDomainDataLayering.html.*
3. *Este benefício é muito menos relevante diante das facilidades de navegação dos IDEs modernos, mas parece que há um renascimento indicando a volta dos editores de texto*

Com frequência, vejo que as equipes de desenvolvimento percebem que têm problemas com camadas horizontais ("pacote por camada") e mudam para as camadas verticais ("pacote por recurso"). Na minha opinião, nenhum dos dois é ótimo. Se você leu este livro até aqui, deve estar pensando que podemos fazer muito melhor — e está certo.

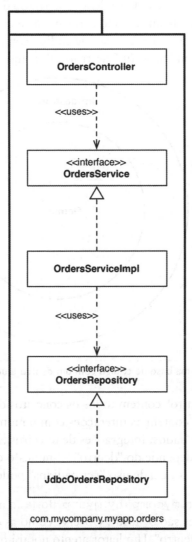

Figura 34.2 Pacote por recurso

---

leves, por razões que eu claramente sou velho demais para entender.

Capítulo 34   O Capítulo Perdido

PORTAS E ADAPTADORES

Como Uncle Bob disse, abordagens como "portas e adaptadores", "arquitetura hexagonal", "limites, controladores, entidades" e assim por diante, têm como objetivo criar arquiteturas onde o código focado em negócios/domínio é independente e separado dos detalhes de implementação técnica como frameworks e bases de dados. Resumindo, é comum observar essas bases de código compostas por um "dentro" (domínio) e um "fora" (infraestrutura), como sugerido na Figura 34.3.

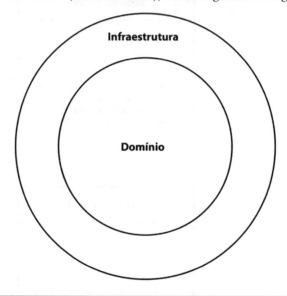

Figura 34.3 Uma base de código com um dentro e um fora

A região "dentro" contém todos os conceitos de domínio, enquanto a região "fora" contém as interações com o mundo externo (por exemplo, UIs, bases de dados, integrações de terceiros). A principal regra aqui é que o "fora" depende do "dentro" — nunca o contrário. A Figura 34.4 mostra como o caso de uso "ver pedidos" pode ser implementado.

O pacote com.mycompany.myapp.domain aqui é o "dentro" e os outros pacotes são o "fora". Observe como as dependências fluem em direção ao "dentro". Um leitor atento notará que o OrdersRepository dos diagramas anteriores foi renomeado apenas

Portas e Adaptadores

como Orders. Isso vem do mundo do design dirigido por domínio, onde se recomenda que a nomeação de tudo que está em "dentro" deve ser feita em termos da "linguagem de domínio universal". Ou seja, falamos sobre "pedidos" quando temos uma discussão sobre o domínio, não sobre "repositório de pedidos".

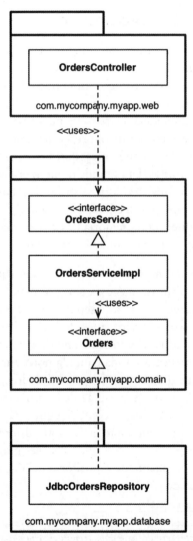

Figura 34.4 Caso de uso ver pedidos

Capítulo 34   O Capítulo Perdido

Também vale a pena destacar que essa é uma versão simplificada de um diagrama de classe UML, porque faltam itens como interações e objetos para que os dados sejam organizados segundo os limites de dependência.

Pacote por Componente

Embora concorde totalmente com as discussões sobre SOLID, REP, CCP e CRP e a maioria das orientações indicadas neste livro, minha conclusão sobre como organizar código é um pouco diferente. Então, vou apresentar outra opção aqui, que chamo de "pacote por componente". Só para você ter uma ideia, eu passei a maior parte da minha carreira criando software corporativo, primariamente em Java, em vários domínios de negócios diferentes. Esses sistemas de software também eram muito variados. Um grande número era baseado em web, mas outros eram cliente–servidor[4], distribuídos, baseado em mensagens ou outra coisa. Embora as tecnologias fossem diferentes, um tema comum era que a arquitetura da maioria desses sistemas de software se baseava em uma arquitetura em camadas tradicional.

Já mencionei algumas razões para considerarmos as arquiteturas em camadas como ruins, mas essa não é a história completa. O propósito da arquitetura em camadas é separar o código com base no tipo de função. Itens web são separados da lógica de negócios, que é separada do acesso de dados. Como vimos no diagrama de classes UML, para fins de implementação, uma camada normalmente equivale a um pacote Java. Já no que diz respeito à acessibilidade de código, para que o `OrdersController` seja capaz de ter uma dependência da interface `OrdersService`, a interface `OrdersService` precisa ser marcada como `public`, porque estão em pacotes diferentes. Da mesma forma, a interface `OrdersRepository` precisa ser marcada como `public` para ser vista fora do pacote de repositório pela classe `OrdersServiceImpl`.

---

4. Meu primeiro trabalho depois de me graduar na universidade em 1996 foi criar aplicações de desktop cliente–servidor com uma tecnologia chamada PowerBuilder, um 4GL superprodutivo que era excelente para criar aplicações dirigidas por bancos de dados. Alguns anos mais tarde, eu estava criando aplicações cliente–servidor com Java, em que precisávamos criar nossa própria conectividade de base de dados (isso foi antes do JDBC) e nossos próprios toolkits GUI sobre AWT. Isso que é "progresso"!

Pacote por Componente

Em uma arquitetura em camadas estrita, as flechas de dependência devem sempre apontar para baixo e as camadas devem depender apenas da próxima camada inferior adjacente. Isso volta a criar um grafo de dependência acíclico bonito e limpo, formado pela introdução de algumas regras para que os elementos de um código base dependam uns dos outros. O grande problema aqui é que podemos trapacear ao introduzir algumas dependências indesejáveis e, ainda assim, criar um grafo de dependência acíclico bom.

Imagine que você contrata um novo integrante para sua equipe e pede que ele implemente outro caso de uso relacionado a `orders`. Por ser novato, o funcionário quer causar uma boa impressão e resolve implementar o caso de uso o mais rápido possível. Depois de se sentar com uma xícara de café por alguns minutos, o recém-chegado descobre uma classe `OrdersController` e decide que é lá que deve ficar o código para a nova página da web relacionada a `orders`. Mas ele precisa de alguns dados sobre `orders` da base de dados. O recém-chegado tem uma epifania: "Ah, existe também uma interface `OrdersRepository` já criada. Eu posso simplesmente fazer a injeção de dependência da implementação no meu controlador. Perfeito!" Depois de mais alguns minutos hackeando, a página da web está funcionando. Mas o diagrama UML resultante se parece com o da Figura 34.5.

As flechas de dependência ainda apontam para baixo, mas o `OrdersController` está contornando agora o `OrdersService` para alguns casos de uso. Essa organização é conhecida como *arquitetura em camadas relaxada (Relaxed Layered Architecture)*, já que as camadas têm permissão para pular suas vizinhas adjacentes. Em algumas situações, esse é o resultado esperado — se você estiver tentando seguir o padrão CQRS[5], por exemplo. Em muitos outros casos, não é recomendável contornar a camada de lógica de negócios, especialmente se essa lógica de negócios for responsável pelo acesso autorizado a registros individuais, por exemplo.

Embora o novo caso de uso funcione, talvez não esteja implementado da maneira prevista. Observo isso comumente nas equipes que visito

---

5. No padrão *Command Query Responsibility Segregation*, você precisa separar padrões para atualizar e ler dados.

Capítulo 34 O Capítulo Perdido

como consultor. Em geral, ocorre quando as equipes começam a perceber a situação real da sua base de código, muitas vezes pela primeira vez.

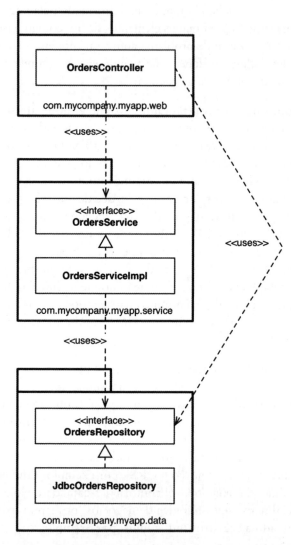

Figura 34.5 Arquitetura em camadas relaxada

Pacote por Componente

O que precisamos aqui é de uma orientação — um princípio arquitetural — que diga algo como: "Controladores web nunca devem acessar repositórios diretamente". A questão, evidentemente, é a execução. Muitas equipes que conheci simplesmente dizem: "Adotamos esse princípio através com uma boa disciplina e revisão de código, pois confiamos em nossos desenvolvedores". É ótimo ouvir essa confiança, mas todos sabemos o que acontece quando orçamentos e prazos começam a se aproximar do fim.

Um número bem menor de equipes usa ferramentas de análise estática (por exemplo, NDepend, Structure101, Checkstyle) para verificar e impor automaticamente violações de arquitetura durante a criação. Você já deve ter visto essas regras, que se manifestam geralmente como expressões regulares ou strings coringa que afirmam que "tipos em pacote `**/web` não devem acessar tipos em `**/data`". Além disso, são executadas depois do passo de compilação.

Essa abordagem é um pouco crua, mas pode servir para relatar violações de princípios de arquitetura que você definiu em equipe e que (tomara) estejam causando falhas no build. O problema com ambas as abordagens é que elas são falíveis e o laço de feedback é mais longo do que deveria ser. Se não for controlada, essa prática pode transformar uma base de código em uma "grande bola de lama".[6] Pessoalmente, gosto de usar o compilador para fazer valer minha arquitetura, se possível.

Isso nos traz à opção do "pacote por componente". Essa é uma abordagem híbrida para tudo o que vimos até agora e tem o objetivo de agrupar todas as responsabilidades relacionadas a um único componente de alta granularidade em um único pacote Java. Além disso, adota uma visão centrada em serviço de um sistema de software, que também vemos em arquiteturas de microsserviço. Como as portas e adaptadores, que tratam a web como apenas outro mecanismo de entrega, o "pacote por componente" mantém a interface do usuário separada desses componentes de alta granularidade. A Figura 34.6 mostra como seria o caso de uso "ver pedidos".

---

6. http://www.laputan.org/mud/

Capítulo 34 O Capítulo Perdido

Em essência, essa abordagem reúne a "lógica de negócios" e o código de persistência em um só item, que chamamos de "componente". Uncle Bob apresentou sua definição de "componente" anteriormente no livro:

> *Componentes são as unidades de implementação. São as menores entidades que podem ser implementadas como parte de um sistema. Em Java, são arquivos jar.*

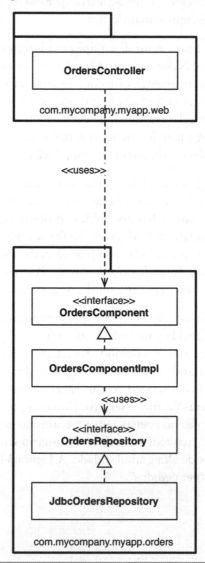

Figura 34.6 Caso de uso ver pedidos

Minha definição de componente é um pouco diferente: "Um agrupamento de funcionalidade relacionada por trás de uma boa interface limpa, que reside dentro de um ambiente de execução como uma aplicação." Essa definição vem do meu "modelo de arquitetura de software C4"[7], uma forma hierárquica simples de pensar sobre as estruturas estáticas de um sistema de software em termos de contêineres, componentes e classes (ou código). Segundo esse modelo, um sistema de software é composto de um ou mais contêineres (por exemplo, aplicações web, apps móveis, aplicações autônomos, bases de dados, sistemas de arquivo) e cada um deles contém um ou mais componentes, que por sua vez são implementados por uma ou mais classes (ou código). A hipótese de cada componente residir em um arquivo jar separado é uma preocupação ortogonal.

Um benefício-chave da abordagem "pacote por componente" é que se você estiver escrevendo código que envolva algo com `orders`, há apenas uma opção — o `OrdersComponent`. Como a separação das preocupações é mantida dentro do componente, a lógica de negócios fica separada da persistência de dados, mas esse é um detalhe de implementação de componente que os consumidores não precisam conhecer. Ocorre algo semelhante quando se adota um microsserviço ou Arquitetura Orientada a Serviços — um `OrdersService` separado que encapsula tudo que estiver relacionado com o processamento de pedidos. A principal diferença está no modo de desacoplamento. Você pode pensar nos componentes bem definidos de uma aplicação monolítica como um degrau rumo a uma arquitetura de microsserviços.

O Diabo está nos Detalhes de Implementação

Sendo assim, as quatro abordagens parecem maneiras diferentes de organizar o código e, portanto, podem ser consideradas estilos arquiteturais diferentes. De fato, essa percepção se revela rapidamente quando você não entende os detalhes de implementação.

Sempre vejo um uso extremamente liberal do modificador de acesso `public` em linguagens como Java. É quase como se nós, como

---

7. Veja *https://www.structurizr.com/help/c4* para mais informações.

Capítulo 34 O Capítulo Perdido

desenvolvedores, instintivamente usássemos a palavra-chave `public` sem pensar. Ela está em nossa memória muscular. Se você não acredita em mim, dê uma olhada nas amostras de código em livros, tutoriais e frameworks open source no GitHub. Essa tendência é aparente em qualquer estilo arquitetural que venha a ser adotado por uma base de código objetiva — camadas horizontais, camadas verticais, portas e adaptadores, entre outros. Marcar todos os seus tipos como `public` significa que você não está aproveitando as facilidades que sua linguagem de programação fornece em relação ao encapsulamento. Em alguns casos, não há literalmente nada que impeça alguém de escrever um código para instanciar diretamente uma classe de implementação concreta, violando o estilo arquitetural pretendido.

ORGANIZAÇÃO VERSUS ENCAPSULAMENTO

Por outro lado, se você definir todos os tipos em sua aplicação Java como `public`, os pacotes serão simplesmente um mecanismo de organização (um agrupamento, como pastas) em vez de serem usados no encapsulamento. Já que os tipos públicos podem ser usados em qualquer ponto de uma base de código, você pode ignorar efetivamente os pacotes, que fornecem pouquíssimo valor real. Como resultado, se você ignorar os pacotes (porque não fornecem nenhum meio de encapsulamento e ocultação), realmente não importará o estilo arquitetural que escolher. Nos diagramas UML de exemplo, os pacotes Java se tornam um detalhe irrelevante quando todos os tipos são marcados como `public`. Basicamente, as quatro abordagens arquiteturais apresentadas anteriormente neste capítulo são exatamente iguais quando usamos essa designação em excesso (Figura 34.7).

Dê uma olhada melhor nas flechas entre cada um dos tipos na Figura 34.7: elas são todas idênticas, independente da abordagem arquitetural adotada. Conceitualmente, as abordagens são bem diferentes, mas sintaticamente são idênticas. Além do mais, é possível argumentar que, quando todos os tipos são definidos como `public`, o que você tem realmente são apenas quatro maneiras de descrever uma arquitetura em camadas horizontais tradicional. Esse é um truque legal, mas evidentemente ninguém definiria todos os seus tipos Java como `public`. Quer dizer, quase ninguém. Eu já vi alguns casos.

Organização versus Encapsulamento

Os modificadores de acesso em Java não são perfeitos,[8] mas ignorá-los é procurar problemas. A forma como os tipos Java são colocados nos pacotes pode realmente fazer uma grande diferença na acessibilidade (ou inacessibilidade) desses tipos quando os modificadores de acesso do Java forem aplicados adequadamente. Se eu pegar os pacotes de volta e marcar (ao enfraquecer graficamente) os tipos onde o modificador de acesso pode ser mais restritivo, a imagem ficará bem interessante (Figura 34.8).

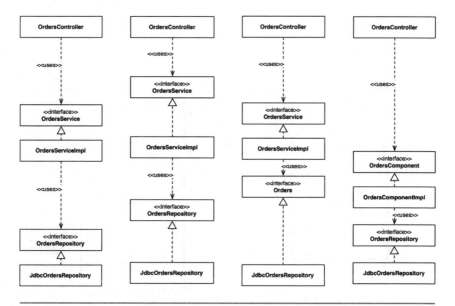

Figura 34.7 Todas as quatro abordagens arquiteturais são iguais

Movendo-se da esquerda para a direita, na abordagem "pacote por camada", as interfaces OrdersService e OrdersRepository precisam ser public, pois têm dependências de entrada de classes que estão fora do seu pacote definidor. Em contraste, as classes de implementação (OrdersServiceImpl e JdbcOrdersRepository) podem ser mais restritas (protegidas por pacote). Ninguém precisa saber sobre elas, pois são apenas um detalhe de implementação.

---

8. Em Java, por exemplo, embora tenhamos a tendência de pensar em pacotes como sendo hierárquicos, não é possível criar restrições de acesso com base em um relacionamento de pacote ou sub-pacote. Qualquer hierarquia que você crie está apenas no nome desses pacotes e na estrutura de disco.

Capítulo 34 O Capítulo Perdido

Na abordagem "pacote por recurso", como o `OrdersController` fornece o único ponto de entrada para o pacote, todo o resto pode ser protegido por pacote. A grande advertência aqui é que nenhum item na base do código, fora deste pacote, pode acessar informações relacionadas a pedidos que não passem pelo controlador. Isso pode ser desejável ou não.

Na abordagem de portas e adaptadores, as interfaces `OrdersService` e `Orders` têm dependências de entrada de outros pacotes e, portanto, precisam ser `public`. Novamente, as classes de implementação podem ser protegidas por pacote e injetadas por dependência no momento da execução.

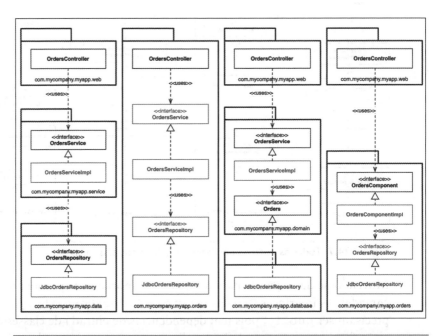

Figura 34.8 O modificador de acesso pode ser mais restrito nos tipos acinzentados

Finalmente, na abordagem "pacote por componente", a interface `OrdersComponent` tem uma dependência de entrada do controlador, mas todo o resto pode ser protegido por pacote. Quanto menos tipos `public` você tiver, menor será o número de dependências em potencial.

Outros Modos de Desacoplamento

Como agora o código fora desse pacote não pode[9] usar diretamente a interface `OrdersRepository` ou a implementação, podemos confiar no compilador para executar este princípio arquitetural. Você pode fazer o mesmo em .NET com a palavra-chave `internal`, mas deverá criar uma montagem separada para cada componente.

Só para esclarecer totalmente essa questão, o que eu descrevi aqui serve para uma aplicação monolítica, onde todo o código reside em uma única árvore de código-fonte. Se você estiver criando uma aplicação como essa (como muita gente está), eu recomendo seriamente se apoiar no compilador para impor seus princípios arquiteturais em vez de confiar na autodisciplina e nas ferramentas de pós-compilação.

Outros Modos de Desacoplamento

Além da linguagem de programação que você usa, geralmente há outras formas de desacoplar suas dependências de código-fonte. Em Java, você tem frameworks de módulo como o OSGi e o novo sistema modular Java 9. Em sistemas modulares, quando usados adequadamente, você pode fazer uma distinção entre os tipos `public` e os tipos *publicados*. Por exemplo, você pode criar um módulo `Orders` onde todos os tipos são marcados como `public` e publicar apenas um pequeno subconjunto desses tipos para consumo externo. Está demorando para chegar, mas estou entusiasmado com o sistema modular Java 9, uma nova ferramenta que irá permitir a criação de softwares melhores e despertar novamente o interesse das pessoas em design.

Outra opção é desacoplar suas dependências no nível do código-fonte, separando o código em *árvores diferentes de código-fonte*. No exemplo das portas e adaptadores, pode haver três árvores de código-fonte:

- O código-fonte para o negócio e domínio (ou seja, tudo que é independente das escolhas de tecnologia e framework): `OrdersService`, `OrdersServiceImpl` e `Orders`
- O código-fonte para a web: `OrdersController`
- O código-fonte para persistência de dados: `JdbcOrdersRepository`

---

9. *A menos que você trapaceie e use o mecanismo de reflexão de Java, mas não faça isso, por favor!*

319

Capítulo 34 O Capítulo Perdido

As duas últimas árvores de código-fonte têm uma dependência em tempo de compilação com relação ao código de negócios e domínio, que não sabe nada sobre o código de web ou de persistência de dados. Na implementação, você pode fazer isso ao configurar módulos ou projetos separados em sua ferramenta de build (por exemplo, Maven, Gradle, MSBuild). Idealmente, você deve repetir esse padrão e dispor de uma árvore de código-fonte separada para cada componente da sua aplicação. Mas essa é uma solução muito ideal. Na prática, há questões de desempenho, complexidade e manutenção que influenciam essa forma de divisão do código-fonte.

Uma abordagem mais simples utilizada para o código de portas e adaptadores é ter apenas duas árvores de código-fonte:

- Código de domínio (o "dentro")
- Código de infraestrutura (o "fora")

Podemos obtemos um bom mapa desse diagrama (Figura 34.9), muito utilizado para representar a arquitetura de portas e adaptadores. Observe que há uma dependência de tempo de compilação da infraestrutura para o domínio.

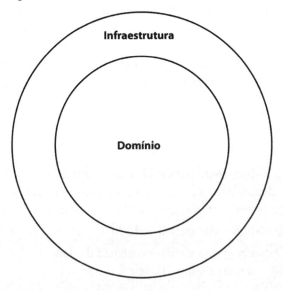

Figura 34.9 Código domínio e infraestrutura

Essa abordagem à organização do código-fonte também funciona, mas fique atento ao outro lado da moeda, que chamo de "Antipadrão périphérique de portas e adaptadores". Em Paris, na França, há um anel rodoviário chamado Boulevard Périphérique, que permite a você circundar a cidade sem entrar no seu trânsito complexo. Quando todo o seu código de infraestrutura está em uma única árvore de código-fonte, é bem possível que o código de infraestrutura de uma área da sua aplicação (por exemplo, um controlador web) chame diretamente um código de outra área da sua aplicação (por exemplo, um repositório de base de dados) sem navegar pelo domínio. Isso certamente ocorrerá se você esquecer de aplicar modificadores de acesso adequados nesse código.

Conclusão: A Recomendação Perdida

O objetivo deste capítulo é destacar que um design cheio de excelentes intenções pode ser rapidamente destruído se você não considerar as complexidades da estratégia de implementação. Pense em como mapear esse design nas estruturas de código, como organizar esse código e quais modos de desacoplamento devem ser aplicados durante o tempo de execução e de compilação. Deixe opções abertas onde aplicável, mas seja pragmático. Leve em consideração o tamanho e o nível de habilidade da sua equipe e a complexidade da solução em relação às suas restrições de tempo e orçamento. Pense também em como usar o compilador para ajudá-lo a executar seu estilo arquitetural e fique atento à possibilidade de acoplamentos em outras áreas, como modelos de dados. O diabo está nos detalhes da implementação.

VII APÊNDICE

Arqueologia da Arquitetura

Apêndice A   Arqueologia da Arquitetura

Para desenterrar os princípios da boa arquitetura, vamos fazer uma jornada de 45 anos por alguns dos projetos em que trabalhei desde 1970. Alguns desses projetos são interessantes devido à sua arquitetura. Outros são interessantes pelas lições que aprendi com eles e pelo modo como influenciaram projetos subsequentes.

Esse apêndice é meio autobiográfico. Tentei manter a discussão pertinente ao tópico da arquitetura, mas como em qualquer autobiografia, outros fatores às vezes atrapalham. ;-)

SISTEMA DE CONTABILIDADE UNION

No final da década de 1960, uma empresa chamada ASC Tabulating assinou um contrato com a Local 705 da Teamsters Union para fornecer um sistema de contabilidade. O computador que a ASC escolheu para implementar este sistema foi um GE Datanet 30, como o indicado na Figura A.1.

Figura A.1 GE Datanet 30
Cortesia de Ed Thelen, ed-thelen.org

Observe na imagem que essa era uma máquina enorme.[1] Ela ocupava uma sala inteira, que precisava de controles ambientais estritos.

Esse computador foi criado antes dos circuitos integrados e utilizava transistores discretos. Havia até alguns tubos a vácuo nele (mas só nos amplificadores de sentido dos drives de fita).

Pelos padrões atuais a máquina era enorme, lenta, pequena e primitiva. Sua capacidade era de 16K X 18 bits, com um tempo de ciclo de cerca de 7 microssegundos.[2] Ocupava uma sala grande ambientalmente controlada. Tinha 7 drives de faixas de fita magnética e um drive de disco com capacidade para mais ou menos 20 megabytes.

Esse disco era um monstro. Você pode ter uma ideia pela foto na Figura A.2, mas imagem não faz justiça à escala do monstro. O topo do gabinete passava da minha cabeça. Os pratos tinham 36 polegadas de diâmetro e 3/8 de polegada de grossura. A Figura A.3 mostra um desses pratos.

Agora conte os pratos na primeira foto. Há mais de uma dúzia. Cada um tinha seu próprio braço de busca individual, que era dirigido por atuadores pneumáticos. Você podia ver essas cabeças de busca se movendo pelos pratos. O tempo de busca era provavelmente cerca de meio segundo a um segundo.

Quando esse monstro era ligado, soava como um motor a jato. O chão ressoava e tremia até que ela pegasse velocidade.[3]

---

1. *Ouvimos falar que essa máquina específica da ASC tinha sido enviada em um grande carreta junto com um monte de móveis. No caminho, o caminhão bateu em alta velocidade em uma ponte. Não aconteceu nada com o computador, mas ele deslizou e triturou os móveis.*
2. *Hoje diríamos que tinha uma frequência de relógio de 142 kHz.*
3. *Imagine a massa desse disco. Imagine a energia cinética! Um dia vimos algumas aparas de metal caírem do fundo do gabinete e chamamos o cara da manutenção. Ele nos aconselhou a desligar a unidade e, quando veio consertá-la, disse que um dos rolamentos havia se desgastado. Ele nos contou várias histórias sobre como esses discos, por falta de manutenção, podiam escapar das amarras, atravessar as paredes de concreto e arrebentar os carros no estacionamento.*

Apêndice A Arqueologia da Arquitetura

MASS RANDOM ACCESS DATA STORAGE UNIT

Figura A.2 A unidade de armazenamento de dados com seus pratos

Cortesia de Ed Thelen, ed-thelen.org

O grande motivo da popularidade do Datanet 30 era sua capacidade de dirigir um grande número de terminais assíncronos em velocidade relativamente alta. E isso era exatamente o que a ASC precisava.

A sede da ASC ficava em Lake Buff, Illinois, 30 milhas ao norte de Chicago. O escritório da Local 705 era no centro de Chicago. O sindicato queria que cerca de uma dúzia de funcionários de entrada de dados usasse os terminais CRT[4] (Figura A.4) para inserir dados no sistema. Seus relatórios seriam impressos em teletipos ASR35 (Figura A.5).

---

4. *Tubo de raios catódicos: displays ASCII monocromáticos de tela verde.*

Sistema de Contabilidade Union

Figura A.3 Um prato daquele disco: 3/8 polegada de grossura, 36 polegadas de diâmetro

Cortesia de Ed Thelen, ed-thelen.org

Os terminais CRT processavam 30 caracteres por segundo. Essa era uma taxa muito boa para o final dos anos de 60, porque os modems não eram nada sofisticados naquela época.

A ASC alugou da empresa telefônica cerca de uma dúzia de linhas dedicadas e duas vezes esse número de modems de 300 baud para conectar o Datanet 30 a esses terminais

Esses computadores não vinham com sistema operacional. Não tinham nem sistemas de arquivo. O especialista era o montador da máquina.

Se você precisasse armazenar dados no disco, armazenava dados no disco. Não havia arquivos ou diretórios. Você definia a faixa, prato e setor em que iria colocar os dados e operava o disco até que os dados estivessem lá. É isso mesmo: você escrevia seu próprio driver de disco.

Apêndice A Arqueologia da Arquitetura

Figura A.4 Terminal datapoint CRT

Cortesia de Bill Degnan, vintagecomputer.net

O sistema de Contabilidade Union tinha três tipos de registros: Agentes, Empregadores e Membros. Havia um um sistema CRUD para esses registros, mas também contávamos com operações para postagem, mudanças computacionais na contabilidade geral e assim por diante.

O sistema original foi escrito em assembler por um consultor que, de alguma forma, conseguiu amontoar tudo em 16K.

Como você pode imaginar, esse grande Datanet 30 era uma máquina cara de operar e manter. O consultor de software que mantinha o programa em funcionamento também era caro. Por outro lado, os minicomputadores estavam se popularizando e eram muito mais baratos.

Sistema de Contabilidade Union

Figura A.5 Teletipo ASR35
Joe Mabel, com permissão

Em 1971, aos 18 anos, eu e mais dois amigos geeks fomos contratados pela ASC para substituir todo o sistema de contabilidade union por outro baseado em um minicomputador Varian 620/f (Figura A.6). O computador era barato. Nós éramos baratos. Então, parecia um bom negócio para a ASC.

A máquina Varian tinha um bus de 16-bits e uma memória core de 32K X 16. Seu tempo de ciclo era cerca de 1 microssegundo. Esse computador era muito mais poderoso do que o Datanet 30. Ele usava a tecnologia de disco de 2314 extremamente bem-sucedida da IBM, que permitia armazenar 30 megabytes em pratos de apenas 14 polegadas de diâmetro que não explodiam paredes de concreto!

É claro que ainda não havia sistema operacional. Nem sistema de arquivos. Nenhuma linguagem de alto nível. Tudo o que tínhamos era um assembler. Mas isso serviu.

Apêndice A Arqueologia da Arquitetura

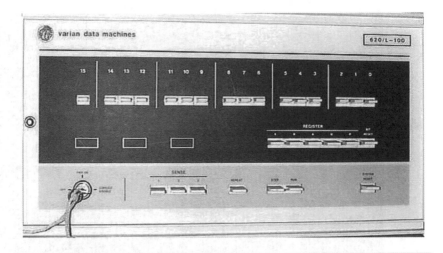

Figura A.6 Microcomputador Varian 620/f
The Minicomputer Orphanage

Em vez de amontoar todo o sistema em 32K, criamos um sistema de sobreposição. As aplicações sairiam do disco para um bloco de memória dedicado às sobreposições. Em seguida, seriam executadas nessa memória e voltariam preventivamente para o disco, com sua RAM local, para que outros programas pudessem executá-las.

Os programas passariam para a área de sobreposição, onde seriam executados até preencher os buffers de saída, e, então, sairiam para que outro programa pudesse entrar em seu lugar.

Evidentemente, quando a UI roda a 30 caracteres por segundo, seus programas passam muito tempo esperando. Mas esse tempo era suficiente para trocar os programas no disco e obter o desempenho máximo de execução de todos os terminais. Ninguém nunca reclamou do tempo de resposta.

Escrevemos um supervisor preventivo que gerenciava as interrupções e as IO. Escrevemos as aplicações, os drivers de disco, os drivers do terminal, os drivers de fita e todos os outros itens daquele sistema. Não havia um único bit naquele sistema que não tivesse sido escrito por nós. Apesar das dificuldades e das inúmeras semanas de 80 horas, deixamos tudo pronto em cerca de 8 ou 9 meses.

A arquitetura do sistema era simples (Figura A.7). Se uma aplicação fosse iniciada, ela geraria saída até que seu buffer de terminal específico estivesse cheio. Então, o supervisor tiraria essa aplicação e colocaria outra no seu lugar. O supervisor continuaria a gotejar o conteúdo do buffer de terminal a 30 cps até que estivesse quase vazio. Em seguida, traria a aplicação de volta até preencher novamente o buffer.

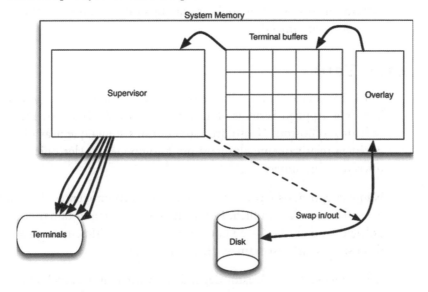

Figura A.7 A arquitetura do sistema

Há dois limites neste sistema. O primeiro é o limite de saída de caracteres. As aplicações não tinham ideia de que sua saída iria para um terminal de 30 cps. De fato, a saída de caracteres era inteiramente abstrata do ponto de vista da aplicação. As aplicações simplesmente passavam strings para o supervisor, que carregava os buffers, enviava os caracteres para os terminais e trocava as aplicações na memória.

Este limite era uma dependência normal — ou seja, as dependências apontavam *na mesma direção* do fluxo de controle. As aplicações tinham dependências de tempo de compilação no supervisor, e o fluxo de controle passava das aplicações para o supervisor. O limite evitava que as aplicações soubessem para qual tipo de dispositivo a saída estava indo.

Apêndice A   Arqueologia da Arquitetura

O segundo limite tinha a dependência invertida. O supervisor podia iniciar as aplicações, mas não tinha dependências de tempo de compilação sobre elas. O fluxo de controle passava do supervisor para as aplicações. A interface polimórfica que invertia a dependência era simplesmente essa: cada aplicação era iniciada quando passava para o mesmo endereço de memória dentro da área de sobreposição. O limite evitava que o supervisor soubesse qualquer coisa sobre as aplicações além do ponto inicial.

Laser Trim

Em 1973, comecei a trabalhar para uma empresa em Chicago chamada Teradyne Applied Systems (TAS), uma divisão da Teradyne Inc., sediada em Boston. Nosso produto era um sistema que usava lasers de potência relativamente alta para polir componentes eletrônicos até tolerâncias mínimas.

Naquela época, os fabricantes serigrafavam componentes eletrônicos em substratos de cerâmica. Esses substratos tinham o tamanho de 1 polegada quadrada. Os componentes eram normalmente resistores — dispositivos que resistiam ao fluxo de corrente.

A resistência de um resistor depende de vários fatores, incluindo sua composição e sua geometria. Quanto maior for o resistor, menos resistência ele terá.

Nosso sistema posicionava o substrato de cerâmica em um escudo com sondas que mantinham contato com os resistores. O sistema media a resistência dos resistores e, então, usava um laser para queimar partes do resistor, diminuindo sua espessura até que ele alcançasse o valor de resistência desejado dentro de mais ou menos um décimo de um por cento.

Vendíamos esses sistemas para fabricantes. Também usávamos alguns sistemas internos para aparar lotes relativamente pequenos de fabricantes menores.

O computador era um M365. Naquela época, muitas empresas construíam seus próprios computadores: a Teradyne construiu o M365 e o forneceu a todas as suas divisões. O M365 era uma versão melhorada do PDP-8 — um minicomputador popular da época.

Laser Trim

O M365 controlava a tabela de posicionamento, que movia os substratos de cerâmica para baixo das sondas. Também controlava o sistema de medição e o laser. O laser era posicionado por meio de espelhos X-Y, que podiam girar de acordo com o controle do programa. O computador também podia controlar a configuração de potência do laser.

O ambiente de desenvolvimento do M365 era relativamente primitivo. Não havia disco. O armazenamento em massa era feito em cartuchos de fita que pareciam fitas cassetes de áudio de 8 pistas. As fitas e os drives eram feitos pela Tri-Data.

Como as fitas cassetes de 8 pistas da época, a fita era orientada em loop. O drive movia a fita apenas em uma direção — não havia como rebobinar! Para pegar a fita no começo, você devia avançar até seu "ponto de carregamento".

A fita se movia a uma velocidade de aproximadamente 1 pé por segundo. Portanto, se o laço da fita fosse de 25 pés de comprimento, poderia levar 25 segundos para avançar até ponto de carregamento. Por isso, a Tridata fabricava cartuchos de vários comprimentos, que variavam entre 10 e 100 pés.

O M365 tinha um botão na frente que carregava a memória com um pequeno programa de inicialização e o executava. Esse programa lia o primeiro bloco de dados da fita e o executava. Normalmente, esse bloco continha um carregador que iniciava o sistema operacional que estava no resto da fita.

O sistema operacional pedia o nome do programa a ser executado para o usuário. Esses programas eram armazenados na fita depois do sistema operacional. Digitávamos o nome do programa — por exemplo, o Editor ED-402 — e o sistema operacional procurava o programa na fita, carregava e executava.

O console era um ASCII CRT cujo monitor de fósforo verde tinha 72 caracteres de largura[5] por 24 linhas de altura. Os caracteres eram todos em caixa alta.

---

5. *O número mágico 72 veio dos cartões perfurados Hollerith, que tinham 80 caracteres cada. Os 8 últimos caracteres eram "reservados" para números de sequência caso você derrubasse o deck.*

Apêndice A Arqueologia da Arquitetura

Para editar um programa, você carregava o Editor ED-402 e inseria a fita que continha seu código-fonte. Você lia um bloco de fita desse código-fonte para a memória e ele era exibido na tela. O bloco de fita continha 50 linhas de código. Você fazia suas edições movendo o cursor pela tela e digitando, como na vi. Quando acabava, você escrevia esse bloco em uma fita diferente e lia o próximo bloco da fita-fonte. Você repetia isso até acabar.

Não era possível voltar aos blocos anteriores. Você editava seu programa em uma linha reta, do começo ao fim. Para voltar ao começo, era necessário parar de copiar o código-fonte para a fita de saída e começar uma nova sessão de edição naquela fita. Dadas essas restrições, já era esperado que imprimíssemos nossos programas em papel, marcássemos todas as edições à mão em tinta vermelha e editássemos nossos programas bloco a bloco, consultando nossas marcações na listagem.

Com o programa editado, voltávamos ao SO e invocávamos o assembler. O assembler lia a fita do código-fonte e escrevia uma fita binária, enquanto produzia uma listagem na nossa impressora de linha para dados de produtos.

Como as fitas não eram 100% confiáveis, sempre escrevíamos duas fitas ao mesmo tempo. Assim, pelo menos uma delas tinha uma alta probabilidade de estar livre de erros.

Nosso programa tinha aproximadamente 20.000 linhas de código e levava cerca de 30 minutos para compilar. As chances de termos um erro de leitura de fita durante esse tempo eram de aproximadamente 1 em 10. Se o assembler tivesse um erro de fita, soaria o sino no console e começaria a imprimir um fluxo de erros na impressora. Você podia ouvir esse sino enlouquecedor do outro lado do laboratório. Também podia ouvir as lamentações do pobre programador, que agora tinha que recomeçar os 30 minutos de compilação.

A arquitetura do programa era típica daquela época. Havia um Programa Operacional Principal, adequadamente chamado de "o MOP" (do inglês, Master Operating Program). Seu trabalho era gerenciar funções IO básicas e fornecer rudimentos de um "shell" de console. Muitas das divisões da Teradyne compartilhavam o código-fonte do MOP, mas cada uma o bifurcou para seu próprio uso.

Consequentemente, nós enviávamos atualizações de código-fonte uns para os outros na forma de listagens marcadas que integrávamos manualmente (e com muito cuidado).

Uma camada utilitária de propósito especial controlava o hardware de medições, as tabelas de posicionamento e o laser. O limite entre essa camada e o MOP era, no mínimo, confuso. Embora a camada utilitária chamasse o MOP, o MOP havia sido especificamente modificado para aquela camada e, frequentemente, a chamava de volta. Na verdade, não tínhamos pensado nos dois como camadas separadas. Para nós, era apenas um pouco de código que adicionávamos ao MOP de maneira altamente acoplada.

Em seguida veio a camada de isolamento. Esta camada forneceu uma interface de máquina virtual para os programas de aplicação, que eram escritos em uma linguagem dirigida por dados de domínio específico (Domain Specific Data-Driven Language) (DSL) totalmente diferente. A linguagem tinha operações para mover o laser, mover a tabela, fazer cortes, tirar medidas e assim por diante. Nossos clientes deviam escrever seus programas de aplicação de polimento a laser nessa linguagem, e a camada de isolamento os executaria.

Essa abordagem não pretendia criar uma linguagem de polimento a laser independente da máquina. Na verdade, a linguagem tinha muitas idiossincrasias profundamente acopladas às camadas inferiores. Em vez disso, essa abordagem oferecia aos programadores da aplicação uma linguagem "mais simples" para programar seus trabalhos de polimento do que o assembler M365.

Os trabalhos de polimento podiam ser carregados a partir da fita e executados no sistema. Basicamente, tínhamos um sistema operacional para aplicações de polimento.

O sistema era escrito em assembler M365 e compilado em uma única unidade de compilação que produzia código binário absoluto.

Os limites nesta aplicação eram, no mínimo, suaves. Até o limite entre o código do sistema e as aplicações escritas em DSL não era bem definido. Havia uma quantidade imensa de acoplamentos.

Mas isso era típico do software no início da década de 70.

Apêndice A   Arqueologia da Arquitetura

Monitoramento de Alumínio Fundido

Em meados dos anos de 70, quando a OPEC impôs um embargo sobre o petróleo e a falta de gasolina fez com que motoristas irritados brigassem em postos de gasolina, eu comecei a trabalhar na Outboard Marine Corporation (OMC), a empresa-mãe da Johnson Motors e dos cortadores de grama Lawnboy.

A OMC tinha uma fábrica enorme em Waukegan, Illinois, onde produzia peças de alumínio fundido para todos os motores e produtos da empresa. O alumínio era derretido em grandes fornos e carregado em baldes grandes para dúzias de máquinas de alumínio fundido operadas individualmente. Cada máquina tinha um operador humano responsável por colocar os moldes, iniciar o ciclo da máquina e extrair as peças recém-fundidas. Esses operadores recebiam com base no número de peças produzidas.

Fui contratado para trabalhar em um projeto de automação do chão de fábrica. A OMC havia comprado um IBM System/7 — a resposta da IBM para o minicomputador. O computador foi ligado a todas as máquinas de alumínio fundido no piso para que pudéssemos contar, e cronometrar, os ciclos de cada máquina. Nosso objetivo era reunir toda essa informação e apresentá-la em monitores de tela verde 3270.

A linguagem era assembler. E, novamente, cada bit de código executado nesse computador era de nossa autoria. Não havia sistema operacional, nem bibliotecas de sub-rotina ou framework. Era só código bruto.

Mas também era código em tempo real baseado em interrupção. A cada ciclo de máquina de alumínio fundido, devíamos atualizar um lote de estatísticas e enviar mensagens para um grande e providencial IBM 370, que executava um programa CICS-COBOL para apresentar essas estatísticas em telas verdes.

Eu odiava esse trabalho. Ah, como eu odiava. Ah, o *trabalho* era *divertido*! Mas a cultura... Basta dizer que era *obrigatório* usar gravata.

Ah, eu tentei. Realmente tentei. Mas eu estava claramente infeliz naquele emprego, e meus colegas sabiam disso. Sabiam porque eu não conseguia me lembrar de datas cruciais nem levantar cedo o suficiente para comparecer a reuniões importantes. Esse foi o único trabalho de programação do qual fui despedido — e eu mereci.

No que diz respeito à arquitetura, só há uma lição a se aprender aqui. O System/7 tinha uma instrução muito interessante chamada *set program interrupt* (SPI). Ela permitia que você disparasse uma interrupção do processador para lidar com outra interrupção de prioridade mais baixa. Em Java, hoje em dia, chamamos isso de Thread.yield().

4-TEL

Em outubro de 1976, depois de ter sido despedido da OMC, voltei a uma divisão diferente da Teradyne — e fiquei lá por 12 anos. O produto em que trabalhei se chamava 4-TEL. Seu objetivo era testar, todas as noites, cada linha em uma área de serviço telefônico e produzir um relatório indicando as linhas que precisavam de reparos. O 4-TE também permitia que a equipe responsável testasse detalhadamente linhas telefônicas específicas.

Inicialmente, esse sistema tinha o mesmo tipo de arquitetura que o sistema Laser Trim. Era uma aplicação monolítica, escrita em linguagem assembly, e não tinha nenhum limite significante. Mas na época em que entrei na empresa, isso estava prestes a mudar.

O sistema era usado pelos encarregados dos testes em um centro de serviços (SC) com muitos escritórios centrais (CO), que podiam lidar com até 10.000 linhas telefônicas cada. Como o hardware de ligação e medição tinha que estar dentro do CO, os computadores M365 fora colocados lá. Chamávamos esses computadores de testadores de linha do escritório central (COLTs). Havia outro M365 no SC, conhecido como computador da área de serviço (SAC). O SAC tinha vários modems para chamar os COLTs e se comunicar a 300 baud (30 cps).

No começo, os computadores COLT faziam tudo, inclusive a comunicação de console, menus e relatórios. O SAC era simplesmente um multiplexador que pegava a saída dos COLTs e colocava em uma tela.

Mas havia um problema com essa configuração: 30 cps era uma velocidade muito lenta. Os encarregados dos testes não gostavam de ver

Apêndice A   Arqueologia da Arquitetura

os caracteres pingando na tela, especialmente quando estavam interessados apenas em alguns bits-chave de dados. Além disso, naquela época, a memória central do M365 era cara, e o programa era grande.

A solução foi separar a parte do software que ligava e media linhas da parte que analisava os resultados e imprimia os relatórios. Essa última seria movida para o SAC, enquanto a primeira ficaria para trás nas COLTs. Isso permitiria que a COLT fosse uma máquina menor, com muito menos memória, e aceleraria muito a resposta no terminal, já que os relatórios seriam gerados na SAC.

O resultado foi notavelmente bem-sucedido. As atualizações de tela eram muito rápidas (sempre que a COLT correta era chamada) e o consumo de memória das COLTs diminuiu muito.

O limite era muito limpo e altamente desacoplado. Pacotes bem curtos de dados eram trocados entre a SAC e a COLT. Esses pacotes eram uma forma muito simples de DSL, representando comandos primitivos como "DIAL XXXX" ou "MEASURE".

A M365 era carregada a partir de fita. Esses drives de fita eram caros e pouco confiáveis — especialmente no ambiente industrial de um escritório de central telefônica. Além disso, a M365 era uma máquina cara em comparação com os demais itens eletrônicos do COLT. Então, embarcamos em um projeto para substituir a M365 por um microcomputador baseado em um µprocessador 8085.

O novo computador era composto por uma placa de processador que incluía o 8085, uma placa com 32K de RAM e três placas ROM com 12K de memória cada somente para leitura. Todas essas placas cabiam no mesmo chassi que hospedava a M365.

As placas ROM tinham 12 chips Intel 2708 EPROM (Erasable Programmable Read-Only Memory).[6] A Figura A.8 indica um exemplo desse chip. Para carregar o software, inserimos esses chips em dispositivos especiais chamados gravadores de PROM, controlados em

---

6. *Sim, eu entendo que isso é um paradoxo.*

nosso ambiente de desenvolvimento. Os chips podiam ser apagados se expostos à luz ultravioleta de alta intensidade.[7]

Meu colega CK e eu traduzimos o programa da linguagem assembly da M365 para a linguagem assembly 8085 da COLT. Essa tradução foi feita à mão e demorou 6 meses. O resultado final foi aproximadamente 30K de código 8085.

Como nosso ambiente de desenvolvimento tinha 64K de RAM e nada de ROM, podíamos baixar rapidamente nossos binários compilados na RAM e testá-los.

Logo que fizemos o programa funcionar, mudamos para EPROMs. Gravamos 30 chips e os inserimos nos slots correspondentes das três placas de ROM. Cada chip tinha uma etiqueta que indicava o respectivo slot.

O programa de 30K era um binário único de 30K. Para gravar os chips, simplesmente dividimos essa imagem binária em 30 segmentos diferentes de 1K e gravamos cada segmento no chip etiquetado correspondente.

---

7. *Eles tinham uma pequena janela plástica transparente que permitia a visualização do chip de silício e possibilitava que a UV apagasse os dados.*

Apêndice A Arqueologia da Arquitetura

Figura A.8 Chip EPROM

Isso funcionou muito bem, e começamos a produzir o hardware em massa e implementar o sistema em campo.

Mas software é soft.8 Recursos precisavam ser adicionados. Bugs precisavam de correção. E à medida que a base instalada crescia, a logística de gravar 30 chips por instalação para atualizar o software e orientar funcionários a substituírem 30 chips em cada local, se transformou em um pesadelo.

Havia todo tipo de problema. Às vezes os chips eram mal etiquetados ou as etiquetas caíam. Às vezes o engenheiro de campo substituía o chip errado. Às vezes, quebrava um pino de um dos chips novos sem perceber. Consequentemente, os engenheiros de campo tinham que carregar 30 chips adicionais.

---

8. *Sim, eu sei que quando o software é gravado na ROM, ele é chamado de firmware — mas até o firmware ainda é muito soft.*

Por que tínhamos que trocar todos os 30 chips? Toda vez que adicionávamos ou removíamos código do nosso executável de 30K, ele mudava os endereços nos quais cada instrução era carregada. Também mudava os endereços das sub-rotinas e funções que chamávamos. Dessa forma, todos os chips eram afetados até mesmo pelas mudanças mais triviais.

Um dia, meu chefe me pediu para resolver esse problema. Ele disse que precisávamos de uma forma de mudar o firmware sem substituir os 30 chips. Depois de pensarmos nesse problema por um tempo, embarcamos no projeto de "Vetorização", que demorou três meses.

A ideia era bela e simples. Dividimos o programa de 30K em 32 arquivos-fonte independentemente compiláveis, cada um com menos de 1K. No começo de cada arquivo-fonte, dissemos ao compilador em qual endereço carregar o programa resultante (por exemplo, ORG C400 para o chip que deveria ser inserido na posição C4).

Também no começo de cada arquivo-fonte, criamos uma estrutura de dados simples de tamanho fixo que continha todos os endereços de todas as sub-rotinas naquele chip. Como essa estrutura de dados tinha 40 bytes, não podia ter mais de 20 endereços. Isso significava que nenhum chip podia ter mais de 20 sub-rotinas.

Em seguida, criamos uma área especial na RAM conhecida como vetores. Ela continha 32 tabelas de 40 bytes — RAM de tamanho suficiente para conter os ponteiros do começo de cada chip.

Finalmente, mudamos todas as chamadas para cada sub-rotina em cada chip para uma chamada indireta através do respectivo vetor da RAM.

Quando inicializava, nosso processador escaneava cada chip e carregava a tabela de vetores do começo de cada chip para os vetores da RAM. Em seguida, passava para o programa principal.

Isso funcionou muito bem. Agora, quando corrigíamos um bug ou adicionávamos um recurso, podíamos simplesmente recompilar um ou dois chips e enviar apenas esses chips para os engenheiros de campo.

Apêndice A   Arqueologia da Arquitetura

Os chips passaram a ser *independentemente implementáveis*. Tínhamos inventado o despacho polimórfico. Tínhamos inventado os objetos.

Literalmente, essa era uma arquitetura de plug-in. Inserimos esses chips. Chegamos eventualmente a um design em que o recurso poderia ser instalado em nossos produtos pela inserção do chip correspondente em um dos slots vazios. O controle de menu aparecia automaticamente e a ligação na aplicação principal acontecia de modo automático.

É claro que não sabíamos sobre os princípios orientados a objetos na época e não fazíamos ideia de como separar a interface do usuário das regras de negócio. Mas os princípios básicos estavam lá, e eram muito poderosos.

Um benefício inesperado da abordagem foi a possibilidade de corrigir o firmware por uma conexão dial-up. Se encontrássemos um bug no firmware, podíamos conectar nossos dispositivos por dial-up e usar o programa do monitor on-board para alterar o vetor da RAM de modo que a sub-rotina defeituosa apontasse para um bit de RAM vazia. Em seguida, colocaríamos a sub-rotina corrigida nessa área da RAM, digitando o código da máquina em hexadecimal.

Essa foi uma grande dádiva para nossa operação de serviço de campo e nossos clientes. Se eles tinham um problema, não precisavam que enviássemos novos chips e agendássemos uma chamada de serviço de campo urgente. Era possível consertar o sistema, e um novo chip podia ser instalado na próxima visita de manutenção programada.

O COMPUTADOR DA ÁREA DE SERVIÇO

O computador da área de serviço 4-TEL (SAC) era baseado em um minicomputador M365. Esse sistema se comunicava com todos os COLTs no campo através de modems dedicados ou dial-up. Ele mandava esses COLTs analisarem as linhas telefônicas, recebia os resultados brutos de volta e realizava uma análise complexa desses resultados para identificar e localizar eventuais falhas.

Determinação de Despacho

Uma das bases econômicas desse sistema girava em torno da alocação correta técnicos de manutenção. Por determinação do sindicato, a manutenção era dividida em três categorias: escritório central, cabo e queda. Técnicos do EC corrigiam problemas dentro do escritório central. Técnicos de cabo corrigiam problemas na instalação dos cabos que conectavam o EC ao cliente. Técnicos de queda corrigiam problemas nas instalações do cliente e nas linhas que conectavam o cabeamento externo às premissas (a "queda").

Quando um cliente reclamava de um problema, nosso sistema podia diagnosticar esse problema e determinar o tipo de técnico a ser despachado. Isso economizava muito dinheiro para as empresas telefônicas, pois despachos incorretos significavam atrasos para o cliente e viagens desperdiçadas para os técnicos.

O código que fazia essa determinação de despacho foi designado e escrito por alguém muito inteligente, mas que era um péssimo comunicador. O processo de escrita desse código foi descrito como: "Três semanas encarando o teto e dois dias de código sendo despejado por todos os orifícios de seu corpo — depois disso ele pediu demissão."

Ninguém entendeu o código. Sempre que tentávamos adicionar um recurso ou corrigir um defeito, quebrávamos o código de alguma forma. E como esse código servia de base para um dos principais benefícios econômicos do nosso sistema, cada novo defeito era profundamente constrangedor para a empresa.

No final das contas, a administração simplesmente nos disse para bloquear o código e nunca mais modificá-lo. O código se tornou *oficialmente rígido*.

Essa experiência me ensinou o valor de um código limpo e bom.

Arquitetura

O sistema foi escrito em 1976 em assembler M365. Era um programa monolítico individual de aproximadamente 60.000 linhas. O sistema operacional era um trocador de tarefas implementado em casa e não interruptivo, baseado em votação. Nós o chamávamos de MPS, do

Apêndice A   Arqueologia da Arquitetura

inglês *multiprocessing system* (sistema multiprocessador). Como o computador M365 não tinha uma pilha incorporada, as variáveis específicas eram mantidas em uma área especial da memória e substituídas a cada troca
de contexto. Variáveis compartilhadas eram gerenciadas com bloqueios e semáforos. Questões de reentrância e condições de corrida eram problemas constantes.

Não havia isolamento da lógica de controle de dispositivo ou da lógica UI em relação às regras de negócio do sistema. Por exemplo, o código de controle de modem estava espalhado pelas regras de negócio e código UI. Não tentamos reuni-lo em um módulo ou interface abstrata. Os modems eram controlados, no nível dos bits, pelo código que estava espalhado por todo o sistema.

O mesmo acontecia com o terminal UI. As mensagens e código de controle de formatação não estavam isolados, mas espalhados por toda uma base de código de 60.000 linhas.

Os módulos do modem que usávamos eram projetados para serem montados em placas de PC. Compramos essas unidades de um terceiro e as integramos com outros circuitos em uma placa que cabia em nosso backplane personalizado. Como essas unidades eram caras, depois de alguns anos decidimos projetar nossos próprios modems. Nosso grupo de software implorou para que o projetista de hardware usasse os mesmos formatos de bit para controlar o novo modem. Explicamos que o código de controle do modem estava espalhado e que nosso sistema teria que lidar com ambos os tipos de modem no futuro. Então, imploramos mais e mais: "Por favor, faça o novo modem parecer com o antigo do ponto de vista de controle de software."

Mas quando recebemos o novo modem, o controle estruturado era completamente diferente. Não era só um pouco diferente. Era inteiramente, completamente diferente.

Valeu, engenheiro de hardware.

O que fazer? Não estávamos simplesmente substituindo os modems velhos por novos. Em vez disso, estávamos misturando modems velhos e novos em nossos sistemas. O software devia ser capaz de lidar com ambos os tipos de modem ao mesmo tempo. Estávamos condenados a cercar todos os lugares no código que manipulavam os modems com sinais e casos especiais? Havia centenas desses lugares!

No final das contas, optamos por uma solução ainda pior.

Havia uma determinada sub-rotina que escrevia dados para o bus de comunicação serial que controlava todos os nossos dispositivos, inclusive os modems. Modificamos essa sub-rotina para reconhecer os padrões de bit específicos do modem antigo e traduzi-los nos padrões de bit do modem novo.

Foi como andar na corda bamba. Os comandos do modem eram sequências de código escritas para diferentes endereços de entrada e saída no bus serial. Nosso hack tinha que interpretar esses comandos, em sequência, e traduzi-los para uma sequência diferente usando endereços entrada e saída, tempos e posições de bit diferentes.

Acabou funcionando, mas foi o pior hack imaginável. Foi por causa desse fiasco que eu aprendi o valor de isolar o hardware das regras de negócio e das interfaces abstratas.

O Grande Redesign no Céu

Quando os anos 80 chegaram, a ideia de produzir seu próprio minicomputador e sua própria arquitetura de computador já estava começando a sair de moda. Havia muitos microcomputadores no mercado, e fazê-los funcionar era mais barato e padronizado do que continuar a depender das arquiteturas de computador proprietárias do fim dos anos 60. Isso, mais a terrível arquitetura do software SAC, induziu nossa gerência técnica a iniciar a rearquitetura total do sistema SAC.

O novo sistema seria escrito em C, com um UNIX O/S em disco rodando em um microcomputador Intel 8086. Os caras do hardware começaram a trabalhar no novo hardware do computador, e um grupo seleto de desenvolvedores de software, "O Time Tigre", foi contratado para a reescrita.

Não vou deixá-lo entediado com os detalhes do fiasco inicial. Basta dizer que o primeiro Time Tigre fracassou completamente depois de

Apêndice A Arqueologia da Arquitetura

queimar dois ou três anos em um projeto de software que nunca entregou nada.

Um ou dois anos depois, provavelmente em 1982, o processo foi reiniciado. O objetivo era o redesign total do SAC em C e UNIX em nosso próprio hardware 80286, recém-projetado, impressionante e poderoso. Chamamos esse computador de "Deep Thought".

Isso levou anos, depois mais alguns anos e mais anos ainda. Não sei quando o primeiro SAC baseado em UNIX finalmente foi implementado; acredito que eu já havia deixado a empresa na época (1988). Na verdade, não tenho certeza se foi mesmo implementado.

Por que o atraso? Resumindo, é muito difícil que uma equipe de redesign consiga alcançar uma grande equipe de programadores que mantém ativamente o sistema antigo. Indico aqui apenas um exemplo das dificuldades que eles encontraram.

EUROPA

Mais ou menos na mesma época em que o SAC começou a ser reprojetado em C, a empresa começou a expandir as vendas para a Europa. Nem mesmo esperaram o redesign do software ficar pronto para enviar os antigos sistemas M365 para a Europa.

Mas havia um problema: os sistemas telefônicos na Europa eram muito diferentes dos sistemas telefônicos nos Estados Unidos. A organização dos técnicos e das burocracias também era diferente. Então, um dos nossos melhores programadores foi enviado ao Reino Unido para liderar uma equipe de desenvolvedores na modificação do software SAC para lidar com todas essas questões europeias.

É claro que nenhuma tentativa séria foi feita para integrar essas mudanças ao software baseado nos EUA. Isso foi muito antes de as redes possibilitarem a transmissão de grandes bases de código entre continentes. Esses desenvolvedores do Reino Unido simplesmente bifurcaram o código baseado nos EUA e o modificaram no que era necessário.

Isso, é claro, causou dificuldades. Nos dois lados do Atlântico, havia bugs que precisavam ser corrigidos no outro lado. Mas como os módulos mudaram significativamente, era muito difícil determinar se a correção feita nos Estados Unidos funcionaria no Reino Unido.

Depois de alguns anos angustiantes e da instalação de uma linha de alto rendimento que conectava os escritórios dos EUA e do Reino Unido, uma tentativa séria foi feita para integrar essas bifurcações novamente e definir as diferenças como uma questão de configuração. Esse esforço falhou na primeira, na segunda e na terceira vez. As duas bases de código, embora notavelmente similares, eram diferentes demais para serem reintegradas — especialmente diante das rápidas mudanças que ocorriam no ambiente de mercado da época.

Enquanto isso, o "Time Tigre", ao tentar reescrever tudo em C e UNIX, percebeu que também tinha que lidar com essa dicotomia Europa/EUA. E, evidentemente, isso não ajudou nada no andamento dos trabalhos.

Conclusão do SAC

Eu poderia contar muitas outras histórias sobre esse sistema, mas seria deprimente demais continuar. Basta dizer que muitas das lições duras de software que aprendi na minha vida profissional vieram desse período em que estive imerso no terrível código assembler do SAC.

Linguagem C

O hardware de computador 8085 que usamos no projeto 4-Tel Micro era uma plataforma de computação de custo relativamente baixo e em que muitos projetos que poderiam ser incorporados a ambientes industriais. Podia ser carregado com 32K de RAM e outros 32K de ROM, e havia um esquema extremamente flexível e poderoso para controlar periféricos. Mas não havia uma linguagem flexível e conveniente para programar a máquina. A assembler 8085 simplesmente não era conveniente para escrever código.

Além disso, a assembler que usávamos era escrita por nossos próprios programadores. Ela rodava em computadores M365, usando o sistema operacional de cartuchos de fita descrito na seção "Laser Trim".

Quis a sorte que nosso engenheiro líder de *hardware* convencesse nosso CEO de que precisávamos de um computador *de verdade*. Ele não sabia

Apêndice A   Arqueologia da Arquitetura

realmente o que faria com ele, mas tinha muita influência política. Então compramos um PDP-11/60.

Um humilde desenvolvedor de software na época, eu fiquei eufórico, pois sabia *exatamente* o que fazer com aquele computador. Estava determinado a fazer de tudo para que ele fosse *meu*.

Quando os manuais chegaram, meses antes da entrega da máquina, eu os levei para casa e devorei. Quando o computador chegasse, queria já saber operar tanto o hardware quanto o software com proficiência — ou com a máxima proficiência que conseguisse desenvolver estudando em casa.

Ajudei a escrever o pedido de compra. Em particular, especifiquei o armazenamento de disco do novo computador. Decidi que deveríamos comprar dois drives de disco que pudessem receber pacotes de disco removível com 25 megabytes cada.[9]

Cinquenta megabytes! O número parecia infinito! Lembro de andar pelos corredores do escritório, tarde da noite, rindo como a Bruxa Malvada do Oeste: "Cinquenta megabytes! Hahahahahahahahah!"

Convenci o gerente de instalações a construir uma pequena sala para hospedar seis terminais VT100 e a decorei com imagens do espaço. Nossos desenvolvedores de software usariam essa sala para escrever e compilar código.

Quando a máquina chegou, passei vários dias trabalhando na sua configuração, cabeando todos os terminais e fazendo tudo funcionar. Foi uma alegria — um trabalho de amor.

Compramos assemblers padrão para o 8085 do Boston Systems Office e traduzimos o código 4-Tel Micro para essa sintaxe. Construímos um sistema de compilação cruzada que nos permitia compilar binários do PDP-11 para nossos ambientes de desenvolvimento 8085 e gravadores de ROM. Pronto — tudo estava funcionando perfeitamente.

---

9. RKO7.

C

Mas ainda havia o problema de usar a assembler 8085. Eu não me conformava com essa situação, pois já tinha ouvido falar que havia essa "nova" linguagem muito usada nos Bell Labs, onde era chamada de "C". Então, comprei o *The C Programming Language,* de Kernighan e Ritchie. Como fiz com os manuais PDP-11 alguns meses antes, também *inalei* esse livro.

Fiquei espantado com a elegância simples dessa linguagem. Ela não sacrificava o poder da linguagem assembler. Na verdade, viabilizava o acesso a esse poder com uma sintaxe muito mais conveniente. O livro me convenceu.

Comprei um compilador C da Whitesmith e o fiz rodar no PDP-11. A saída do computador era uma sintaxe assembler compatível com o compilador do Boston Systems Office 8085. Logo, era possível ir de C para o hardware 8085! Estávamos dentro.

Agora o único problema era convencer um grupo de programadores de linguagem assembly incorporada a usar a C. Mas essa história de terror vai ficar para outro dia...

BOSS

Nossa plataforma 8085 não tinha sistema operacional. Minha experiência com o sistema MPS do M365 e com os mecanismos de interrupção primitiva do System 7 da IBM me convenceram de que eu precisava de um trocador de tarefas simples para o 8085. Então, concebi o BOSS: Basic Operating System and Scheduler.[10]

Grande parte do BOSS foi escrita em C. Ele oferecia o recurso de criar tarefas concorrentes. Essas tarefas não eram preemptivas — a troca de tarefas não ocorria com base em interrupções. Como no sistema MPS do M365, as tarefas eram trocadas com base em um mecanismo de votos simples. Os votos ocorriam sempre que uma tarefa era bloqueada para um evento.

---

10. Mais tarde ele foi renomeado como o *Único Software de Sucesso do Bob (Only Successfull Software).*

Apêndice A   Arqueologia da Arquitetura

A chamada do BOSS para bloquear uma tarefa era mais ou menos assim:

```
block(eventCheckFunction);
```

Essa chamada suspendia a tarefa atual, colocava a `eventCheckFunction` na lista de laço de votos e a associava com a tarefa recém-bloqueada. Depois, esperava no laço de votos, chamando cada uma das funções na lista até que uma delas retornasse `true`. A tarefa associada com essa função tinha, então, permissão para ser executada.

Em outras palavras, como vimos antes, o sistema era um trocador de tarefas não preemptivo simples.

Esse software serviu de base para um vasto número de projetos ao longo dos anos seguintes. Mas um dos primeiros foi o pCCU.

pCCU

Entre o final dos anos de 70 e o início dos anos 80, as empresas telefônicas passaram por uma época tumultuosa. Uma das causas dessa turbulência foi a revolução digital.

Ao longo século XX, a conexão entre o escritório central de comutação e o telefone do cliente era feita por um par de fios de cobre. Esses fios estavam em cabos revestidos que se espalhavam por uma grande rede no interior do país, suspensos em postes ou enterrados no subsolo.

A empresa telefônica tinha toneladas (literalmente toneladas) de cobre, um metal precioso, cobrindo o país. O investimento de capital era enorme. Muito desse capital podia ser recuperado pela transmissão de conversas telefônicas por conexões digitais. Um único par de fios de cobre podia carregar centenas de conversas em formato digital.

Em resposta, as empresas telefônicas embarcaram no processo de substituir os velhos equipamentos analógicos da central de comutação por comutadores digitais modernos.

Nosso produto, o 4-Tel, testava fios de cobre, não conexões digitais. Havia ainda muitos fios de cobre em um ambiente digital, mas eram bem mais curtos do que antes e estavam próximos dos telefones dos clientes. O sinal era carregado digitalmente do escritório central para um ponto de distribuição local, onde era convertido novamente para um sinal analógico e distribuído para o cliente através de fios de cobre padrões. Ou seja, o dispositivo de medição precisava estar no começo dos fios de cobre, mas o serviço de ligação devia permanecer no escritório central. O problema é que todos os nossos COLTs incorporavam a ligação e a medição em um mesmo dispositivo. (Poderíamos ter economizado uma fortuna se tivéssemos reconhecido o limite arquitetural óbvio alguns anos antes!)

Então, concebemos uma nova arquitetura de produto: a CCU/CMU (a unidade de controle de COLT e a unidade de medição de COLT). A CCU ficava no escritório de comutação central e controlava a ligação das linhas telefônicas a serem testadas. A CMU estava nos pontos de distribuição local e analisava os fios de cobre que iam até o telefone do cliente.

O problema era que havia muitas CMUs para cada CCU. A informação que indicava a CMU que deveria ser usada para cada número de telefone estava no próprio comutador digital. Assim, a CCU tinha que interrogar o comutador digital para determinar a CMU com que iria se comunicar e controlar.

Prometemos às empresas telefônicas que essa nova arquitetura ficaria pronta a tempo da transição. Sabíamos que ela só iria ocorrer dali a meses ou mesmo anos, então não tínhamos pressa. Também sabíamos que levaria muitos anos para desenvolver esse novo hardware e software CCU/CMU.

A Armadilha do Cronograma

Com o passar do tempo, descobrimos que sempre havia questões urgentes que exigiam o adiamento do desenvolvimento da arquitetura CCU/CMU. Encarávamos essa decisão com confiança porque as empresas telefônicas estavam adiando a implementação dos comutadores digitais de forma consistente. Quando olhamos seus cronogramas, nos sentimos confiantes de que teríamos tempo suficiente. Então, adiamos consistentemente nosso desenvolvimento.

Apêndice A   Arqueologia da Arquitetura

Até que chegou o dia em que o chefe me chamou à sua sala e disse: "*Um dos nossos clientes vai implementar um comutador digital no mês que vem. Temos que ter um CCU/CMU funcionando até lá.*"

Fiquei perplexo! Como poderíamos avançar muitos anos de desenvolvimento em um mês? Mas meu chefe tinha um plano...

Não precisávamos, de fato, de uma arquitetura CCU/CMU completa. A empresa telefônica que implementaria o comutador digital era pequena. Tinha apenas um escritório central e dois pontos de distribuição local. Mais importante, os pontos de distribuição "local" não eram realmente locais. Tratava-se, na verdade, de antigos comutadores analógicos normais que faziam trocas para centenas de clientes. Melhor ainda, esses comutadores eram de um tipo que podia ser ligado por um COLT normal. E para melhorar ainda mais, o número de telefone do cliente continha toda a informação necessária para se definir o ponto de distribuição local que deveria ser usado. Se o número de telefone tinha um 5, 6 ou 7 em uma certa posição, seu ponto de distribuição era o 1; caso contrário, ia para o ponto de distribuição 2.

Então, como meu chefe me explicou, não precisávamos realmente de um CCU/CMU. Precisávamos mesmo era de um computador simples no escritório central, conectado por linhas de modem a dois COLTs padrão em pontos de distribuição. O SAC se comunicaria com nosso computador no escritório central, que decodificaria o número de telefone e retransmitiria os comandos de ligação e medição para o COLT no ponto de distribuição adequado.

Assim nasceu o pCCU.

Esse foi o primeiro produto escrito em C que desenvolvi para um cliente usando o BOSS. Demorei cerca de uma semana para desenvolvê-lo. Essa história não tem nenhuma grande implicação para a arquitetura, mas é uma boa introdução para o próximo projeto.

DLU/DRU

No início da década de 80, um dos nossos clientes era uma empresa telefônica do Texas que precisava cobrir uma área extensa. Na verdade, a cobertura era tão grande que cada área de serviço tinha vários

DLU/DRU

escritórios para despachar técnicos. Nesses escritórios, havia técnicos de teste que precisavam de terminais com o nosso SAC.

Talvez você ache que esse era um problema simples de resolver — mas lembre-se que essa história ocorreu no início da década de 1980. Terminais remotos não eram muito comuns. Para piorar as coisas, o hardware do SAC presumia que todos os terminais eram locais. Nossos terminais, na verdade, ficavam em um bus serial proprietário de alta velocidade.

Havia suporte a terminal remoto, mas ele era baseado em modems, que no início da década de 1980 geralmente eram limitados a 300 bits por segundo. Nossos clientes não gostavam dessa velocidade baixa.

Havia modems de alta velocidade, mas eram muito caros e precisavam rodar em conexões permanentes "condicionadas". A qualidade do dial-up definitivamente não era boa o suficiente.

Nossos clientes exigiam uma solução. Nossa resposta foi o DLU/DRU.

A sigla DLU/DRU significava "Display Local Unit" e "Display Remote Unit". O DLU era uma placa de computador inserida no chassi do computador SAC que fingia ser uma placa gerenciadora de terminal. Em vez de controlar o bus serial para terminais locais, o DLU pegava o fluxo de caracteres e o multiplexava em um único link de modem condicionado de 9600-bps.

O DRU era uma caixa colocada no local remoto do cliente. Ele era conectado à outra extremidade do link de 9600-bps, e seu hardware controlava os terminais em nosso bus serial proprietário. O DRU desmultiplexava os caracteres recebidos do link de 9600-bps e os enviava para os terminais locais correspondentes.

Estranho, não é? Tivemos que criar uma solução que, atualmente, é tão universal que nem pensamos nela. Mas naquela época...

Precisamos até mesmo inventar nosso próprio protocolo de comunicação, porque, naquela época, protocolos padrão de comunicação não eram shareware open source. De fato, isso foi muito antes de termos qualquer tipo de conexão de internet.

Apêndice A   Arqueologia da Arquitetura

Arquitetura

A arquitetura desse sistema era muito simples, mas quero destacar algumas peculiaridades interessantes. Primeiro, ambas as unidades usavam nossa tecnologia 8085m, eram escritas em C e utilizavam BOSS. Mas é aí que essa semelhança acaba.

Havia dois profissionais atuando no projeto. Eu era o líder e Mike Carew era meu colaborador mais próximo. Eu assumi o design e a programação do DLU e Mike fez o DRU.

A arquitetura do DLU foi baseada em um modelo de fluxo de dados. Cada tarefa fazia um trabalho pequeno e focado e transmitia seus resultados para a próxima tarefa usando uma fila de espera. Pense em um modelo de pipes e filters em UNIX. A arquitetura era intrincada. Uma tarefa podia alimentar uma fila que muitas outras usariam. Outras tarefas alimentavam uma fila que apenas uma tarefa usaria.

Pense em uma linha de montagem. Cada posição na linha de montagem executa um trabalho único, simples e altamente focado, enquanto o produto se movimenta de uma posição na linha para outra. Às vezes, a linha de montagem se divide em várias linhas. Às vezes, essas linhas se juntam novamente em uma única linha. Assim funcionava o DLU.

O DRU do Mike usava um esquema notavelmente diferente. Ele criou uma tarefa por terminal e todo o trabalho do terminal era feito naquela tarefa. Sem filas. Sem fluxo de dados. Apenas muitas tarefas, grandes e idênticas, cada uma gerenciando seu próprio terminal.

Isso era o oposto de uma linha de montagem. Nesse caso, podemos fazer uma analogia com um grupo de construtores especializados, em que cada um deles desenvolve um produto completo.

Na época, eu achava minha arquitetura superior. Mike, é claro, pensava que a dele era melhor. Tivemos muitas discussões divertidas sobre isso. No fim, evidentemente, ambas funcionaram muito bem. Foi aí que entendi que as arquiteturas de software podem ser extremamente diferentes e ainda assim igualmente eficazes.

VRS

Ao longo dos anos 80, houve um surto de tecnologias cada vez mais inovadoras. Uma delas foi o controle de *voz* do computador.

Um dos recursos do sistema 4-Tel era possibilitar que o técnico localizasse uma falha em um cabo. O procedimento era o seguinte:

- O testador, no escritório central, usava nosso sistema para determinar a distância aproximada, em pés, até a falha. A precisão desse resultado variava em cerca de 20%. Em seguida, o testador despachava um técnico de reparo de cabo ao ponto de acesso mais próximo daquela posição.
- O técnico de reparo de cabo, ao chegar, ligava para o testador e pedia para iniciar o processo de localização de falha. O testador invocava o recurso de localização de falha do sistema 4-Tel. O sistema começava a medir as características eletrônicas dessa linha com falha e imprimia mensagens na tela que determinavam a realização de operações específicas, como abrir ou encurtar o cabo.
- O testador comunicava ao técnico as operações determinadas pelo sistema e o técnico indicava ao testador a conclusão de cada operação. O testador então transmitia ao sistema que a operação havia sido finalizada e o sistema continuava o teste.
- Depois de duas ou três interações como essas, o sistema calculava uma nova distância até a falha. O técnico de cabo então dirigia até o local e começava novamente o processo.

Imagine como seria excelente se o próprio técnico de cabo, no poste ou sobre um pedestal, pudesse operar o sistema. Foi exatamente isso que as novas tecnologias de voz nos permitiram fazer. O técnico de cabo ligava diretamente para o nosso sistema, direcionava o sistema com tons de toque e ouvia os resultados, que uma voz agradável lia para ele.

O Nome

A empresa promoveu um pequeno concurso para selecionar o nome do novo sistema. Uma das sugestões mais criativas foi SAM CARP, que significava "Still Another Manifestation of Capitalist Avarice Repressing the Proletariat" (Mais Uma Manifestação de Cobiça

Apêndice A Arqueologia da Arquitetura

Capitalista Reprimindo o Proletariado). Nem preciso dizer que esse não foi o nome selecionado.

Outro foi o Teradyne Interactive Test System. Esse também não foi selecionado.

Outro foi Service Area Test Access Network. Esse também não foi selecionado.

No final das contas, o vencedor foi VRS: Voice Response System (Sistema de Resposta de Voz).

ARQUITETURA

Não trabalhei nesse sistema, mas ouvi tudo a respeito do processo. Portanto, a história que vou contar a seguir é de segunda mão, mas acredito que esteja correta na maior parte.

Aqueles foram dias emocionantes para quem atuava com microcomputadores, sistemas operacionais UNIX, C e bases de dados SQL. Estávamos determinados a usar todos eles.

Dos muitos vendedores de bases de dados que existiam por aí, acabamos por escolher a UNIFY. A UNIFY era um sistema de base de dados que funcionava com UNIX, ou seja, era perfeito para nós.

A UNIFY também suportava uma nova tecnologia chamada *Embedded SQL*. Essa tecnologia permitia a incorporação de comandos SQL, como strings, diretamente em nosso código C. Foi o que fizemos em todos os lugares.

Na real, era tão legal poder colocar SQL diretamente no código, em qualquer lugar que você quisesse. Em que ponto? Em todos os lugares! Então, havia SQL espalhado por todo o corpo daquele código.

É claro, naquela época o SQL mal era um padrão sólido. Os fornecedores tinham várias peculiaridades específicas. Então, o SQL especial e as chamadas de API UNIFY especiais também estavam espalhados pelo código.

Isso funcionou muito bem! O sistema era um sucesso. Era utilizado pelos técnicos e adorado pelas empresas telefônicas. A vida era um mar de rosas.

Até que o produto UNIFY que usávamos foi cancelado.

Putz.

Diante disso, decidimos trocar para o SyBase. Ou era Ingress? Não me lembro. Basta dizer que tivemos que procurar em todo o código C até encontrar todo o SQL incorporado e as chamadas especiais de API e substituí-los por gestos correspondentes do novo fornecedor.

Depois de mais ou menos três meses de trabalho, desistimos. Não conseguíamos sair do lugar. Estávamos tão acoplados ao UNIFY que não havia nenhuma esperança de reestruturar o código a um custo razoável.

Então, contratamos um terceiro para manter o UNIFY para nós, com base em um contrato de manutenção. Evidentemente, as taxas de manutenção aumentaram com o passar dos anos.

Conclusão do VRS

Foi assim que aprendi que bases de dados são detalhes que devem ser isolados do propósito de negócio geral do sistema. Além do mais, é por essa razão que não gosto de um acoplamento forte a sistemas de software de terceiros.

O Recepcionista Eletrônico

Em 1983, nossa empresa estava na confluência dos sistemas de computador, sistemas de telecomunicações e sistemas de voz. Nosso CEO achava que essa era uma posição perfeita para o desenvolvimento de novos produtos. Para concretizar esse objetivo, ele contratou uma equipe de três profissionais (incluindo eu) para conceber, projetar e implementar um novo produto para a empresa.

Não demorou muito tempo para que criássemos o *The Electronic Receptionist* (ER) (O Recepcionista Eletrônico).

Apêndice A   Arqueologia da Arquitetura

A ideia era simples. Quando você ligava para uma empresa, o ER atendia e perguntava com quem você queria falar. Você soletrava o nome dessa pessoa com tons de toque e o ER completava a chamada. Os usuários do ER podiam ligar e, usando comandos simples de tons de toque, dizer o número de telefone da pessoa desejada, em qualquer parte do mundo. De fato, o sistema podia listar vários números alternativos.

Quando você ligava para o ER e discava RMART (meu código), o ER ligava para o primeiro número na minha lista. Se eu não atendesse e me identificasse, ele ligava para o próximo número, e assim por diante. Se eu não fosse encontrado, o ER gravava uma mensagem do autor da chamada.

Em seguida, o ER tentava periodicamente me encontrar para entregar essa mensagem e qualquer outra deixada para mim por outra pessoa.

Esse foi o primeiro sistema de mensagem de voz da história, e nós[11] tínhamos a patente dele.

Construímos o hardware para esse sistema — a placa-mãe, a placa de memória, as placas de voz/telecomunicação, tudo. A placa-mãe do computador era o *Deep Thought*, o processador Intel 80286 que mencionei anteriormente.

Cada placa de voz suportava uma linha telefônica e consistia em uma interface telefônica, um codificador/decodificador de voz, um pouco de memória e um microcomputador Intel 80186.

O software da placa-mãe principal do computador foi escrito em C. O sistema operacional era o MP/M-86, um sistema operacional de disco multiprocessador dirigido por linhas de comando. O MP/M era o primo pobre do UNIX.

O software das placas de voz foi escrito em assembler e não havia sistema operacional nelas. A comunicação entre o Deep Thought e as placas de voz ocorria através da memória compartilhada.

---

11. Nossa empresa tinha a patente. Nosso contrato de trabalho deixava claro que nossas invenções pertenciam à empresa. Meu chefe me disse: "Você nos vendeu isso por um dólar, e nós não pagamos esse dólar para você."

Hoje, a arquitetura desse sistema seria chamada de *orientada a serviços*. Cada linha telefônica era monitorada por um processo de escuta que rodava sob o MP/M. Quando chegava uma chamada, um processo manipulador inicial era iniciado e recebia a chamada em questão. À medida que a chamada era transmitida de estado a estado, o processo manipulador correspondente era iniciado e assumia o controle.

As mensagens eram transmitidas entre esses serviços por meio de arquivos de disco. O serviço em execução determinava o próximo serviço, escrevia as informações do estado em um arquivo de disco, emitia a linha de comando para iniciar esse serviço e saía.

Essa foi a primeira vez que criei um sistema como esse. De fato, foi a primeira vez que atuei como arquiteto principal de um produto inteiro. Tudo que estava relacionado ao software era meu — e funcionava muito bem.

Eu não diria que a arquitetura desse sistema era "limpa" no sentido utilizado neste livro, pois não era uma arquitetura de "plug-in". Contudo, ela definitivamente mostrava sinais de que havia limites verdadeiros. Os serviços eram independentemente implementáveis e viviam em seu próprio domínio de responsabilidade. Havia processos de alto e baixo nível e muitas das dependências corriam na direção certa.

A Morte do ER

Infelizmente, o marketing deste produto não foi muito bom. A Teradyne era uma empresa que vendia equipamento de teste. Não sabíamos como entrar no mercado de equipamento de escritório.

Depois de várias tentativas ao longo de dois anos, nosso CEO desistiu e — infelizmente — não deu continuidade ao pedido de patente. A patente foi reconhecida para uma empresa que protocolou o pedido três meses depois de nós. Acabamos entregando todo o mercado de mensagem de voz e encaminhamento eletrônico de mensagens.

Putz!

Por outro lado, você não pode nos culpar por essas máquinas irritantes que agora atormentam nossa existência.

Apêndice A   Arqueologia da Arquitetura

Sistema de Despacho de Técnico

O ER falhou como produto, mas deixou muito hardware e software para melhorar nossas linhas de produtos existentes. Além do mais, nosso sucesso de marketing com o VRS nos convenceu de que deveríamos oferecer um sistema de resposta de voz que interagisse com técnicos telefônicos e não dependesse dos nossos sistemas de teste.

Assim nasceu o CDS ou Craft Dispatch System. O CDS era basicamente o ER, mas priorizava especificamente o domínio muito estrito da gestão da mobilização de técnicos de manutenção telefônica no campo.

Quando um problema era descoberto em uma linha telefônica, um tíquete de problema era criado no centro de serviço. Os tíquetes de problema eram mantidos em um sistema automatizado. Quando um técnico de manutenção terminava um trabalho em campo, ligava para o centro de serviço para obter a próxima tarefa. O operador do centro de serviço extraía o próximo tíquete de problema e o lia para o técnico.

Então, iniciamos a automatização desse processo. Queríamos que o técnico de campo ligasse para o CDS e pedisse a próxima tarefa. O CDS consultaria o sistema de tíquete de problemas e leria os resultados. Além disso, identificaria o técnico enviado e o respectivo tíquete de problema e informaria o sistema sobre o status do reparo.

Havia vários recursos interessantes relacionados à interação entre o sistema de tíquete de problemas, o sistema de gerenciamento de fábrica e os eventuais sistemas de testes automatizados.

Partindo da minha experiência com o ER e sua arquitetura orientada a serviços, quis tentar a mesma ideia dessa vez, mas com mais agressividade. A máquina de estado de um tíquete de problemas era muito mais requisitada do que a máquina de estado que controlava ligações no ER. Comecei a criar o que chamamos hoje de *arquitetura de microsserviços*.

Cada transição de estado das chamadas, por mais insignificante que fosse, fazia o sistema iniciar um novo serviço. De fato, a máquina de estado estava externalizada em um arquivo de texto que era lido pelo sistema. Cada evento que chegava ao sistema a partir de uma linha

Sistema de Despacho de Técnico

telefônica se transformava em uma transição nessa máquina de estado finita. O processo existente iniciava um novo processo ditado pela máquina de estado para lidar com cada evento. Em seguida, o processo existente era finalizado ou esperava em uma fila.

Essa máquina de estado externalizada permitia mudar o fluxo da aplicação sem mudar nenhum código (o Princípio Aberto/Fechado). Podíamos adicionar facilmente um novo serviço, independente de qualquer outro, e ligá-lo ao fluxo modificando o arquivo de texto que continha a máquina de estado. Podíamos fazer isso até mesmo quando o sistema estivesse sendo executado. Em outras palavras, tínhamos *hot-swapping* e uma BPEL (Business Process Execution Language) eficaz.

Como a velha abordagem do ER de usar arquivos de disco para a comunicação entre serviços era lenta demais para essa troca muito mais rápida de serviços, inventamos um mecanismo de memória compartilhada que chamamos de 3DBB.[12] O 3DBB permitia que os dados fossem acessados por nome, e os nomes que usamos eram atribuídos para cada instância da máquina de estado.

O 3DBB foi ótimo para armazenar strings e constantes, mas não podia ser usado para armazenar estruturas de dados complexas. A razão disso é técnica, mas fácil de entender. Cada processo no MP/M vivia em sua própria partição de memória. Os ponteiros para dados em uma partição de memória não tinham significado em outra partição de memória. Como consequência, os dados no 3DBB não podiam conter ponteiros. Strings tudo bem, mas árvores, listas encadeadas ou qualquer outra estrutura de dados com ponteiros não funcionavam.

Os tíquetes no sistema de tíquetes de problemas vinham de várias fontes diferentes. Alguns eram automatizados e outros eram manuais. As entradas manuais eram criadas pelos operadores enquanto falavam com os clientes sobre seus problemas. Enquanto os clientes descreviam seus problemas, os operadores digitavam suas reclamações e observações em um fluxo de texto estruturado, mais ou menos assim:

```
/pno 8475551212 /noise /dropped-calls
```

---

12. *Three-Dimensional Black Board. Se você nasceu na década de 1950, provavelmente entenderá essa referência: Redemoinho turbilhão, traz de volta o trapalhão!*

363

Apêndice A   Arqueologia da Arquitetura

Acho que deu para entender a ideia. O caractere / iniciava um novo tópico. Depois da barra vinha um código e em seguida os parâmetros. Havia *milhares* de códigos, e a descrição de um tíquete de problema individual poderia ter dúzias de códigos. Pior ainda, como eram inseridos manualmente, quase sempre apresentavam erros de digitação ou formatação incorreta. Serviam para interpretação humana, não para o processamento de máquinas.

Nosso problema era decodificar essas strings de forma semilivre, interpretar e corrigir os erros e, em seguida, transformá-las em uma saída de voz que pudesse ser lida para um técnico, em um poste, ouvindo com um fone de ouvido. Isso exigia, entre outras coisas, uma técnica de análise e representação de dados muito flexível. Essa representação de dados passava necessariamente pelo 3DBB, que lidava apenas com strings.

Um dia, estava em um avião, voando entre visitas de clientes, quando inventei um esquema que chamei de FLD: *Field Labeled Data* (Dados de Campo Etiquetados). Atualmente, chamamos isso de XML ou JSON. O formato era diferente, mas a ideia era a mesma. Os FLDs eram árvores binárias que associavam nomes a dados em uma hierarquia recursiva. Os FLDs podiam ser consultados por um API simples e traduzidos para e a partir de um formato de string conveniente, o que era ideal para o 3DBB.

É isso mesmo: microsserviços se comunicando através de memória compartilhada analógica de sockets usando um XML analógico — em 1985.

Nada de novo sob o Sol.

Clear Communications

Em 1988, um grupo de empregados da Teradyne saiu da empresa para formar uma startup chamada Clear Communications, e me juntei a eles alguns meses depois. Nossa missão era desenvolver o software de um sistema que monitoraria a qualidade das comunicações de linhas T1 — as linhas digitais que carregavam comunicações de longa distância pelo país. Idealmente, queríamos um monitor enorme com um mapa dos

Estados Unidos atravessado por linhas T1 que brilhariam em vermelho se estivessem degradadas.

Lembre-se que interfaces gráficas de usuário eram novidade em 1988. O Macintosh da Apple tinha apenas cinco anos. O Windows era uma piada naquela época. Mas a Sun Microsystems estava criando o Sparcstations, que tinha GUIs X-Windows dignas de confiança.

Era uma startup. Trabalhávamos de 70 a 80 horas por semana. Tínhamos a visão. Tínhamos a motivação. Tínhamos a vontade. Tínhamos a energia. Tínhamos a especialização. Tínhamos capital. Tínhamos sonhos de ser milionários. Só falávamos besteira.

O código C vazava de todos os orifícios dos nossos corpos. Jogávamos um pouco aqui e despejávamos um pouco ali. Construímos grandes castelos no ar. Tínhamos processos, filas de mensagem e arquiteturas superlativas grandiosas. Escrevemos uma pilha inteira de comunicações ISO com sete camadas de zero — até a camada de data link.

Escrevemos código GUI. CÓDIGO GRUDENTO! MEU DEUS! Escrevemos código GRUDEEEEENTO.

Eu mesmo escrevi uma função C de 3000 linhas chamada `gi()` ou Graphic Interpreter (Interpretador Gráfico). Era uma obra-prima de gosma. Não foi a única gosma que escrevi na Clear, mas foi a mais infame.

Arquitetura? Você está brincando? Isso era uma startup. Ninguém tinha tempo para *arquitetura*. Só código, droga! *Programem como se tudo dependesse disso!*

Então, programamos. E programamos. E programamos. Mas, depois de três anos, fracassamos em vender. Ah, tínhamos uma ou duas instalações. Mas o mercado não estava particularmente interessado em nossa grande visão, e nossos financiadores de capital de risco estavam ficando cansados.

Eu odiava a minha vida a essa altura. Via toda a minha carreira e meus sonhos desabando. Tinha conflitos no trabalho, conflitos em casa por causa do trabalho e conflitos comigo mesmo.

Até que recebi uma ligação que mudou tudo.

Apêndice A   Arqueologia da Arquitetura

A Configuração

Dois anos antes dessa ligação, aconteceram duas coisas importantes.

Primeiro, eu consegui configurar uma conexão uucp com uma empresa próxima que tinha uma conexão uucp com outra unidade que estava conectada à internet. Essas conexões eram dial-up, é claro. Nossa Sparcstation principal (que estava em minha mesa) usava um modem de 1200-bps para ligar para nosso host uucp duas vezes ao dia. A partir daí, passamos a ter acesso a e-mails e à Netnews (uma rede social antiga onde as pessoas discutiam questões interessantes).

Segundo, a Sun lançou o compilador C++. Eu já me interessava por C++ e OO desde 1983, mas os compiladores eram difíceis de achar. Então, quando a oportunidade se apresentou, mudei imediatamente de linguagem. Deixei para trás as funções C de 3000 linhas e comecei a escrever código C++ na Clear. E estudei...

Li livros. É claro, li o *The C++ Programming Language* e o *The Annotated C++ Reference Manual* (*The ARM*) de Bjarne Stroustrup. Eu li o belo livro de Rebecca Wirfs-Brock sobre design dirigido por responsabilidade, *Designing Object Oriented Software*. Li o *OOA* e o *OOD* and *OOP* de Peter Coad. Li o *Smalltalk-80* de Adele Goldberg. Li o *Advanced C++ Programming Styles and Idioms* de James O. Coplien. Mas, talvez o mais importante de todos, li o *Object Oriented Design with Applications* de Grady Booch.

Que nome! Grady Booch. Como alguém poderia esquecer um nome como esse. E mais, ele era o *Chief Scientist* de uma empresa chamada Rational! Como eu queria ser um *Chief Scientist*! Então, li o seu livro. E estudei, estudei, estudei...

Enquanto estudava, comecei a debater na Netnews, como as pessoas agora discutem no Facebook. Meus debates eram sobre C++ e OO. Por dois anos, consegui aliviar as frustrações do trabalho debatendo com centenas de pessoas na Usenet sobre os melhores recursos de linguagem e os melhores princípios de design. Depois de um tempo, comecei a perceber melhor as coisas.

Em um daqueles debates, foram estabelecidas as bases dos princípios SOLID.

E em meio a todos aqueles debates, talvez até por causa da minha nova percepção, comecei a chamar a atenção...

Uncle Bob

Um dos engenheiros da Clear era um cara jovem que se chamava Billy Vogel. Billy criou apelidos para todo mundo e a mim coube Uncle Bob. Eu suspeitei que, apesar do meu nome ser Bob, ele estava fazendo uma referência informal a J. R. "Bob" Dobbs (veja https://en.wikipedia.org/wiki/File:Bobdobbs.png).

No início, tolerei. Mas com o passar dos meses, sua voz repetindo "Uncle Bob,... Uncle Bob" incessantemente, no contexto das pressões e decepções da startup, começou a acabar com minha paciência.

Até que, um dia, o telefone tocou.

A Ligação

Era um recrutador. Ele tinha ouvido falar de mim como alguém que dominava C++ e design orientado a objetos. Não sei exatamente como ele descobriu, mas suspeito que tinha a ver com a minha atividade na Netnews.

Ele disse que tinha uma oportunidade para mim no Silicon Valley. Era em uma empresa chamada Rational, que estava querendo criar uma ferramenta CASE.[13]

Fiquei pálido. Eu *sabia* o que era isso. Eu não sei como sabia, mas *sabia*. Essa era a empresa de *Grady Booch*. Estava diante da oportunidade de juntar forças com *Grady Booch*!

ROSE

Entrei na Rational como programador contratado em 1990 e comecei a trabalhar no produto ROSE. Era uma ferramenta que permitia aos programadores desenharem diagramas Booch — os diagramas que Grady descreve em *Object-Oriented Analysis and Design with Applications* (A Figura A.9 mostra um exemplo).

---

13. *Computer Aided Software Engineering*

Apêndice A   Arqueologia da Arquitetura

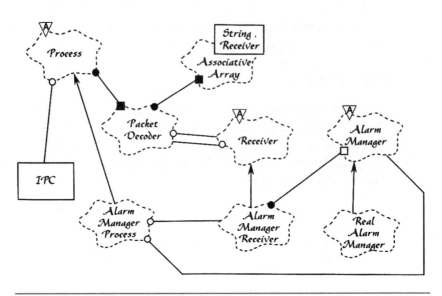

Figura A.9 Um diagrama Booch

A notação Booch era muito poderosa. Ela antecipava notações como UML.

A ROSE tinha uma arquitetura — uma arquitetura *real*. Ela era construída em camadas verdadeiras, e as dependências entre as camadas eram adequadamente controladas. Sua arquitetura tornava-a passível de releases, desenvolvível e independentemente implantável.

Mas não era perfeita. Havia várias coisas que ainda não entendíamos sobre princípios arquiteturais. Por exemplo, não criamos uma estrutura de plug-in verdadeira.

Também fomos vítimas de uma das modas mais infelizes da época — usamos o chamado banco de dados orientado a objetos.

Mas, no geral, a experiência foi ótima. Passei um período de um ano e meio muito bom com a equipe Rational no ROSE. Foi uma das experiências mais intelectualmente estimulantes da minha vida profissional.

Os Debates Continuaram

É claro que não parei de debater na Netnews. Na verdade, aumentei drasticamente minha presença na rede. Comecei a escrever artigos para a C++ Report. E, com a ajuda de Grady, passei a trabalhar no meu primeiro livro: *Designing Object-Oriented C++ Applications Using the Booch Method*.

Mas havia uma coisa que me incomodava. Era perversa, mas era verdade. Ninguém estava me chamando de "Uncle Bob". Percebi que sentia falta disso. Então, cometi o erro de colocar "Uncle Bob" em minhas assinaturas de e-mail e da Netnews. E o apelido pegou. Mas, no final das contas, concluí que era uma marca muito boa.

... Por Qualquer Outro Nome

A ROSE era uma aplicação C++ gigantesca, composta de camadas e com uma regra de dependência estritamente imposta. Essa regra não é a regra que descrevi neste livro. Nós *não* havíamos apontado nossas dependências na direção das políticas de alto nível. Em vez disso, apontamos nossas dependências na direção mais tradicional do controle de fluxo. A GUI apontava para a representação, que apontava para as regras de manipulação, que apontavam para a base de dados. No fim, foi essa falha de direcionar nossas dependências para a política que contribuiu para a morte do produto.

A arquitetura da ROSE parecia com a arquitetura de um bom compilador. A notação gráfica era "analisada" em uma representação interna, que era então manipulada por regras e armazenada em um banco de dados orientada a objetos.

Os bancos de dados orientadas a objetos eram uma ideia relativamente nova, e o mundo OO estava em polvorosa com as suas implicações. Todo programador que atuava nessa linha queria ter uma base de dados orientada a objetos em seu sistema. A ideia era relativamente simples, e profundamente idealista. A base de dados armazena objetos e não tabelas. A base de dados devia parecer com a RAM. Quando você acessava um objeto, ele simplesmente aparecia na memória. Se esse objeto apontasse para outro objeto, o outro objeto apareceria na memória quando fosse acessado. Era quase mágica.

Apêndice A   Arqueologia da Arquitetura

Provavelmente, a base de dados foi nosso maior erro prático. Queríamos a mágica, mas o que conseguimos foi um framework de terceiros grande, lento, intrusivo e caro que transformou nossas vidas em um inferno ao impedir nosso progresso em praticamente todos os níveis.

A base de dados não foi o único erro que cometemos. O maior erro, na verdade, foi o excesso de arquitetura. Havia muito mais camadas do que as que descrevi aqui, e cada uma delas tinha sua própria marca sobrecarga de comunicações. Isso reduziu significativamente a produtividade da equipe.

Na verdade, depois de muitos anos de trabalho, brigas imensas e dois releases tépidos, a ferramenta inteira foi removida e substituída por uma aplicação pequena e bonitinha escrita por uma pequena equipe de Wisconsin.

Foi assim que aprendi que grandes arquiteturas às vezes levam a grandes fracassos. A arquitetura deve ser flexível o suficiente para se adaptar ao tamanho do problema. Quando tudo que você realmente precisa é de uma ferramenta pequena e bonitinha para desktop, uma arquitetura excessiva é uma receita para o fracasso.

EXAME DE REGISTRO DE ARQUITETOS

No início da década de 90, comecei a atuar realmente como consultor. Viajei o mundo ensinando sobre essa novidade de OO. Minha consultoria era focada principalmente no design e na arquitetura de sistemas orientados a objetos.

Um dos meus primeiros clientes de consultoria foi o Educational Testing Service (ETS). Essa organização tinha um contrato com o National Council of Architects Registry Board (NCARB) para realizar os exames de registro para novos candidatos a arquitetos.

Quem queria ser um arquiteto (do tipo que projeta edifícios) registrado nos Estados Unidos ou no Canadá tinha que passar no exame de registro. Nesse exame, o candidato devia resolver vários problemas arquiteturais relacionados ao projeto de prédios. O candidato podia receber um conjunto de exigências para uma biblioteca pública, restaurante ou igreja, para os quais teria que desenhar diagramas arquiteturais adequados.

Os resultados eram coletados e salvos até que um grupo de arquitetos seniores fosse reunido para avaliar os testes. Essas reuniões eram eventos grandes, caros e fonte de muita ambiguidade e atrasos.

A NCARB queria automatizar o processo de modo que os candidatos fizessem as provas por computador e suas avaliações e notas fossem definidas também por computador. Portanto, solicitou o desenvolvimento desse software para a ETS, que me contratou para reunir uma equipe de desenvolvedores a fim de criar o produto.

A ETS dividiu o problema em 18 vinhetas individuais de teste. Cada uma delas exigia uma aplicação GUI do estilo CAD que o candidato usaria para expressar sua solução. Uma aplicação de avaliação separada coletaria as soluções e produziria as notas.

Meu sócio, Jim Newkirk, e eu percebemos que essas 36 aplicações tinham várias similaridades. Os 18 apps de GUI usavam gestos e mecanismos similares. As 18 aplicações de avaliação usavam as mesmas técnicas matemáticas. Diante desses elementos compartilhados, Jim e eu definimos que seria necessário desenvolver um framework reutilizável para todas as 36 aplicações. De fato, vendemos essa ideia para a ETS dizendo que passaríamos um longo tempo trabalhando na primeira aplicação, mas que o restante sairia rapidamente, a cada poucas semanas.

A essa altura você deve já estar com um nó na garganta ou batendo a cabeça neste livro. Os leitores mais velhos talvez se lembrem da promessa de "reutilização" de OO. Na época, todos fomos convencidos de que bastava escrever um código C++ orientado a objetos que fosse bom e limpo para produzir naturalmente um monte de código reutilizável.

Então, começamos a escrever a primeira aplicação — que era a mais complicada do lote e se chamava Vignette Grande.

Nós dois trabalhamos em tempo integral na Vignette Grande com a meta de criar um framework reutilizável. Demoramos um ano. No fim desse ano, tínhamos 45.000 linhas de código de framework e 6000

Apêndice A Arqueologia da Arquitetura

linhas de código de aplicação. Entregamos esse produto para a ETS, que nos contratou para escrever as outras 17 aplicações com grande rapidez.

Então, Jim e eu recrutamos uma equipe com mais três desenvolvedores e começamos a trabalhar nas próximas vinhetas.

Mas algo deu errado. Descobrimos que o framework reutilizável que havíamos criado não era efetivamente reutilizável. Ele não se encaixava bem nas novas aplicações que estávamos escrevendo. Havia fricções sutis que simplesmente não funcionavam.

Isso foi profundamente desanimador, mas acreditávamos que era possível resolver isso. Comunicamos à ETS que haveria um atraso — que o framework de 45.000 linhas precisava ser reescrito ou, pelo menos, reajustado. Dissemos que o serviço demoraria um pouco mais para ser concluído.

Nem preciso dizer que a ETS não ficou muito feliz com essa notícia.

Então, recomeçamos. Deixamos o velho framework de lado e começamos a escrever quatro novas vinhetas simultaneamente. Emprestamos ideias e o código do primeiro framework, mas retrabalhamos tudo para que ficasse compatível com as quatro vinhetas sem novas modificações. Mais um ano se passou. Produzi outro framework de 45.000 linhas e mais quatro vinhetas que tinham entre 3000 e 6000 linhas cada.

Nem preciso dizer que o relacionamento entre as aplicações GUI e o framework seguiu a Regra da Dependência. As vinhetas eram plug-ins do framework. Toda a política de alto nível da GUI estava no framework. O código da vinheta era só a cola.

O relacionamento entre as aplicações de avaliação e o framework era um pouco mais complexo. A política de avaliação de alto nível estava na vinheta. O framework de avaliação era um plug-in da vinheta de avaliação.

É claro que ambas as aplicações eram estaticamente ligadas às aplicações em C++, então a noção de plug-in não nos passou pela cabeça. Mas ainda assim, a forma como as dependências fluíam era consistente com a Regra de Dependência.

Depois de entregar essas quatro aplicações, começamos a trabalhar nas quatro seguintes. Dessa vez, elas começaram a surgir a cada poucas semanas, como havíamos previsto. Como o atraso somou quase um ano ao cronograma, contratamos outro programador para acelerar o processo.

Conseguimos cumprir nossos prazos e compromissos. Nosso cliente ficou feliz. Nós ficamos felizes. A vida era boa.

Mas aprendemos uma boa lição: para criar um framework reutilizável, você precisa primeiro criar um framework utilizável. Frameworks reutilizáveis devem ser criados em conjunto com *várias* aplicações reutilizáveis.

Conclusão

Como disse no início, este apêndice é meio autobiográfico. Descrevi os pontos altos dos projetos que, na minha opinião, tiveram algum impacto arquitetural. É claro, também mencionei alguns episódios que não são exatamente relevantes para o conteúdo técnico deste livro, mas que mesmo assim foram significantes.

É claro que essa foi uma história parcial. Trabalhei em muitos outros projetos ao longo dessas décadas. Além disso, interrompi propositalmente essa narrativa no início da década de 90 porque vou escrever outro livro sobre os eventos do final dessa década.

Espero que você tenha gostado dessa viagem no tempo pelas minhas memórias e que tenha aprendido algumas coisas pelo caminho.

ÍNDICE

#Números

3DBB, Sistema de memória compartilhada, projeto de arqueologia de Sistema de Despacho de Técnico, 361

4-TEL, projetos de arqueologia
   BOSS, 351–352
   DLU/DRU, 354–356
   linguagem C, 349–351
   pCCU, 352–354
   SAC (computador de área de serviço), 344–349
   visão geral de, 339–344
   VRS, 357–359

8085 computador, projetos arqueológicos
   BOSS, 351
   DLU/DRU, 356
   linguagem C e, 349–351
   4-TEL, 341

8086 microcomputador Intel, projeto de arqueologia SAC, 347–348

A

Abstrações
   dependências de código fonte e, 87
   estável, 88–89
   princípio do estável. *Veja* SAP (Princípio das Abstrações Estáveis)

Acoplamento de componente
   ADP. *Veja* ADP (Princípio das Dependências Acíclicas)
   conclusão, 132
   design de cima para baixo, 118–119
   Princípio das Abstrações Estáveis. *Veja* SAP (Princípio da Abstrações Estáveis)
   Princípios de Dependências Estáveis, 120–126
   Problema de Testes Frágeis, 251
   visão geral de, 111

Acoplamento estrutural, testando o API, 252

Acoplamento. *Veja também* Acoplamento de componentes
   evite permitir framework, 293
   para decisões prematuras, 160

Índice

Adaptadores de interface, regra de dependência para, 205

ADP (Princípio das Dependências Acíclicas)
- ciclo de ruptura, 117–118
- compilação semanal, 112–113
- efeito do ciclo no Grafo de dependência do componente, 115–117
- eliminando os ciclos de dependência, 113–115
- grafo de dependência do componente afetado por, 118
- nervosismo, 118
- visão geral de, 112

Agência externa, independência da arquitetura limpa de, 202

Algoritmo de comparação e troca, 54

Anatomia dos limites
- componentes de implantação, 178–179
- conclusão, 181
- cruzando limites, 176
- monólito temido, 176–178
- processos locais, 179–180
- serviços 180–181
- threads, 179

antipadrão Périphérique de portas e adaptadores, 320–321

APIs, testando, 252–253

Apresentadores
- arquitetura de componentes, 301
- cenário de arquitetura limpa, 207-208
- cruzando limites do círculo, 206
- na arquitetura limpa, 203, 205

Apresentadores e objetos humble
- Apresentadores e Visualizações, 212-213
- conclusão, 215
- gateways de banco de dados, 214
- mapeadores de dados, 214-215
- ouvintes de serviço, 215
- padrão de Objeto Humble, 212
- teste e arquitetura, 213
- visão geral de, 211-212

Armazenamento de dados
- no projeto de arqueologia da Union Accounting, 327–328
- no projeto de arqueologia Laser Trim, 335
- prevalência de sistemas de banco de dados devido a discos, 279–280

Arquitetos
- detalhes separados da política 142
- objetivo de minimizar recursos humanos, 160
- projeto de arqueologia do exame de registro, 370–373

Arquitetura
- a matriz de importância versus urgência de Eisenhower, 16–17
- como sênior para função, 18
- como valor do software, 14–15
- deixando o software certo, 2
- design versus, 4
- estabilidade, 122–126
- imutabilidade e, 52
- independência. *Veja* Independência

Índice

ISP e, 86

limpa embarcada. *Veja* Arquitetura limpa embarcada

limpa. *Veja* Arquitetura limpa

LSP e, 80

no produto de arqueologia ROSE, 368–370

no projeto de arqueologia DLU/DRU, 356

no projeto de arqueologia SAC, 345–347

no projeto de arqueologia VRS, 358–359

plug-in, 170–171

testando, 213

três grandes preocupações em, 24

valor da função versus, 15–16

Arquitetura de componente por equipe, 137–138

Arquitetura de componentes, estudo de caso de vendas de vídeo, 300–302

Arquitetura de microsserviços

estratégia de implantação, 138

modo de desacoplamento 153

no projeto de arqueologia do Sistema de Despacho de Técnico, 362–363

popularidade de, 239

Arquitetura de plug-ins

comece com o pressuposto de, 170–171

componente Main como, 237

de componentes de nível inferior em componentes de nível superior, 187

estabelecendo limites para o eixo de mudança, 173

no projeto de arqueologia 4-TEL, 344

para a independência do dispositivo, 44

Arquitetura do sistema BCE, 202

arquitetura do sistema DCI, 202

Arquitetura em camadas

organização do código de pacote por camada, 304–306

por que é considerada ruim, 310–311

relaxada, 311–312

Arquitetura em camadas relaxadas, 311–312

Arquitetura gritando. *Veja* Arquitetura, gritando

Arquitetura hexagonal (Portas e Adaptadores), 202

Arquitetura incorporada. *Veja* Arquitetura limpa incorporada

Arquitetura limpa

características de, 201–203

cenário típico, 208

conclusão, 209

frameworks tendem a violar, 293

Regra da Dependência, 203–207

usando camadas e limites, 223–226

Arquitetura limpa incorporada

a arquitetura embarcada testável é, 262

camadas, 262–263

conclusão, 273

diretivas de compilação condicional DRY, 272

377

Índice

gargalo do hardware-alvo, 261

hardware é detalhe, 263–264

não revela detalhes de hardware para usuário da HAL, 265–269

programando para interfaces e substituibilidade, 271–272

sistema operacional é detalhe, 269–271

teste de app-tidão, 258–261

visão geral de 255–258

Arquitetura testável

arquitetura limpa incorporada como, 262-272

criando arquitetura limpa, 202

visão geral de, 198

Arquitetura, definindo

compreensão, 135–137

conclusão 146

desenvolvimento 137–138

exemplo de endereçamento físico, 145–146

exemplo de propaganda por correspondência, 144–145

implementação, 138

independência do dispositivo, 142–143

mantendo as opções abertas, 140–142

manutenção, 139–140

operação, 138–139

Arquitetura, gritando

arquiteturas testáveis, 198

conclusão, 199

frameworks como ferramentas, não modo de vida, 198

propósito de, 197

sobre a web, 197–198

tema, 196–197

visão geral de, 195–196

"Arquitetura" de três camadas (como topologia), 161

Arquivos header, programando para interfaces com, 272

arquivos Jar

arquitetura de componentes, 301

componentes como, 96

criando limites parciais, 219

definindo função de componentes, 313

no modo de desacoplamento de nível de fonte, 176

projetando serviços baseados em componentes, 245–246

regra Download e Go para, 163

Arquivos, como agregação de componentes, 96

Artefatos, OCP, 70

Árvores de código fonte, dependências de desacoplamento, 319-321

ASC Tabulating, projeto de arqueologia da Union Accounting, 326–334

Atores, 62–65

Atribuição e programação funcional, 23

Atualizações simultâneas, 52–53

Atualizações, riscos de frameworks, 293

Autores, framework, 292–293

B

Base de dados

arquitetura de plug-ins, 171

Índice

arquitetura limpa independente de, 202

camadas de desacoplamento, 153

casos de uso de desacoplamento, 153

cenário de arquitetura limpa, 207–208

criando arquitetura testável sem, 198

deixando as opções abertas no desenvolvimento, 141, 197

desenvolvimento independente, 47

esquema na Zona de Dificuldades, 129

    estabelecendo limites entre regras de negócio e, 165

    gateways, 214

    no jogo de aventura Hunt the Wumpus, 222–223

    Regra de Dependência, 205

    relacional, 278

    separando componentes com limites, 165–169

Base de dados é detalhe

    anedota 281–283

    bancos de dados relacionais, 278

    conclusão, 283

    desempenho, 281

    detalhes, 281

    por que os sistemas de banco de dados são tão predominantes, 279–280

    se não houvesse discos, 280–281

    visão geral de, 277–278

Bases de dados orientadas a objetos, produto ROSE, 368–370

Bases de dados relacionais, 278, 281-283

Beck, Kent, 258–261

Biblioteca de utilidade, Zona de Dificuldades, 129

Bibliotecas

    binários realocáveis, 99–100

    localização do código fonte, 97–98

Bibliotecas dinamicamente ligadas, como limites arquitetônicos, 178–179

Binários, relocalização, 99–100

Booch, Grady

    introdução a, 366

    trabalhando no produto ROSE, 368–369

    trabalhando para, 367

BOSS (Basic Operating Systema and Scheduler)

    no projeto de arqueologia DLU/DRU, 356

    projeto de arqueologia, 351–352

Bus serial de comunicação, projeto de arqueologia SAC, 347

C

C Programming Language (Kernighan & Ritchie), 351

Caixas de correio, processos locais se comunicam via, 180

Camada de abstração do sistema operacional (OSAL), arquitetura limpa incorporada, 270–271

Camadas

    abordagem para a organização do código, 304–306

    arquitetura limpa usando, 202–203

    desacoplamento, 151–152

Índice

desenvolvimento independente, 154
duplicação de, 155
eliminando gargalo de hardware-alvo, 262–263

Camadas e limites
   arquitetura limpa, 223–226
   conclusão, 228
   cruzando fluxos, 226
   dividindo fluxos, 227–228
   jogo de aventura Hunt the Wumpus, 222–223
   visão geral de, 221–222

Campanhas de marketing, vendedor de banco de dados, 283

Carew, Mike, 356

Carregadores
   binários realocáveis, 99–100
   linkando, 100–102

Casamento assimétrico, com autores de framework, 292–293

Casos de uso
   a arquitetura deve suportar, 148
   acoplando a decisões prematuras com, 160
   boa arquitetura centrada em, 196, 197
   cenário de arquitetura limpa, 207-208
   criando arquitetura testável, 198
   cruzando limites do círculo, 206
   desacoplando, 152
   desenvolvimento independente e, 154

duplicação de, 155
estudo de caso de vendas de vídeo, 298-300
modo de desacoplamento, 153
Regra de Dependência para, 204
regras de negócio para, 191-194

CCP (Princípio do Fechamento Comum)
   agrupando políticas em componentes, 186–187
   desacoplando camadas, 152
   diagrama de tensão, 108–110
   mantendo as alterações localizadas, 118
   Princípio das Dependências Estáveis e, 120
   visão geral de 105–107

CCU/CMU (unidade de controle COLT/unidade de medição COLT), projeto de arqueologia pCCU, 353–354

CDS (Sistema de Despacho de Técnico), projeto de arqueologia
   visão geral de, 361–363

Centro de serviço (SC), projeto de arqueologia 4-TEL, 339-340

Chamadas de função, serviços como, 240

chips EPROM (Erasable Programmable Read-Only Memory), projeto de arqueologia 4-TEL, 341–343

Church, Alonzo, 22–23, 50

Ciclo de vida, arquitetura suporta o sistema, 137

Ciclos

Índice

efeito do grafo de dependência, 115–117

eliminando a dependência, 113–115

problemas de compilação semanal, 112–113

quebrando, 117–118

Classes

abstrato. *Veja* Classes abstratas

DIP e, 89

exemplos de SRP, 67

Princípio da Equivalência de Reutilização/Liberação, 105

Princípio de Reúso Comum, 107–108

processos de particionamento para, 71–72

uso de LSP na orientação de herança, 78

classes abstratas

colocando uma política de alto nível, 126–128

conclusão, 132

Princípio de Inversão de Dependência e, 87

restos na Zona de Inutilidade, 129–130

serviços em Java como conjunto de, 246

classes base, frameworks, 293

Cleancoders.com, 297

Clear Communications, 364–367

configuração, 366

ligação, 367

Uncle Bob, 367

Clojure, 50–51, 53–54

Codd, Edgar, 278

Código

assinatura da bagunça, 7–8

custos crescentes de desenvolvimento da folha de pagamento, 8–9

dependências de código fonte. *Veja* Dependências de código fonte

diminuição da produtividade/ aumento do custo de, 5–7

no projeto de arqueologia da SAC, 345

no projeto de arqueologia de alumínio fundido, 338–339

tolice do excesso de confiança, 9–12

Código central, evite frameworks no, 293

Código de despacho, projeto de computador de área de serviço, 345

Código fonte, compilação, 97-98

Coesão dos componentes

conclusão, 110

diagrama de tensão, 108–110

Princípio da Equivalência de Reutilização/Liberação, 104–105

Princípio da Reutilização Comum, 107–108

Princípio do Fechamento Comum, 105–107

visão geral de, 104

Coesão, Princípio da Responsabilidade Única, 63

COLTs (testadores de linha de escritório central)

no projeto de arqueologia 4-TEL, 340–344

Índice

no projeto de arqueologia do computador da área de serviço, 344-349

projeto de arqueologia pCCU, 352-354

Compiladores

aplicar princípios arquitetônicos com, 319

binários realocáveis, 99-100

localização do código fonte, 97-98

Componente Main

como componente concreto, 91

como detalhe final, 232-237

conclusão, 237

definido, 232

pequeno impacto da liberação, 115

polimorfismo, 45

programação orientada a objetos, 40

Componentes

concreto, 91

história de, 96-99

implantação de, 178-179

linkadores, 100-102

pacote por, 313-315

princípios, 93

processos de particionamento em classes/separando as classes em, 71-72

realocação, 99-100

testes como sistema, 250

visão geral de, 96

Componentes abstratos, 125-126

Componentes concretos, Princípio de Inversão da Dependência, 91

Componentes estáveis

como inofensivos na Zona de Dificuldades, 129

componentes abstratos como, 125-126

estabelecendo políticas de alto nível em, 126

nem todos os componentes devem ser, 123-125

Princípio das Abstrações Estáveis, 126-127

Componentes independentes

calculando métricas de estabilidade, 123

compreensão, 121

Componentes voláteis

colocando em software volátil, 126

como problemático na Zona de Dificuldades, 129

grafo de dependência e, 118

Princípio das Dependências Estáveis e, 120

projetar para testabilidade, 251

Comportamento (função)

como valor do software, 14

lutando pela antiguidade da arquitetura sobre a função, 18

mantendo as opções abertas, 140-142

matriz importância versus urgência de Eisenhower, 16-17

sistema de suporte de arquitetura, 137, 148

valor da função versus arquitetura, 15-16

Índice

Computador de área de serviço. *Veja* SAC (computador de área de serviço), projeto de arqueologia

computador GE Datanet 30, Projeto de arqueologia da Union Accounting, 326–330

computador M365

    projeto de arqueologia 4-TEL, 340–341

    projeto de arqueologia Laser Trim, 335–338

    projeto de arqueologia SAC, 345–347

Computador PDP–11/60, 349–351

Comunicações

    como chamada de função entre componentes em monólitos, 178

    em tipos de modos de desacoplamento, 155–157

    lei de Conway, 149

    pelo limites do componente de implantação, 179

    pelos limites de fonte desacoplados, 178

    pelos limites do processo local, 180

    pelos limites do serviço, 180–181

Condições de corrida

    devido a variáveis mutáveis, 52

    protegendo contra atualizações concorrentes e, 53

Conexão Uucp, 366

Confiança excessiva, tolice da, 9–12

Constantine, Larry, 29

Construção semanal, 112-113

Controladores

cenário de arquitetura limpa, 207–208

cruzando limites do círculo, 206

na arquitetura limpa, 203, 205

Controle direcional, Princípio Aberto/Fechado, 74

Controle, fluxo de. *Veja* Fluxo de controle

Controle, transferência de, 22

COs (escritórios centrais), projeto de arqueologia 4-TEL, 339–340

CRP (Princípio do Reúso Comum)

    diagrama de tensão, 108–110

    influenciando a composição de componentes, 118

    visão geral de, 107–108

Cruzando fluxos de dados, 226

Cruzando limites

    cenário de arquitetura limpa, 207–208

    criando adequados, 176

    na arquitetura limpa, 206

    Quebrando ciclos, Princípio das Dependências Acíclicas, 117–118

    Regra de Dependência para dados em, 207

D

Dados

    cenário de arquitetura limpa, 207–208

    mapeadores, 214–215

    preocupação gerencial em arquitetura, 24

    Regra de Dependência para cruzamento de limites, 207

Índice

separando a partir de funções, 66
Dados Cruciais de Negócios, 190–191
DAGs (grafos acíclicos dirigidos)
    definido, 114
    framework arquitetônico para política, 184
    quebrando ciclo de componentes, 117–118
Dahl, Ole Johan, 22
Deadlocks, de variáveis mutáveis, 52
Decisões prematuras, acoplamento, 160-163
declarações Goto
    a proclamação de Dijkstra sobre nocividade de, 28–29
    Dijkstra substitui por estruturas de controle de iteração, 27
    história da programação estruturada, 22
    removidos da programação estruturada, 23
declarações if/then/else, 22, 27
Declaraçõesndo/while/until, 22, 27
Decomposição funcional
    em programação estruturada, 29
    programação de melhores práticas, 32
Definição externa, compiladores, 100
DeMarco, Tom, 29
Dependências
    ADP. *Veja* ADP (Princípio das Dependências Acíclicas)

calculando métricas de estabilidade, 123
componente de compreensão, 121
DIP. *Veja* DIP (Princípio de Inversão de Dependência)
em pacote por camada, 304–306, 310–311
estável. *Ver* SDP (Princípio das Dependências Estáveis)
estudo de caso. *Veja* estudo de caso de vendas de vídeo
exemplo de OCP, 72
framework arquitetônico para política, 184
gerenciando indesejável, 89–90
no projeto de arqueologia da Union Accounting, 333–334
no projeto de arqueologia Laser Trim, 338
Princípio do Reúso Comum e, 107–108
software destruído por não gerenciado, 256
transitivo, 75
Dependências de código fonte
    componentes UI reutilizam as regras do jogo via, 222-223
    criando cruzamento de limites através de, 176
    cruzando limites do círculo, 206
    desacoplando, 184-185, 319
    exemplo de OCP, 72
    inversão de dependência, 44-47
    processos locais como, 180
    referindo-se apenas a abstrações, 87-88

Índice

Dependências de entrada, métricas de estabilidade, 122–123

Dependências de saída, métricas de estabilidade, 122–123

Dependências transitivas, violando princípios de software, 75

Desacoplamento

    abordagem OO para preocupações transversais, 244–245

    camadas, 151–152

    casos de uso, 152

    como falácia dos serviços, 240–241

    dependências de código fonte, 319

    desenvolvimento independente, 153–154, 241

    exemplo do problema do gato, 242–243

    implantação independente, 154, 241

    modos, 153, 155–158

    propósito de testar API, 252–253

Desempenho, como preocupação de baixo nível, 281

Desenvolvedores

    a matriz de importância versus urgência de Eisenhower, 17

    assinatura de uma bagunça, 8–9

    como partes interessadas, 18

    diminuição da produtividade/ aumento do custo do código, 5–7

    escopo versus forma na determinação do custo de mudança, 15

    loucura de excesso de confiança, 9–12

    preferência por função versus arquitetura 15–16

Desenvolvimento

    impacto da arquitetura em, 137–138

    independente. *Veja* Desenvolvimento independentepapel da arquitetura no suporte, 149–150

    papel de teste para suporte, 250

Desenvolvimento de software

    como uma ciência, 31

    lutando pela arquitetura sobre função, 18

Desenvolvimento independente

    como falácia dos serviços, 241

    de UI e banco de dados, 47

    exemplo do problema do gato, 242–243

    na abordagem OO para preocupações transversais, 244–245

    visão geral de, 153–154

Design

    abordagens para. *Veja* Organização de códigoacertando, 2

    arquitetura versus, 4

    assinatura de uma bagunça, 7–8

    Designing Object-Oriented C++ Applications Using the Booch Method, 369

    diminuição da produtividade/ aumento do custo do código, 5–7

    objetivo do bom, 4–5

    para testabilidade, 251

    Princípios SOLID de, 57–59

    reduzindo a volatilidade das interfaces, 88

Índice

Design de cima para baixo, estrutura de componente, 118-119
Despacho polimórfico, projeto de arqueologia 4-TEL, 344
Detalhe
    framework é, 291–295
    hardware é 263–264
    história de sucesso arquitetônico, 163–165
    não revele hardware, ao usuário de HAL, 265–269
    o banco de dados é. *Ver* Banco de dados é detalhe
    separando da política, 140–142
    web é, 285–289
Diagrama de classe UML
    pacote por camada, 304–305, 310portas e adaptadores, 308–310arquitetura em camadas relaxada, 311–312
Dijkstra, Edsger Wybe
    aplicando a disciplina de prova na programação, 27
    descoberta da programação estruturada, 22
    história de, 26
    no teste, 31
    proclamação sobre declarações goto, 28–29
DIP (Princípio de Inversão de Dependência)
    abstrações estáveis, 88–89
    ciclo de componentes, 117–118
    componentes concretos, 91
    conclusão, 91
    cruzando limites do círculo, 206
    definido, 59
    em boa arquitetura de software, 71
    Entidades sem conhecimento de usos de caso como, 193
    estabelecendo limites, 173
    fábricas, 89–90
    nem todos os componentes devem ser estáveis, 125
    Princípio das Abstrações Estáveis, 127
    visão geral de, 87–88
Discos
    no projeto de arqueologia de da Union Accounting, 326–330
    prevalência de sistemas de banco de dados devido a, 279–280
    se não houvesse, 280–281
dispositivo IO
    a web é, 288–289
    funções UNIX, 41–44
    Dividindo fluxos de dados, 227-228
    Drivers, Regra de Dependência, 205
    DSL (linguagem direcionada por dados de domínio específico), projeto de arqueologia Laser Trim, 337
Duplicação
    acidental, 63–65
    verdadeira versus acidental, 154–155
Duplicação acidental, 154–155
Duplicação verdadeira, 154-155

E

Editando, projeto de arqueologia Laser Trim, 336

Índice

Eisenhower, matriz de importância versus urgência, 16–17

Encapsulamento
  na definição do OOP, 35–37
  organização versus, 316–319
  uso excessivo de público e, 316

Entidades
  casos de uso versus, 191–193
  cenário de arquitetura limpa, 207–208
  criando arquitetura testável, 198
  Regra de Dependência para, 204
  regras de negócio e, 190–191
  riscos de frameworks, 293

Entrada/saída
  desacoplando políticas de nível superior das de nível inferior, 185–187
  nível de política definido como distância de, 184
  regras de negócio para casos de uso, 193–194
  separando componentes com limites, 169–170

Enumeração, a prova de Dijkstra para sequência/seleção, 28

Escalabilidade
  problema do gato e serviços, 242-243
  serviços não só opção para construção, 241

Escopo, de mudança de arquitetura, 15

Escritórios centrais (Cos), projeto de arqueologia 4-TEL, 339–340

Estabelecendo limites. *Ver* Limites

Estabilidade posicional, componente, 122-123

Estabilidade, componente
  entendendo, 120-121
  medindo, 122-123
  relação entre abstração e, 127-130
  SAP. *Veja* SAP (Princípio das Abstrações Estáveis)

Estado
  armazenando transações mas não, 54-55
  ferramentas de análise estática, violações de arquitetura, 313
  Polimorfismo estático versus. dinâmico, 177
  problemas de concorrência de mutação, 53

Estratégia de implementação. Veja Organização de código

Estrutura. *Veja* Arquitetura

Estruturas de controle, programa, 27–28

Estudo de caso de vendas de vídeo
  análise de caso de uso, 298-300
  arquitetura de componentes, 300-302
  conclusão, 302
  em processo/decisões do bom arquiteto, 297-298
  gestão de dependência, 302
  produto 298

Estudo de caso. *Veja* estudo de caso de vendas de vídeo

ETS (Educational Testing Service), 370–372

387

Índice

Europa, reprojetando o SAC para os EUA e, 347–348

Executáveis
 implantação de monolitos, 176–178
 ligando componentes como, 96

Exemplo de endereçamento físico, 145–146

Exemplo de mensagem propaganda por correspondência, 144–145

Exemplo do problema do gato, 242–245

Exploração, a arquitetura mitiga custos de, 139-140

F

Fábricas abstratas, 89–90

Feathers, Michael, 58

ferramenta CASE (Computer Aided Software Engineering), 368

ferramenta Computer Aided Software Engineering (CASE), 368

ferramenta Leiningen, gestão de módulo, 104

ferramenta Maven, gestão de módulos, 104

Filas de mensagens, processos locais se comunicam via, 180

Fios de cobre, projeto de arqueologia pCCU, 352–354

Firewalls, cruzando limites via, 176

Firmware
 definições de, 256–257
 eliminando gargalo de hardware-alvo, 262–263
 linha difusa entre software e, 263–264
 no projeto de arqueologia 4-TEL, 343–344
 obsoleto à medida que o hardware evolui, 256
 pare de escrever tanto, 257–258

FLD (Field Labeled Data), projeto de arqueologia de Sistema de Despacho de Técnico, 363

Fluxo de controle
 cruzando os limites do círculo, 206
 gestão de dependência, caso de estudo, 302
 no projeto de arqueologia da Union Accounting, 334
 polimorfismo dinâmico, 177–178

Fluxos, dados
 arquitetura limpa e, 224-226
 cruzando, 226
 dividindo, 227-228

Forma, da mudança, 15

Fowler, Martin, 305–306

framework de Injeção de Dependência, componente Main, 232

Frameworks
 arquitetura limpa independente de, 202
 como ferramentas, não como forma de vida, 198
 como opção a ser deixada aberta, 197
 criando arquitetura testável sem, 198
 evite basear a arquitetura em, 197

Índice

Regra de Dependência para, 205

Frameworks são detalhes

    autores de framework, 292

    casamento assimétrico e, 292–293

    conclusão, 295

    frameworks com os quais você deve simplesmente se casar, 295

    popularidade de, 292

    riscos, 293–294

    solução, 294

Funções

    dividindo em partes (decomposição funcional), 29

    evitando superar concretas, 89

    exemplos de SRP, 67

    princípio de fazer uma coisa, 62

    separando dos dados, 66

    uma das três grandes preocupações em arquitetura, 24

G

Gargalo do hardware-alvo, 261, 262-272

Gateways, banco de dados, 214

Gerentes de negócios

    a matriz de importância versus urgência de Eisenhower, 17

    preferência por função versus Arquitetura, 15–16

Gestão de dependência

    estudo de caso de vendas de vídeo, 302

    métricas. *Veja* ADP (Princípio das Dependências Acíclicas)

via de limites de arquitetura totalmente desenvolvidos, 218

via polimorfismo em sistemas monolíticos, 177

Grafo acíclico dirigido. *Veja* DAGs (grafos acíclicos dirigidos)

Grafo de dependência de componentes

    ciclo de interrupção dos componentes/reintegrar como DAG, 117–118

    efeito do ciclo, 115–117

grafo de dependência, 115–118

Growing Object Oriented Software with Tests (Freeman & Pryce), 202

GUI (interface gráfica do usuário). *Veja também* UI (interface do usuário)

    a web é, 288

    argumento de plug-in, 172–173

    arquitetura de plug-in, 170–171

    desacoplando as regras de negócio de, 287–289

    desenvolvendo o exame de registro de arquitetos, 371–372

    entrada/saída e limites, 169–170

    projetando para testabilidade, 251

    separando das regras de negócio com limites, 165–169

    teste de unidade, 212

H

HAL (camada de abstração de hardware)

Índice

como limite entre software/firmware, 264

diretivas de compilação condicional DRY, 272

evite revelar detalhes de hardware para usuário de, 265–269

o sistema operacional é um detalhe e, 269–271

Hardware

eliminando o gargalo de hardware-alvo com camadas, 262–263

no projeto de arqueologia SAC, 346–347

o firmware se torna obsoleto ciom a evolução do, 256

I

IBM System/7, projeto de arqueologia de alumínio fundido, 338–339

Implantação

arquitetura determina facilidade de, 150

componentes como unidades de, 96

componentes, 178–180

impacto da arquitetura em, 138

testes utilizam independente, 250

Implantação independente

como falácia dos serviços, 241

exemplo do problema do gato, 242–243

na abordagem OO para preocupações transversais, 244–245

no projeto de arqueologia 4-TEL, 344

visão geral de, 154

Importância, urgência versus, matriz de Eisenhower de, 16–17

Imutabilidade, 52–54

Independência

casos de uso, 148

conclusão, 158

deixando as opções abertas, 150–151

desacoplando camadas, 151–152

desacoplando casos de uso, 152

desenvolvimento independente, 153–154

desenvolvimento, 149–150

duplicação, 154–155

implantação independente 154

implantação, 150

modo de desacoplamento, 153

operação, 149

tipos de modos de desacoplamento, 155–158

visão geral de, 147–148

Independência do dispositivo

definida, 142–143

dispositivo IO de UI como, 288–289

exemplo de endereçamento físico, 145–146

exemplo de propaganda por correspondência, 144–145

na programação, 44

Indução, prova de Dijkstra relacionada à iteração, 28

Instrução definir interrupção do programa (SPI), projeto de arqueologia de alumínio fundido, 339

instrução SPI (conjunto de interrupção do programa), projeto

Índice

de arqueologia de alumínio fundido, 339

Integração, problemas de construção semanal, 112–113

Inteiros, exemplo de programação funcional, 50–51

Interface de usuário

    GUI. *Veja* GUI (interface gráfica do usuário)

    UI. *Veja* UI (interface do usuário)

Inversão de dependência, 44–47

Isolamento, teste, 250–251

ISP (Princípio de Segregação da Interface)

    arquitetura e, 86

    conclusão, 86

    definido, 59

    Princípio do Reúso Comum em comparação a, 108

    tipo de linguagem e, 85

    visão geral de, 84–85

Iteração, 27–28

J

Jacobson, Ivar, 196, 202

Java

    abordagens de organização do código em. *Veja* Organização do código

    casando-se com framework de biblioteca padrão em, 293

    componentes abstratos em, 125

    componentes como arquivos jar em, 96

    declarações de importação para dependências, 184

    DIP e, 87

    enfraquecimento do encapsulamento, 36–37

    exemplo de ISP, 84–85

    exemplo de quadrados de números inteiros em, 50–51

    módulos de frameworks em, 319

    pacote por camada em, 304–306

jogo Hunt the Wumpus

    camadas e limites. *Veja* Camadas e limites

    componente Main de, 232–237

Junções, exemplos SRP, 65

L

Laser Trim, projeto de arqueologia

    projeto 4-TEL, 339

    visão geral de, 334–338

lei de Conway, 149

Lei de Moore, 101

Limite de teste

    conclusão, 253

    Problema de Testes Frágeis, 251

    projetando para testabilidade, 251

    testando o API, 252-253

    testes como componentes do sistema, 250

    visão geral de, 249-250

Limites

    argumento de plug-in, 172–173

    arquitetura de plug-in, 170–171

    camadas e. *Veja* Camadas e limites

    conclusão, 173

    dividindo os serviços em componentes, 246

    entrada e saída, 169–170

Índice

histórias tristes de fracassos arquiteturais, 160–163

no projeto de arqueologia 4-TEL, 340–341

no projeto de arqueologia do Recepcionista Eletrônico, 361

no projeto de arqueologia Laser Trim, 338

parcial, 218–220

programa FitNesse, 163–165

projeto de arqueologia do sistema da Union Accounting, 333–334

quais limites estabelecer, e quando, 165–169

serviços como chamadas de função por, 240

teste, 249–253

visão geral de, 159–160

Limites do processo local, 179–180

Limites parciais

conclusão, 220

fachadas, 220

limites unidimensionais, 219

pule o último passo, 218–219

razões para implementar, 217–218

Limites unidimensionais, 219

linguagem C

encapsulamento em, 34–36

herança em, 38–40

polimorfismo em, 40–42

projecto de arqueologia DLU/DRU usando, 356

projeto de arqueologia BOSS usando, 351–352

redesenhando o SAC, 347–348

linguagem C ++

aplicação ROSE, 369–370

aprendendo, 366

casando-se com o framework STL em, 293

enfraquecimento do encapsulamento, 36–37

herança em, 40

polimorfismo em, 42

linguagem C, projeto de arqueologia, 349–351

linguagem de programação C#

componentes abstratos em, 125

enfraquecimento do encapsulamento, 36–37

inversão de dependência, 45

usando declarações para dependências 184

linguagem Lisp, exemplo dos quadrados de inteiros, 50–51

linguagem LISP, programação funcional, 23

Linguagens

arquitetura limpa e, 223–226

jogo de aventura Hunt the Wumpus, 222–223

Linguagens compiladas, 96

Linguagens de programação

componentes abstratos em, 125-126

componentes, 96

dinamicamente tipificada, 88

estaticamente tipificada, 87

ISP e, 85

variáveis em linguagens funcionais, 51

Linguagens dinamicamente tipificadas

Índice

DIP e, 88
ISP e, 85
Linkadores, separando de carregadores, 100–102
Liskov, Barbara, 78
LSP (Princípio de Substituição de Liskov)
    arquitetura e, 80
    conclusão, 82
    definido, 59
    orientando o uso da herança, 78
    problema de exemplo de quadrado/retângulo, 79
    violação de, 80–82
    visão geral de 78

M

Manutenção, impacto da arquitetura em, 139–140
Mapeadores relacionais de objetos (ORMs), 214–215
Matemática
    contrastando ciência com, 30
    disciplina da prova, 27–28
McCarthy, John, 23
Memória
    layout inicial de, 98–99
    processos locais e, 179
    RAM. *Ver* RAM
Memória transacional, 53
Métodos científicos, provando declarações falsas, 30-31
métrica D, distância da Sequência Principal, 130–132
Métricas
    abstração, 127
    distância da Sequência Main, 130–132
Métricas Fan–in/fan–out, estabilidade do componente, 122–123
Meyer, Bertrand, 70
Minicomputador Varian 620/f, projeto de arqueologia da Union Accounting, 331-334
modelo de arquitetura de software C4, 314–315
Modelo de dados, banco de dados versus, 278
Modelos de resposta, regras de negócio, 193-194
Modelos de solicitação, regras de negócio, 193-194
Modems, projeto de arqueologia SAC, 346–347
Modificadores de acesso, pacotes arquiteturais, 316–319
Modo de desacoplamento de nível de fonte, 155-157, 176–178
Modo de desacoplamento do nível de implantação, 156–157, 178–179
Modo de desacoplamento no nível do serviço, 153, 156-157
Módulos
    definido, 62
    ferramentas de gestão, 104
    Princípio da Equivalência de Reúso/Release, 105
    Princípio do Reúso Comum, 107–108
    tipos públicos versus tipos publicados, 319
Monitoramento de alumínio fundido, projeto de arqueologia, 338–339

Índice

Monolitos
    chamadas de função, 240
    componentes de nível de implantação versus, 179
    construindo sistemas escalonáveis, 241
    implantação de, 176–178
    processos locais como estaticamente ligados, 180
    threads, 179
MOP (Master Operating Program), projeto de arqueologia Laser Trim, 336
MPS (sistema de multiprocessamento), projeto de arqueologia SAC, 345–346
Mudança, facilidade de software, 14–15
Mutabilidade, 52–54

N

National Council of Architects Registry Board (NCARB), 370–372
Nervosismo, quebrando o ciclo de componentes, 118
.NET, componentes como DLLs, 96
NetNews, presença de autor na, 367–369
Newkirk, Jim, 371–372
Nível
    hierarquia de proteção e, 74
    política e, 184–187
Nygaard, Kristen, 22

O

Object Oriented Design with Applications (Booch), 366, 368
Object Oriented Software Engineering (Jacobson), 196, 202
Objetos, inventados no projeto de arqueologia 4-TEL, 344
OCP (Princípio Aberto/Fechado)
    conclusão, 75
    controle direcional, 74
    definido, 59
    experimento de pensamento, 71–74
    gestão de dependência, 302
    nascimento do, 142
    no projeto de arqueologia de Sistema de Despacho de Técnico, 363
    ocultando informações, 74–75
    Princípio do Fechamento Comum em comparação a, 106
    projetando serviços baseados em componentes, 246
    visão geral de, 70
Ocultando informações, Princípio Aberto/Fechado, 74–75
OMC (Outboard Marine Corporation), projeto de arqueologia de alumínio fundido, 338–339
Opções, mantendo abertas arquitetura operacional, 149
    boa arquitetura torna o sistema fácil de mudar, 150–151
    propósito da arquitetura, 140–142, 197
    via modo de desacoplamento, 153

Índice

Operações
  casos de uso afetados por alterações, 204
  casos de uso de desacoplamento para, 153
  sistema de suporte de arquitetura, 138–139, 149
Organização do código
  conclusão, 321
  o demônio está nos detalhes, 315–316
  outros modos de desacoplamento, 319–320
  pacote por camada, 304–306
  pacote por componente, 310–315
  pacote por recurso, 306–307
  portas e adaptadores, 308–310
  versus encapsulamento, 316–319
  visão geral de, 303–304
Organização versus encapsulamento, 316–319
ORMs (mapeadores relacionais de objetos), 214–215
OS (sistema operacional), é detalhe, 269–271
OSAL (camada de abstração do sistema operacional), arquitetura limpa incorporada, 270–271
Oscilações, web como uma das muitas, 285–289

P

Pacote por camada
  camadas horizontais de código, 304–306
  modificadores de acesso, 317–318
  por que é considerado ruim, 310–311

Pacote por componente, 310–315, 318
Pacote por recurso, 306–307, 317
Pacotes, organização versus encapsulamento, 316–319
Padrão da fachada, limites parciais, 220
Padrão de estratégia
  abordagem OO para preocupações transversais, 244-245
  criando limites unidimensionais, 219
padrão de Objeto Humble
  Apresentadores como forma de, 212
  Apresentadores e Visualizações, 212–213
  entendimento, 212
  gateways de banco de dados, 214
  mapeadores de dados, 214–215
  teste e arquitetura, 213
Padrão do Método do Modelo, abordagem OO para preocupações transversais, 244-245
Page–Jones, Meilir, 29
Paradigmas de programação
  história de, 19-20
  programação estruturada. *Veja* Programação estruturada
  programação funcional. *Veja* programação funcional
  programação orientada a objetos. *Veja* Programação orientada a objetos
  visão geral de, 21-24
Partes interessadas

395

Índice

antiguidade da arquitetura sobre função, 18

escopo versus forma para o custo de mudança, 15

valores fornecidos pelos sistemas de software, 14

Patches, no projeto de arqueologia 4-TEL, 344

PCCU, projeto de arqueologia, 352–354

Placas ROM, projeto de arqueologia 4-TEL, 341

Polimorfismo

cruzando os limites do círculo com dinâmico, 206

fluxo de controle em dinâmico, 177-178

inversão de dependência, 44–47

na programação orientada a objetos, 22, 40-43

poder do, 43-44

Polimorfismo dinâmico, 177–178, 206

Política

alto nível. *Ver* Política de alto nível

dividindo fluxos de dados, 227–228

em arquitetura limpa, 203

sistemas de software como declarações de, 183

visão geral de 183–184

Política de alto nível

desacoplando de políticas de entrada/saída, 185–186

dividindo fluxos de dados, 227–228

onde colocar, 126

separando detalhes de, 140–142

Ponteiros

funcional 22–23

na criação de comportamento polimórfico, 43

Ponteiros funcionais, OOP, 22, 23

Portas e adaptadores

abordagem para a organização do código, 308-310

antipadrão Périphérique de, 320-321

dependências de desacoplamento com árvores de código fonte, 319-320

modificadores de acesso, 318

Preocupações transversais

abordagem orientada a objetos para, 244–245

projetando serviços para lidar com, 247

"Presentation Domain Data Layering" (Fowler), 305-306

Princípio Aberto/Fechado. *Veja* OCP (Princípio Aberto/Fechado)

Princípio das Abstrações Estáveis. *Veja* SAP (Princípio das Abstrações Estáveis)

Princípio das Dependências Estáveis. *Veja* SDP (Princípio das Dependências Estáveis)

Princípio de Equivalência de Reúso/Release (REP), 104-105, 108-110

Princípio de Responsabilidade Única. *Veja* SRP (Princípio da Responsabilidade Única)

Princípio de Segregação da Interface. *Veja* ISP (Princípio de Segregação de Interface)

Índice

Princípio de Substituição de Liskov (LSP). *Veja* LSP (Princípio de Substituição de Liskov)

Princípio do Fechamento Comum. *Veja* CCP (Princípio do Fechamento Comum)

Princípio do Reúso Comum. *Veja* CRP (Princípio do Reúso Comum)

Princípio Don't Repeat Yourself (DRY), diretivas de compilação condicional, 272

Princípio DRY (Don't Repeat Yourself), diretivas de compilação condicional, 272

Princípios SOLID

    Princípio de Inversão de Dependência. *Veja* DIP (Princípio de Inversão de Dependência)

    abordagem OO preocupações transversais, 244-245

    história dos, 57-59

    Princípio Aberto/Fechado. *Veja* OCP (Princípio Aberto/Fechado)

    Princípio de Responsabilidade Única. *Veja* SRP (Princípio da Responsabilidade Única)

    Princípio de Segregação da Interface. *Veja* ISP (Princípio de Segregação da Interface)

    Princípio de Substituição de Liskov. *Veja* LSP (Princípio de Substituição de Liskov)

    projetando serviços baseados em componentes usando, 245-246

Problema de Testes Frágeis, 251

Problema quadrado/retângulo, LSP, 79

Processador

    é detalhe, 265-269

    mutabilidade e, 52

Processamento de eventos, armazenando transações, 54–55

Processos, particionamento em classes/separando classes, 71-72

Produtividade

    assinatura de uma bagunça, 8-9

    redução, aumento do custo do código, 5-7

produto ROSE, projeto de arqueologia, 368-370

Produto, estudo de caso de vendas de vídeo, 298

programa CICS-COBOL, projeto de arqueologia de alumínio fundido, 339

Programa FitNesse

    limite parcial, 218–219

    visão geral de 163–165

Programa Operacional Mestre (MOP)

    projeto de arqueologia Laser Trim, 336

Programação estruturada

    a proclamação de Dijkstra em declarações goto, 28-29

    decomposição funcional em, 29

    disciplina da prova, 27-28

    falta de provas formais, 30

    história de, 22

    papel da ciência em, 30-31

    papel dos testes em, 31

    valor de, 31-32

Índice

visão geral de, 26
Programação funcional
    conclusão, 56
    fornecimento de eventos, 54–55
    história de, 22–23
    imutabilidade, 52
    quadrados de números inteiros, exemplo, 50–51
    segregação da mutabilidade, 52–54
    visão geral de, 50
Programação orientada a objetos
    conclusão, 47
    encapsulamento, 35–37
    herança, 37–40
    história de, 22
    implementação de monólitos, 177
    inversão de dependência, 44–47
    para preocupações transversais, 244–245
    poder do polimorfismo, 43–44
    polimorfismo, 40–43
    visão geral de 34–35
projeto de arqueologia DLU/DRU (exibir unidade local/exibir unidade remota), 354–356
projeto de arqueologia ER (Recepcionista Eletrônico), 359–361
    Sistema de Despacho de Técnico era, 362–364
Projeto de arqueologia exibir unidade local/exibir unidade remota (DLU/DRU), 354–356
Projetos de arqueologia de Arquitetura
    4-TEL, 339–344

Basic Operating System and Scheduler, 351–352
computador de área de serviço, 344–349
conclusão, 373
DLU/DRU, 354–356
exame de registro de arquitetos, 370–373
Laser Trim, 334–338
linguagem C, 349–351
monitoramento de alumínio fundido, 338–339
pCCU, 352–354
por autor desde 1970, 325–326
produto ROSE, 368–370
Recepcionista Eletrônico, 359–361
sistema da Union Accounting, 326–334
Sistema de Despacho de Técnico, 361–367
VRS, 357–359
Prova
    disciplina da, 27-28
    falta na programação estruturada, 30-31
Proxies, usando com frameworks, 293
Python
    DIP e, 88
    ISP e, 85

Q

Quadrados de inteiros, programação funcional, 50-51

R

RAM

Índice

projeto de arqueologia 4-TEL, 341, 343-344
substituindo discos, 280-281
Rational (empresa), 367, 368
RDBMS (sistemas de gestão de banco de dados relacional), 279-283
Recursos humanos, objetivo do arquiteto de minimizar, 160
Referência externa, compiladores, 100
Regra de Dependência
    abordagem OO para preocupações transversais, 244–245
    adaptadores de interface, 205
    arquitetura limpa e, 203–206
    casos de uso, 204
    cenário de arquitetura limpa, 207–208
    cruzando limites, 206
    definida, 91
    Entidades, 204
    frameworks e drivers, 205
    frameworks tendem a violar, 293
    gestão de dependência, 302
    no jogo de aventura Hunt the Wumpus, 223
    projetando serviços seguindo a, 247
    quais dados cruzam limites, 207
    serviços podem seguir, 240
    testes seguindo, 250
Regras de Negócio Cruciais, 190–193
Regras de negócio específicas de aplicações, casos de uso, 192–193, 204
Regras do negócio
    arquitetura limpa para, 202–203
    casos de uso para, 191–193, 204
    conclusão, 194
    conectando a, 170–173
    criando Entidades, 190–191
    declarações de política calculando, 184
    desacoplando camadas, 152–153
    desacoplando casos de uso, 153
    desacoplando da UI, 287–289
    desenvolvimento independente, 47
    entendendo, 189–190
    limites entre GUI e, 169–170
    mantendo-se perto dos dados, 67
    modelos de request/response e, 193–194
    no jogo de aventura Hunt the Wumpus, 222–223
    no projeto de arqueologia SAC, 346–347
    projetando para testabilidade, 251
    separando componentes com limites, 165–169
Relações de herança
    cruzando limites do círculo, 206
    definindo OOP, 37–40
    gestão de dependência, 302
    inversão de dependência, 46
    orientando o uso de, 78
Releases

Índice

efeito do ciclo no grafo de dependência do componente, 115-117

eliminando os ciclos de dependência, 113-115

numerando novo componente, 113

Princípio de Equivalência de Reúso/Release para novos, 104-105

REP (Princípio de Equivalência de Reúso/Release), 104-105, 108-110

ReSharper, argumento de plug-in, 172-173

REST, deixe as opções abertas no desenvolvimento, 141

Reutilização de software

    componentes reutilizáveis e, 104

    Princípio de Equivalência Reúso/Release, 104-105

    Princípio do Reúso Comum, 107-108

Reutilização. *Veja* CRP (Princípio do Reúso Comum)

Revolução digital e empresas telefônicas, 352–354

Riscos

    a arquitetura deve mitigar os custos de, 139-140

    de frameworks, 293-294

    RTOS (sistema operacional em tempo real) é detalhe 269-271

Ruby

    componentes como arquivos gem, 96

    DIP e, 88

    ferramenta RVM, gestão de módulos, 104

    ISP e, 85

S

SAC (computador de área de serviço), projeto de arqueologia

    4-TEL usando, 340-341

    arquitetura, 345-347

    conclusão, 349

    determinação do despacho, 345

    Europa, 348-349

    grande redesign, 347-348

    projeto de arqueologia DLU / DRU, 354-356

    visão geral de, 344

SAP (Princípio das Abstrações Estáveis)

    distância da sequência principal, 130-132

    estabelecendo limites, 173

    evitando zonas de exclusão, 130

    introdução a, 126-127

    medindo abstração, 127

    onde colocar políticas de alto nível, 126

    sequência principal, 127-130

SC (centro de serviço), projeto de arqueologia 4-TEL, 339-340

Schmidt, Doug, 256-258

SDP (Princípio de Dependências Estáveis)

    componentes abstratos, 125-126

    estabilidade, 120-121

    métricas de estabilidade, 122-123

    nem todos os componentes devem ser estáveis, 123-125

    nem todos os componentes devem ser, 124-125

    Princípio das Abstrações estáveis, 127

Índice

visão geral de, 120

Segmentos de endereço, binários realocáveis, 99–100

Segurança, testando o API, 253

Seleção, como estrutura de controle de programa, 27-28

Separação de componentes, como grande preocupação na arquitetura, 24

sequência Main

    definindo relacionamento entre abstração/estabilidade, 127–128

    evitando Zonas de Exclusão via, 130

    medindo distância de, 130–132

    Zona de Dificuldades, 129

    Zona de Inutilidade, 129–130

Sequência, como estrutura de controle de programa, 27-28

Serviço de Teste Educacional (ETS), 370–372

Serviços

    baseado em componentes, 245-246

    como chamadas de função versus arquitetura, 240

    como o limite mais forte, 180-181

    conclusão, 247

    desenvolvimento independente/ falácia de implantação, 241

    falácia de desacoplamento, 240-241

    Limites de Objetos Humble para, 214-215

    objetos ao resgate, 244-245

    preocupações transversais, 246-247

    problema do gato, 242-243

    visão geral de, 239

Servidores Web

    como opção a ser deixada aberta, 141, 197

    criando arquitetura testável sem, 198

    escrevendo o próprio, 163-165

Síndrome da manhã seguinte

    eliminando ciclos de dependência para resolver, 113–115

    gerenciando dependências para prevenir, 118

    problemas de compilação semanal, 112–113

    visão geral de, 112

sistema da Union Accounting, projeto de arqueologia, 326-334

sistema de banco de dados UNIFY, projeto de arqueologia VRS, 358-359

Sistema de Despacho de Técnico. *Ver* CDS (Sistema de Despacho de Técnico), projeto de arqueologia

Sistema operacional (SO), é detalhe, 269–271

Sistema operacional em tempo real (RTOS)

    é detalhe, 269-271

Sistemas automatizados, regras de negócio, 191–192

Sistemas baseados em componentes

    abordagem OO para preocupações transversais, 244–245

    chamadas de função, 240

    criando escalonáveis, 241

    projetando serviços usando SOLID, 245–246

Índice

Sistemas de arquivos, mitigando o delay de tempo, 279–280

Sistemas de gestão de banco de dados relacional (RDBMS), 279-283

SOA (arquitetura orientada a serviços)
  modo de desacoplamento, 153
  no projeto de arqueologia do recepcionista eletrônico, 360-361
  razões para a popularidade de, 239

Software
  acertando, 1-2
  arquitetura limpa incorporada isola o OS do, 270
  componentes. *Veja* Componentes
  eliminando gargalo do hardware-alvo com camadas, 262-263
  linha difusa entre o firmware e, 263-264
  Princípios SOLID, 58
  valor da arquitetura versus comportamento, 14-18

Soquetes, processos locais se comunicam via, 180

SRP (Princípio da Responsabilidade Única)
  agrupando políticas em componentes, 186-187
  análise de caso de uso, 299
  conclusão, 66-67
  definido, 59
  desacoplando camadas, 152
  em boa arquitetura de software, 71
  exemplo de duplicação acidental, 63-65
  fusões, 65
  gestão de dependência, 302
  mantendo as alterações localizadas, 118
  onde estabelecer limites, 172-173
  Princípio do Fechamento Comum versus, 106-107
  soluções, 66-67
  visão geral de, 61-63

Substituição
  LSP. *Veja* LSP (Princípio de Substituição de Liskov)
  programação para interfaces e, 271-272

Subtipos, definindo, 78

T

Tarefas simultâneas, projeto de arqueologia BOSS, 351–352

TAS (Teradyne Applied Systems), 334–338, 339–344

Tecnologias de voz, projetos de arqueologia
  Recepcionista Eletrônico, 359-361
  Voice Response System, 357-359

Terminais CRT (tubo de raios catódicos), projeto Arqueologia da Union Accounting, 328–329

Terminais de tubos de raios catódicos (CRT), projeto de arqueologia Union Accounting 328–329

Terminais remotos, projeto de arqueologia DLU/DRU, 354-356

Índice

testadores de linha de escritório central. *Veja* COLTs (testadores de linha de escritório central)

Teste

Apresentadores e Visualizações, 212-213

através do padrão de Objeto Humble, 212

e arquitetura, 213

em programação estruturada, 31

unidade. *Veja* Teste de Unidade

Teste App-tidão, 258–261

Testes de unidade

através do padrão de Objeto Humble, 212

criando arquitetura testável, 198

efeito do ciclo no grafo de dependência do componente, 116-117

Texto de Wiki, história de sucesso arquitetônico, 164

Threads

cronograma/ordem de execução, 179

mutabilidade e, 52

Tipos públicos

mau uso de, 315-316

versus tipos que são publicados em módulos, 319

Tíquetes de problemas, projeto de arqueologia CDS, 362-364

Transações, armazenando, 54-55

Turning, Alan, 23

U

UI (interface do usuário). *Veja também* GUI (Interface gráfica do usuário)

aplicando LSP para, 80

arquitetura limpa independente de, 202

cruzando limites do círculo, 206

desacoplando as regras de negócio da, 287-289

desacoplando camadas, 152-153

desacoplando casos de uso, 153

desenvolvimento independente, 47, 154

jogo de aventura Hunt the Wumpus, 222-223

Princípio de Segregação da interface, 84

programando para, 271-272

projeto de arqueologia SAC, 346

reduzindo a volatilidade de, 88

Uncle Bob, 367, 369

UNIX, funções do driver do dispositivo IO, 41-44

Urgência, matriz de Eisenhower de importância versus, 16-17

V

Valores, sistema de software

arquitetura (estrutura), 14-15

comportamento, 14

função versus arquitetura, 15-16

lutando pela antiguidade de arquitetura, 18

403

Índice

matriz de Eisenhower de importância versus urgência, 16-17

visão geral de, 14

Variáveis mutáveis, 51, 54–55

Variáveis, linguagem funcional, 51

Ver modelo, Apresentadores e Visualizações, 213

Vignette Grande, exame de registro de arquitetos, 371-372

Visual Studio, argumento de plug-in, 172-173

Visualizações

Apresentadores e, 212-213

arquitetura de componentes, 301

Von Neumann, 34

VRS (Voice Response System), projetos de arqueologia, 357-359, 362-363

W

Web

como sistema de entrega para sua aplicação, 197-198

é detalhe, 285-289

Regra de Dependência para, 205

Y

Yourdon, Ed, 29

Z

Zonas de exclusão

evitando, 130

relação entre abstração/ estabilidade, 128

Zona de Dificuldades, 129

Zona de Inutilidade, 129-130

CONHEÇA OUTROS LIVROS DA ALTA BOOKS!

Negócios - Nacionais - Comunicação - Guias de Viagem - Interesse Geral - Informática - Idiomas

Todas as imagens são meramente ilustrativas.

SEJA AUTOR DA ALTA BOOKS!

Envie a sua proposta para: autoria@altabooks.com.br

Visite também nosso site e nossas redes sociais para conhecer lançamentos e futuras publicações!
www.altabooks.com.br

/altabooks ▪ /altabooks ▪ /alta_books